이공계 학생을 위한
미분적분학

이병무 지음

KM 경문사

머리말

미분적분학은 수학, 물리학, 화학, 공학에서뿐만 아니라, 이와 관련된 응용 분야에서 여러 현상이나 법칙을 체계적으로 간명하게 표현하고 설명하는 데 필수적인 도구이다. 이 책은 이공계 학생을 위해 집필한 미분적분학 교재이다.

이 책에서는 미분적분학에서 다루어야 할 기본개념을 체계적으로 설명하고 풍부한 예제와 다양한 문제를 제시함으로써, 학생들로 하여금 문제 해결에 대한 적응력을 향상시키도록 하는 데 주안점을 두었다. 특히 학생들이 미분적분학에 대한 핵심내용을 이해하고 현장 문제에 보다 쉽게 적용할 수 있도록 하되, 현 교과과정에 맞추어 체제를 꾸미고 응용을 충분히 고려하여 서술하였다.

제 1 장에서는 함수의 극한과 연속에 관하여 서술하고, 제 2 장에서는 미분법에 대해서 설명하였다. 제 3 장에서는 도함수의 응용에 대해서 서술하고, 제 4 장에서는 수열과 급수에 대해서, 그리고 제 5 장에서는 적분법에 대해서 각각 설명하였다. 또한 제 6 장에서는 정적분의 응용, 제 7 장에서는 이변수함수의 극한과 연속, 편미분법에 대해서, 그리고 제 8 장에서는 이중적분과 삼중적분에 관하여 각각 기술하였다. 끝으로 제 9 장에서는 벡터해석에 대한 기본적인 개념을 소개하였다.

이 책은 오랜 강의 경험을 바탕으로, 미분적분학에서 반드시 필요한 내용을 체계적으로 설명하는 데 초점을 두었다. 특히 강의에 전적으로 의존하지 않고서도 학생 스스로 새로운 개념과 정리를 충분히 이해하고 활용할 수 있는 능력을 배양할 수 있도록 하였다. 이때 간단한 보기를 '예'로, 증명이나 풀이가 뒤따른 것은 '예제'로 구분하였으며, 증명의 일부분은 독자에게 맡겨 스스로 해결점을 찾도록 하였다. 또한 각 절마다 연습문제를 제시하고 연습문제 풀이를 추가함으로써, 효과적으로 학습한 내용을 심화하도록 편성하였다. 다만 미분적분학의 한 학기용 교재로 이 책의 주요 주제들만 공부할 수도 있을 것이다.

아무쪼록 알기 쉽고 이해하기 쉽도록 기술하였으므로, 이공계 학생들이 이 책을 통하여 미분적분학에 흥미를 느끼고 핵심개념을 응용하여 미래의 고도 정보사회를 능동적으로 이끌어 갈 수 있는 능력을 배양하는 데 많은 도움이 되기를 바란다. 다만 본 교재를 집필하는 데 최선을 다했지만 내용상 미비한 부분이나 오류에 대해서 독자 여러분의 따뜻한 조언이 있기를 바란다.

끝으로 본 교재가 출판되기까지 적극적으로 협조해 주신 경문사의 모든 분들께 진심으로 감사드린다. 특히 편집에 수고해 주신 편집부와 집필하는 동안 끊임없이 조언하며 원고를 수정해 준 김엘라 씨를 포함한 많은 분들께도 감사와 함께 행운이 깃들기를 기원한다.

2017년 8월

지은이

차례

제**5**장

적분법

제**6**장

정적분의 응용

제**7**장

편미분법

제**8**장

중적분

제**9**장

벡터해석

제 1 장
함수의 극한과 연속

1.1 함수의 극한

극한은 미분적분학의 기본개념이다. 극한은 함수의 연속, 도함수, 정적분, 그리고 수열과 급수에 이르기까지 거의 모든 중요한 개념의 정의에 나타난다. 따라서 미분적분학을 이해하려면, 극한에 관한 충분한 지식이 필요하다.

1. 일변수 실함수

'실행하다(perform)'라는 라틴어에서 유래된 '함수'는 라이프니츠가 최초로 사용하였고, 오일러가 함숫값에 대해서 $f(x)$라는 표현을 처음으로 도입하였다.

참고 이 책에서 사용될 대부분의 집합은 실수 전체의 집합 $\mathbb{R}$의 부분집합이다. 이 책을 기술함에 있어 다음 기호를 미리 정의해 둔다.

$$\mathbb{R}=\{x \mid x\text{는 실수}\},\quad \mathbb{Q}=\{r \mid r\text{은 유리수}\}$$
$$\mathbb{Z}=\{n \mid n\text{은 정수}\},\quad \mathbb{N}=\{n \mid n\text{은 자연수}\}$$ ✠

(1) 실직선

실수는 한 직선 위의 점에 대응시켜 표시할 수 있는데, 실수 0과 대응되는 점 O를 **원점**(origin)이라고 할 때, 직선 위의 점 P에 대응시킨 수를 P의 좌표라고 한다. 이때 이렇게 주어진 직선을 **수직선**(real line) 또는 **실직선**이라 하고, $\mathbb{R}^1$(또는 간단히 $\mathbb{R}$)으로 표기한다.

구간이라 불리는 "실수의 집합"을 분류하면, 유계구간으로 열린구간(open interval) (a, b), 닫힌구간(closed interval) $[a, b]$, 반닫힌(열린)구간 $(a, b]$, $[a, b)$가 있고, 유계가 아닌 구간, 즉 무한구간(infinite interval)으로 (a, ∞), $[a, \infty)$, $(-\infty, a)$, $(-\infty, a]$, $(-\infty, \infty)$ 등이 있다. 이때 a와 b를 구간의 끝점이라 하고, 끝점이 아닌 구간 안에 있는 점을 구간의 **내부점** 또는 **내점**(interior point)이라고 한다.

(2) 좌표평면

서로 수직이고 O인 점에서 만나는 두 수직선은 평면에 대한 좌표계를 구성한다. 평면 위의 임의의 점 P에서 x축, y축에 수직으로 내려 만나는 점을 각각 a와 b라고 할 때, P를 (a, b), 즉 $P(a, b)$로 표시한다. 즉 평면에서 한 점은 두 실수의 순서쌍 (a, b)로 나타내며, 점 $(0, 0)$을 원점이라고 한다. 이러한 좌표계를 가진 평면을 **좌표평면** 또는 **데카르트 평면**이라고 하며 $\mathbb{R}^2$으로 표시하고, 이때 x축과 y축을 **좌표축**(coordinate axes)이라고 한다.

(3) 일변수 실함수

정의 1　일변수 실함수

$X \subset \mathbb{R}$일 때, **실변수의 실함수**(real-valued function of real variable) $f : X \to \mathbb{R}$를 **일변수 실함수** 또는 간단히 $\mathbb{R}$-$\mathbb{R}$ 함수라고 한다.

$A, B \subset \mathbb{R}$일 때, 두 함수 $f : A \to \mathbb{R}$와 $g : B \to \mathbb{R}$로부터 새로운 함수

$$f+g,\ f-g,\ fg,\ \frac{f}{g}$$

를 정의하고, f와 g의 합성함수 $g \circ f$는 $(g \circ f)(x) = g(f(x))$로 정의한다. 이때 $f+g,\ f-g,\ fg$의 정의역은 $A \cap B$이고, $\dfrac{f}{g}$의 정의역은 $\{x \in A \cap B \mid g(x) \neq 0\}$이다. 또한 $g \circ f$의 정의역은 f의 정의역에 있는 x의 집합이면서 $f(x)$가 g의 정의역에 들어 있는 점들이다.

두 개 이상의 독립변수에 종속인 실함수도 비슷하게 정의되며, 이들 함수에 대해서도 정의역과 치역을 생각할 수 있다. 이후에 특별히 언급이 없는 한, 함수라 함은 실변수의 실함수를 의미한다.

예 (1) 가우스 기호 $[x]$는 임의의 실수 x에 대해서 x를 넘지 않는 최대 정수로 정의한다. 이때 $f(x) = [x]$는 x의 함수가 되고, 이것을 **최대정수함수**(또는 **가우스 함수**)라고 한다.

(2) $f(x) = \begin{cases} 1, & x \in \mathbb{Q} \\ 0, & x \in \mathbb{Q}^c \end{cases}$ (단, $\mathbb{Q}^c$는 무리수 전체의 집합)

으로 주어진 $y = f(x)$를 **디리클레 함수**(Dirichlet's function)라고 한다. □

정의 2 대수적 함수와 초월함수

y의 대수방정식 $y^n + R_1(x)y^{n-1} + R_2(x)y^{n-2} + \cdots + R_n(x) = 0$ (단, $R_i(x)$는 유리함수)의 해로 정해지는 함수 y를 **대수적 함수**(algebraic function)라 하고, 대수적 함수가 아닐 경우 **초월함수**(transcendental function)라고 한다.

다항식, 유리함수, 무리함수 등이 대수적 함수이고, 지수함수, 로그함수, 삼각함수, 역삼각함수, 쌍곡선함수, 역쌍곡선함수, 타원함수, 감마함수 등이 초월함수이다.

2. 함수의 극한

극한의 개념은 고대 그리스에서도 사용되었다. 아르키메데스(Archimedes)는 극한의 개념을 이용하여 원주율은 물론 도형의 넓이와 부피를 구했다.

(1) 직관적 정의

17세기에 뉴턴과 라이프니츠는 극한에 관한 직관적 이해를 바탕으로, 매우 복잡한 극한 문제까지도 해결했다.

정의 3 극한(극한의 직관적 정의)

한 점 a를 포함하는 어떤 구간의 모든 x (단, a는 제외 가능)에 대해서 정의된 함수 $f(x)$를 생각한다. 한 점 a에 한없이 가까운 x (단, $x \neq a$)를 택함으로써 함수 $f(x)$를 일정한 값 L에 한없이 가깝게 만들 수 있다면, 기호로

$$\lim_{x \to a} f(x) = L$$

로 나타내고, "x가 a에 접근할 때, 함수 $f(x)$의 **극한**(limit, 극한값)이 L이다." 또는 "x가 a에 한없이 가까워질 때(또는 수렴할 때), 함수 $f(x)$는 L에 한없이 가까워진다(또는 수렴한다)."라고 읽는다. $\lim_{x \to a} f(x) = L$을 "$x \to a$일 때, $f(x) \to L$"로 표현하기도 한다.

극한의 정의에서 '$x \neq a$'에 주목하여야 한다. 이것은 x가 a에 접근할 때, 함수 $f(x)$의 극한을 찾는 데 $x = a$인 경우를 전혀 고려하지 않음을 의미한다. 사실 $x = a$일 때,

$f(x)$가 정의될 필요도 없다.

참고 삼각법에서는 각의 단위로 60분법의 '도'와 호도법의 '라디안'을 이용한다. 응용 부문에서는 주로 '도'를 사용하지만, 미분적분학에서는 각의 단위로 라디안이 이용된다. 이 책을 서술함에 있어 특별히 언급이 없는 한, 삼각함수는 라디안으로 주어지는 각으로 정의한다. ✠

예 $f(x) = \dfrac{\sin x}{x}$는 $x = 0$에서 정의되지 않는다. 그러나 계산기를 사용하여, x가 0에 가까워질 때 함숫값을 소수점 아래 여덟 자리까지 구하면

$$\begin{aligned} &f(\pm 1.0) = 0.84147098, &&f(\pm 0.5) = 0.95885108, \\ &f(\pm 0.1) = 0.99833417, &&f(\pm 0.05) = 0.99958339, \\ &f(\pm 0.01) = 0.99998333, &&f(\pm 0.005) = 0.99999583, \\ &f(\pm 0.001) = 0.99999983, \ \cdots \end{aligned}$$

를 얻는다. 따라서 $\displaystyle\lim_{x \to 0} \frac{\sin x}{x} = 1$임을 추측할 수 있다. □

'극한의 직관적 정의'를 이용하여 구한 극한은 예측값만을 알 수 있을 뿐이다. 극한의 직관적 정의는 애매모호하여 수학적으로 보다 엄밀한 극한의 정의가 필요하게 된다. 이 예측값에 대한 확인 과정은 '극한의 엄밀한 정의'를 이용한다.

예 임의의 실수 $a, b \in \mathbb{R}$에 대해서

(1) $\displaystyle\lim_{x \to a} b = b$ (2) $\displaystyle\lim_{x \to a} x = a$ □

일반적으로 극한을 구할 때는 다음 성질을 이용한다. 이 성질은 직관적으로 자명하지만, 극한의 엄밀한 정의에 의해 증명된다.

참고 $\displaystyle\lim_{x \to a} f(x) = L$, $\displaystyle\lim_{x \to a} g(x) = M$이고, c가 상수일 때

(1) $\displaystyle\lim_{x \to a} [f(x) \pm g(x)] = L \pm M$ (2) $\displaystyle\lim_{x \to a} [cf(x)] = cL$

(3) $\displaystyle\lim_{x \to a} [f(x)g(x)] = LM$ (4) $\displaystyle\lim_{x \to a} \left[\frac{f(x)}{g(x)}\right] = \frac{L}{M}$ (단, $M \neq 0$) ✠

위 성질은 $x \to \infty$ 또는 $x \to -\infty$일 때도 성립한다. 극한의 직관적인 이해를 통하여, 상식적인 결과라고 생각할 수 있다.

예 임의의 자연수 $n \in \mathbb{N}$과 임의의 실수 $a \in \mathbb{R}$에 대해서

(1) (거듭제곱의 법칙) : $\lim\limits_{x \to a} x^n = a^n$

(2) (거듭제곱근의 법칙) : $\lim\limits_{x \to a} \sqrt[n]{x} = \sqrt[n]{a}$, $\lim\limits_{x \to a} \sqrt[n]{f(x)} = \sqrt[n]{\lim\limits_{x \to a} f(x)}$. 여기서 n이 짝수이면, $a > 0$이고 $\lim\limits_{x \to a} f(x) > 0$이다. □

예제 다음 극한을 구하시오.

(1) $\lim\limits_{x\to 3}\dfrac{x^3-5x+4}{x^2-2}$ (2) $\lim\limits_{x \to 1}\dfrac{x-1}{\sqrt{x}-1}$ (3) $\lim\limits_{x \to \infty}(\sqrt{x^2+x}-x)$

풀이 (1) $\lim\limits_{x \to 3}\dfrac{x^3-5x+4}{x^2-2} = \dfrac{\lim\limits_{x \to 3}(x^3-5x+4)}{\lim\limits_{x \to 3}(x^2-2)} = \dfrac{16}{7}$

(2) $$\lim_{x \to 1}\frac{x-1}{\sqrt{x}-1} = \lim_{x \to 1}\frac{(x-1)(\sqrt{x}+1)}{(\sqrt{x}-1)(\sqrt{x}+1)}$$
$$= \lim_{x \to 1}\frac{(x-1)(\sqrt{x}+1)}{x-1} = \lim_{x \to 1}(\sqrt{x}+1) = 2$$

(3) $$\lim_{x \to \infty}(\sqrt{x^2+x}-x) = \lim_{x \to \infty}\frac{(\sqrt{x^2+x}-x)(\sqrt{x^2+x}+x)}{\sqrt{x^2+x}+x}$$
$$= \lim_{x \to \infty}\frac{x}{\sqrt{x^2+x}+x} = \lim_{x \to \infty}\frac{1}{\sqrt{1+\frac{1}{x^2}}+1}$$
$$= \frac{1}{2}$$ ■

예제 $\lim\limits_{x \to 1}\dfrac{x^2+ax+b}{x-1} = 3$일 때, 상수 a, b의 값을 구하시오.

풀이 $\lim\limits_{x \to 1}(x-1) = 0$이므로, $\lim\limits_{x \to 1}(x^2+ax+b) = 1+a+b = 0$, 즉 $b = -a-1$

이다. 따라서

$$\lim_{x \to 1} \frac{x^2+ax+b}{x-1} = \lim_{x \to 1} \frac{x^2+ax-a-1}{x-1} = \lim_{x \to 1} \frac{(x-1)(x+a+1)}{x-1}$$

$$= \lim_{x \to 1} (x+a+1) = a+2$$

이므로, $a+2=3$이다. 그러므로 $a=1,\ b=-2$이다. ■

정의 4　우극한과 좌극한

x (단, $x < a$)가 한 점 a에 한없이 가까운 값일 때 $f(x)$의 값을 L에 한없이 가깝게 만들 수 있다면, $\lim_{x \to a-0} f(x) = L$로 나타내고

"x가 a에 접근할 때, 함수 $f(x)$의 **좌극한**(left limit)이 L이다."

라고 한다. 마찬가지로 만약 $x > a$라면 "x가 a에 접근할 때, 함수 $f(x)$의 **우극한**(right limit)이 L이다."라 하고 $\lim_{x \to a+0} f(x) = L$로 나타낸다.

참고　우극한과 좌극한이 존재해서 일치할 때, 극한이 존재한다고 한다. 즉

$$\lim_{x \to a} f(x) = L\text{일 필요충분조건은 } \lim_{x \to a+0} f(x) = \lim_{x \to a-0} f(x) = L$$

이다. ✠

예　헤비사이드(Heaviside) 함수 H는

$$H(t) = \begin{cases} 0, & t < 0 \\ 1, & t \geq 0 \end{cases}$$

로 정의된다. 이때 $\lim_{x \to +0} H(t) = 1$, $\lim_{x \to -0} H(t) = 0$이므로, $\lim_{t \to 0} H(t)$는 존재하지 않는다. □

예제　다음 극한의 존재 여부를 판정하시오.

(1) $\lim_{x \to 0} \frac{1}{x}$　　　(2) $\lim_{x \to 0} \frac{|x|}{x}$

풀이 (1) $x \to +0$일 때, 함수 $\frac{1}{x}$의 값은 무한히 증가하므로 $\lim_{x \to +0} \frac{1}{x}$은 존재하지 않는다. 마찬가지로 $x \to -0$일 때, 함수 $\frac{1}{x}$의 값은 무한히 감소하므로, $\lim_{x \to -0} \frac{1}{x}$도 존재하지 않는다. 따라서 $\lim_{x \to 0} \frac{1}{x}$은 존재하지 않는다.

(2) x가 0으로 수렴하는 방법에 따라

$$\lim_{x \to +0} \frac{|x|}{x} = 1, \quad \lim_{x \to -0} \frac{|x|}{x} = -1$$

이므로, $\lim_{x \to 0} \frac{|x|}{x}$는 존재하지 않는다. ■

(2) 극한의 엄밀한 정의

프랑스의 수학자 코시(Cauchy)는 ε-δ 논법으로 극한에 대한 형식적 정의를 도입하여 함수의 극한에 대한 연구에 많은 공헌을 하였다. 코시에 의한 '극한의 엄밀한 정의'는 바이어슈트라스에 의해 완성되었다.

정의 5 극한(극한의 엄밀한 정의, ε-δ 논법)

$f(x)$를 한 점 a를 포함하는 어떤 열린구간(단, a는 제외 가능)에서 정의된 함수라고 하자. 만약 임의의 $\varepsilon > 0$에 대해서

$$0 < |x - a| < \delta \text{일 때,} \quad |f(x) - L| < \varepsilon$$

을 만족하는 $\delta > 0$가 존재하면, "x가 a에 접근할 때, 함수 $f(x)$는 L에 수렴한다."고 하고 $\lim_{x \to a} f(x) = L$로 나타낸다. 이때 L을 $x \to a$일 때, $f(x)$의 극한이라고 한다. 이러한 정의를 ε-δ 논법이라고 한다. 여기서 δ는 ε에 종속한다.

예 [정의 5]를 이용하여, $\lim_{x \to 2}(3x - 2) = 4$임을 보이자. 이때 임의로 주어진 $\varepsilon > 0$에 대해서

$$0 < |x - 2| < \delta \text{일 때,} \quad |(3x - 2) - 4| < \varepsilon$$

을 만족하는 $\delta > 0$를 구해야 한다. 여기서 부등식 $|(3x-2)-4| < \varepsilon$을 만족하여야 하므로, $|x - 2| < \frac{\varepsilon}{3}$으로부터 $\delta = \frac{\varepsilon}{3}$을 택하면 충분하다. □

예제 [정의 5]를 이용하여

$$f(x) = \begin{cases} x^2, & x \neq 2 \\ 1, & x = 2 \end{cases}$$

로 주어진 함수에 대해서, $\lim_{x \to 2} f(x) = 4$임을 보이시오.

증명 임의의 $\varepsilon > 0$에 대해서

$$0 < |x-2| < \delta\text{일 때, } |x^2-4| < \varepsilon$$

을 만족하는 $\delta > 0$를 구해야 한다. $\varepsilon < 4$이라고 가정하면

$$-\varepsilon < x^2 - 4 < \varepsilon \Leftrightarrow \sqrt{4-\varepsilon} < x < \sqrt{4+\varepsilon}$$

이어야 하므로, $(2-\delta, 2+\delta) \subset (\sqrt{4-\varepsilon}, \sqrt{4+\varepsilon})$을 만족해야 한다. 따라서 δ를

$$\delta = \min\{2 - \sqrt{4-\varepsilon}, \sqrt{4+\varepsilon} - 2\}$$

로 택하면 충분하다. ■

x가 한 점 a에 접근할 때 함수 $f(x)$의 극한은 기껏해야 하나 존재한다. 한쪽극한도 다음과 같이 엄밀하게 정의된다.

정의 6 한쪽극한

(1) (좌극한) $f(x)$가 어떤 열린구간 (c, a)에서 정의된 함수일 때, 임의의 $\varepsilon > 0$에 대해서

$$a - \delta < x < a\text{일 때 } |f(x) - L| < \varepsilon$$

을 만족하는 $\delta > 0$가 존재하면, $\lim_{x \to a-0} f(x) = L$로 나타낸다.

(2) (우극한) $f(x)$가 어떤 열린구간 (a, c)에서 정의된 함수일 때, 임의의 $\varepsilon > 0$에 대해서

$$a < x < a + \delta\text{일 때 } |f(x) - L| < \varepsilon$$

을 만족하는 $\delta > 0$가 존재하면, $\lim_{x \to a+0} f(x) = L$로 나타낸다.

예제 [정의 6]을 이용하여, $\lim_{x \to +0} \sqrt{x} = 0$임을 보이시오.

증명 임의의 $\varepsilon > 0$에 대해서, $\delta = \varepsilon^2$이라 놓는다. $0 < x < \delta$이면

$$\sqrt{x} < \sqrt{\delta} = \sqrt{\varepsilon^2} = \varepsilon$$

이므로, $|\sqrt{x} - 0| < \varepsilon$이 성립한다. 따라서 $\lim_{x \to +0} \sqrt{x} = 0$이 된다. ■

일반적으로 극한을 구할 때는 ε-δ 논법에 의존하지 않고, 다음 극한정리를 이용한다. 극한법칙의 대부분은 '$x \to a$' 대신에 '$x \to \infty$' 또는 '$x \to -\infty$'로 바꾸어도 성립한다. 또한 한쪽극한(좌극한 또는 우극한)에 대해서도 극한정리가 성립한다는 사실을 이용하여, 한쪽극한을 구한다.

정리 7 극한정리

두 함수 $f(x)$, $g(x)$에 대해서, $\lim_{x \to a} f(x) = L$, $\lim_{x \to a} g(x) = M$이고 c가 상수일 때

(1) $\lim_{x \to a} [f(x) + g(x)] = L + M$

(2) $\lim_{x \to a} [cf(x)] = cL$

(3) $\lim_{x \to a} [f(x)g(x)] = LM$

(4) $\lim_{x \to a} \left[\frac{f(x)}{g(x)}\right] = \frac{L}{M}$ (단, $M \neq 0$)

증명 여기서는 (1)만 증명하고, 나머지는 독자에게 남긴다. $\varepsilon > 0$을 임의로 놓자. $\lim_{x \to a} f(x) = L$과 $\lim_{x \to a} g(x) = M$이므로

$$0 < |x - a| < \delta_1 \text{일 때 } |f(x) - L| < \frac{\varepsilon}{2}$$

$$0 < |x - a| < \delta_2 \text{일 때 } |g(x) - M| < \frac{\varepsilon}{2}$$

을 만족하는 $\delta_1 > 0$과 $\delta_2 > 0$가 각각 존재한다. $\delta = \min\{\delta_1, \delta_2\}$로 놓으면 $0 < |x - a| < \delta$일 때

$$0 < |x - a| < \delta_1, \ 0 < |x - a| < \delta_2$$

이므로, $|f(x) - L| < \frac{\varepsilon}{2}$과 $|g(x) - L| < \frac{\varepsilon}{2}$을 만족한다. 따라서

$$|f(x)+g(x)-(L+M)| \leq |f(x)-L| + |g(x)-M| < \frac{\varepsilon}{2}+\frac{\varepsilon}{2}=\varepsilon$$

이 된다. 그러므로 $\lim_{x \to a}[f(x)+g(x)]=L+M$이 성립한다. ■

예 $\lim_{x \to 0}\frac{\sqrt{x^2+9}-3}{x^2}$을 구해보자. $x \to 0$일 때, $\sqrt{x^2+9}-3 \neq 0$이므로

$$\lim_{x \to 0}\frac{\sqrt{x^2+9}-3}{x^2}=\lim_{x \to 0}\frac{(\sqrt{x^2+9}-3)(\sqrt{x^2+9}+3)}{x^2(\sqrt{x^2+9}+3)}$$

$$=\lim_{x \to 0}\frac{1}{\sqrt{x^2+9}+3)}=\frac{1}{6}$$ □

참고 $\lim_{x \to 0}x\cot x$를 구해보자. 이때 $\lim_{x \to 0}\cot x$가 존재하지 않으므로

$$\lim_{x \to 0}x\cot x=\left(\lim_{x \to 0}x\right)\left(\lim_{x \to 0}\cot x\right)$$

를 이용할 수 없다. 이 경우는

$$\lim_{x \to 0}x\cot x=\left(\lim_{x \to 0}x\frac{\cos x}{\sin x}\right)=\lim_{x \to 0}\frac{x}{\sin x}\cos x$$

$$=\left(\lim_{x \to 0}\frac{x}{\sin x}\right)\left(\lim_{x \to 0}\cos x\right)=\frac{\lim_{x \to 0}\cos x}{\lim_{x \to 0}\frac{\sin x}{x}}=\frac{1}{1}=1$$

로 계산한다. ✠

정리 8 극한의 대소 관계

한 점 a를 포함하는 어떤 열린구간에 속하는 모든 x(단, a는 제외 가능)에 대해서, $f(x) \leq g(x)$이고 $\lim_{x \to a}f(x)$와 $\lim_{x \to a}g(x)$가 존재하면

$$\lim_{x \to a}f(x) \leq \lim_{x \to a}g(x)$$

다음 조임정리는 한쪽극한에 대해서도 성립한다. 조임정리(squeeze theorem)를 압축정리 또는 샌드위치(sandwich) 정리라고도 한다.

정리 9 조임정리

한 점 a를 포함하는 어떤 열린구간에 속하는 모든 x (단, a는 제외 가능)에 대해서

$$f(x) \leq h(x) \leq g(x), \ \lim_{x \to a} f(x) = \lim_{x \to a} g(x) = L$$

을 만족하면, $\lim_{x \to a} h(x) = L$이다.

예제 조임정리를 이용하여, $\lim_{x \to 0} x \sin \frac{1}{x} = 0$임을 보이시오.

증명 $x \neq 0$에 대해서, $\left| x \sin \frac{1}{x} \right| = |x| \left| \sin \frac{1}{x} \right| \leq |x|$이므로

$$-|x| \leq x \sin \frac{1}{x} \leq |x|$$

가 된다. 그런데 $\lim_{x \to 0} |x| = 0$, $\lim_{x \to 0} (-|x|) = 0$이므로, 조임정리를 적용하면 $\lim_{x \to 0} x \sin \frac{1}{x} = 0$을 얻는다.

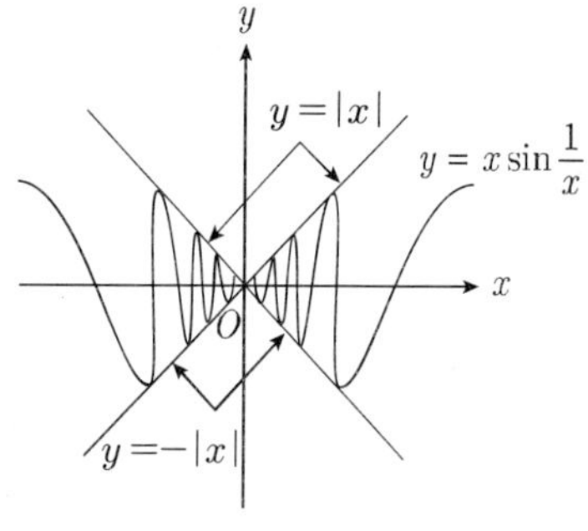

그림 1.1.1 ■

참고 극한 $\lim_{x \to +0} \sin \frac{1}{x}$은 존재하지 않는다. 왜냐하면 $x = \frac{1}{n\pi}$일 때 $\sin \frac{1}{x} = 0$, $x = \frac{1}{\left(2n + \frac{1}{2}\right)\pi}$일 때 $\sin \frac{1}{x} = 1$, $x = \frac{1}{\left(2n - \frac{1}{2}\right)\pi}$일 때 $\sin \frac{1}{x} = -1$이므로, $x \to +0$일 때, $\sin \frac{1}{x}$의 값은 1과 -1 사이를 진동하기 때문이다. ✠

조임정리를 이용하여, 다음 [정리 10]을 얻는다. [정리 10]은 삼각함수의 도함수를 구할 때 기초가 된다.

정리 10

극한 $\lim_{\theta \to 0} \frac{\sin\theta}{\theta} = 1$이 성립한다.

예제 극한 $\lim_{\theta \to 0} \frac{1-\cos\theta}{\theta}$를 구하시오.

풀이

$$\lim_{\theta \to 0} \frac{1-\cos\theta}{\theta} = \lim_{\theta \to 0} \frac{1-\cos^2\theta}{\theta(1+\cos\theta)} = \lim_{\theta \to 0} \frac{\sin\theta}{\theta} \cdot \frac{\sin\theta}{1+\cos\theta}$$

$$= \lim_{\theta \to 0} \frac{\sin\theta}{\theta} \cdot \lim_{\theta \to 0} \frac{\sin\theta}{1+\cos\theta} = 0$$

■

3. 무한대에서의 극한

변수 x가 임의의 큰 양수보다 더 크면 $x \to +\infty$ 또는 $x \to \infty$로 표시하고 x는 양의 무한대(positive infinity), 간단히 무한대가 된다(또는 양의 무한대에 접근한다)고 하고, 변수 x가 임의의 작은 음수보다 더 작으면 $x \to -\infty$로 표시한다. 여기서 기호 ∞와 $-\infty$는 단지 유한이 아닌 상태만을 의미할 뿐, 수로서 도입된 것이 아니다.

정의 11 무한대에서의 극한 1

$f(x)$가 구간 (a, ∞)에서 정의된 함수일 때, 임의의 $\varepsilon > 0$에 대해서

$$x > K\text{이면, } |f(x) - L| < \varepsilon$$

을 만족하는 $K > 0$가 존재하면, $\lim_{x \to \infty} f(x) = L$로 정의한다.

$\lim_{x \to \infty} f(x) = L$을 "$x$가 무한대에 접근할 때(또는 무한대일 때), 함수 $f(x)$의 극한이 L이다." 또는 "x가 한없이 커질 때, 함수 $f(x)$가 L에 한없이 가까워진다(또는 극한이 L이다)."라고 읽는다.

예제 [정의 11]을 이용하여, $\lim_{x \to \infty} \frac{1}{x^2} = 0$임을 보이시오.

증명 주어진 $\varepsilon > 0$에 대해서 $K = \frac{1}{\sqrt{\varepsilon}}$로 택하면, $x > K$일 때

$$\left| \frac{1}{x^2} - 0 \right| = \frac{1}{x^2} < \frac{1}{K^2} = \varepsilon$$

이 된다. 따라서 $x > K$이면, $\left| \frac{1}{x^2} - 0 \right| < \varepsilon$을 만족한다. 그러므로 $\lim_{x \to \infty} \frac{1}{x^2} = 0$이 성립한다. ■

정의 12 무한대에서의 극한 2

$f(x)$가 구간 $(-\infty, a)$에서 정의된 함수일 때, 임의의 $\varepsilon > 0$에 대해서

$$x < -K\text{이면, } |f(x) - L| < \varepsilon$$

을 만족하는 $K > 0$가 존재하면, $\lim_{x \to -\infty} f(x) = L$로 정의한다.

$\lim_{x \to -\infty} f(x) = L$을 "$x$가 음의 무한대로 접근할 때(또는 음의 무한대일 때), 함수 $f(x)$의 극한이 L이다." 또는 "x가 한없이 작아질 때, 함수 $f(x)$가 L에 한없이 가까워진다(또는 극한이 L이다)."라고 읽는다.

참고 무한대에서의 극한에서도 극한정리 [정리 7]가 성립한다. ✠

4. 무한극한

(1) 무한극한(infinite limit)

정의 13 무한극한 1

$f(x)$가 한 점 a를 포함하는 어떤 열린구간(단, a는 제외 가능)에서 정의된 함수일 때, 임의의 $M > 0$에 대해서

$$0 < |x-a| < \delta \text{이면, } f(x) > M$$

을 만족하는 $\delta > 0$가 존재하면, $\lim_{x \to a} f(x) = \infty$로 정의한다.

$\lim_{x \to a} f(x) = \infty$를 "$x$가 a에 접근할 때, 함수 $f(x)$는 양의 무한대로 발산한다(또는 극한은 무한대이다)." 또는 "x가 a에 한없이 가까워질 때(또는 접근할 때), 함수 $f(x)$는 한없이 커진다."라고 읽는다. 무한극한은 무한대의 극한을 의미한다.

예제 [정의 13]을 이용하여, $\lim_{x \to 0} \frac{1}{x} = \infty$임을 보이시오.

증명 임의의 $M > 0$에 대해서 $\delta = \frac{1}{M}$을 택하면, $0 < |x-0| < \delta$일 때

$$\frac{1}{x} > \frac{1}{\delta} = M, \text{ 즉 } \frac{1}{x} > M$$

을 만족한다. 따라서 $\lim_{x \to 0} \frac{1}{x} = \infty$가 성립한다. ■

참고 $\lim_{x \to 0} \frac{1}{x}$이 존재하지 않는다는 것과 $\lim_{x \to 0} \frac{1}{x} = \infty$로 쓰는 것은 모순이 아니다. $\lim_{x \to 0} \frac{1}{x} = \infty$는 $\lim_{x \to 0} \frac{1}{x}$이 존재하지 않는다는 것 이상의 의미가 있다. 극한이 존재하지 않는 것뿐만 아니라 극한이 존재하지 않는 이유를 나타내는 것이다. ✠

정의 14 무한극한 2

$f(x)$가 한 점 a를 포함하는 어떤 열린구간(단, a는 제외 가능)에서 정의된 함수일 때, 임의의 $M > 0$에 대해서

$$0 < |x-a| < \delta \text{이면, } f(x) < -M$$

을 만족하는 $\delta > 0$가 존재하면, $\lim_{x \to a} f(x) = -\infty$로 정의한다.

$\lim\limits_{x \to a} f(x) = -\infty$ 를 "x가 a에 접근할 때, $f(x)$는 음의 무한대로 발산한다(또는 극한은 음의 무한대이다)." 또는 "x가 a에 한없이 가까워질 때(또는 접근할 때), $f(x)$는 한없이 작아진다."라고 읽는다.

참고 무한극한의 정의에서 $x \to a$ 대신 $x \to a+0$ 또는 $x \to a-0$일 때도 정의할 수 있다. ✠

예제 $\lim\limits_{x \to +0} \dfrac{1}{\sqrt{x}} = \infty$ 임을 보이시오.

증명 $\dfrac{1}{\sqrt{x}} > M$이면, $\sqrt{x} < \dfrac{1}{M}$, 즉 $x < \dfrac{1}{M^2}$이므로, $0 < x < \dfrac{1}{M^2}$에 속하는 모든 x에 대해서 $\dfrac{1}{\sqrt{x}} > M$이 성립하기 때문이다. ■

(2) 무한대에서의 무한극한

정의 15 무한대에서의 무한극한

$f(x)$가 구간 (a, ∞)에서 정의된 함수일 때, 임의의 $M > 0$에 대해서

$$x > K \text{이면, } f(x) > M$$

을 만족하는 $K > 0$가 존재하면, $\lim\limits_{x \to \infty} f(x) = \infty$ 로 정의한다.

$\lim\limits_{x \to \infty} f(x) = \infty$ 를 "x가 무한대에 접근할 때(또는 무한대일 때), $f(x)$는 양의 무한대로 발산한다(또는 극한은 무한대이다)." 또는 "x가 한없이 커질 때, $f(x)$는 한없이 커진다."라고 읽는다.

참고 무한극한에서는 극한정리[정리 7]가 적용되지 않는다. 예를 들면

$$\lim_{x \to \infty} (x^2 - x) = \lim_{x \to \infty} x^2 - \lim_{x \to \infty} x = \infty - \infty$$

는 정의되지 않지만

$$\lim_{x \to \infty} (x^2 - x) = \lim_{x \to \infty} x(x-1) = \infty$$

가 된다. ✠

연습문제 1.1 EXERCISES EXERCISES EXERCISES EXERCISES EXERCISES EXERCISES EXERCISES

01 다음 극한을 구하시오.

(1) $\displaystyle\lim_{x \to 1} \frac{x^2 + x - 2}{x - 1}$ (2) $\displaystyle\lim_{x \to 0} \frac{x}{\sqrt{x+1} - 1}$

(3) $\displaystyle\lim_{x \to \infty} \frac{x^2}{2x^2 - 1}$ (4) $\displaystyle\lim_{x \to 1+0} \frac{1}{x^2 - 1}$

02 다음 함수

$$f(x) = \begin{cases} x^2 + 2\cos x + 1, & x < 0 \\ e^x - 4 & , x \ge 0 \end{cases}$$

에 대해서, 극한 $\displaystyle\lim_{x \to 0} f(x)$를 구하시오.

03 $\displaystyle\lim_{x \to 0} |f(x)| = 1$ 이지만, $\displaystyle\lim_{x \to 0} f(x)$가 존재하지 않는 함수의 예를 하나만 드시오.

04 극한의 엄밀한 정의(ε-δ 논법)를 이용하여, 다음이 성립함을 보이시오.

(1) $\displaystyle\lim_{x \to 2} (x^2 + 1) = 5$ (2) $\displaystyle\lim_{x \to \infty} \frac{1}{x^r} = 0$ (단, $r \in \mathbb{Q}$, $r > 0$)

05 a를 포함하는 어떤 열린구간에 속하는 모든 x(단, a는 제외 가능)에 대해서, $f(x) \le h(x) \le g(x)$이고 $\displaystyle\lim_{x \to a} f(x) = \lim_{x \to a} g(x) = L$이면

$$\lim_{x \to a} h(x) = L$$

이 성립함을 증명하시오.

1.2 함수의 연속

1. 함수의 연속

정의 1 함수의 연속

한 점 a를 포함하는 적당한 열린구간에서 정의된 함수 $f(x)$가

$$\lim_{x \to a} f(x) = f(a)$$

를 만족할 때, $f(x)$는 $x=a$에서 **연속**(continuous)이라고 한다. 특히 함수 $f(x)$가 어떤 구간 I의 모든 점에서 연속일 때, $f(x)$는 구간 I에서 연속이라고 한다.

함수 $f(x)$가 $x=a$에서 연속이 아닐 때, $f(x)$는 $x=a$에서 **불연속**(discontinuous)이라고 한다.

예제 다음 함수에 대해서, $x=0$에서 연속 여부를 판정하시오.

(1) $f(x) = \dfrac{|x|}{x}$ (2) $f(x) = \dfrac{x^2+2x}{x}$

풀이 (1) 함수 $f(x) = \dfrac{|x|}{x}$는 $x=0$에서 불연속이다. 왜냐하면 $\dfrac{0}{0}$이 무의미하고, 더욱이 $\lim_{x \to 0} f(x)$가 존재하지 않기 때문이다.

(2) 함수 $f(x) = \dfrac{x^2+2x}{x}$는 $x=0$에서 불연속이다. 왜냐하면 $\lim_{x \to 0} f(x) = 2$이지만 $f(0)$이 정의되지 않기 때문이다. ■

불연속에는 **제거가능한 불연속**(함수를 다시 정의하여 불연속성을 제거할 수 있음), **무한불연속**, **계단불연속**(함수가 한 값에서 다른 값으로 뜀) 등이 있다.

예 함수 $f(x)=\dfrac{x^2+2x-3}{x-1}$은 $\mathbb{R}$에서 제거가능한 불연속이다. 왜냐하면 함수 $f(x)$는 $x=1$에서 유일하게 불연속이다. 그런데 $\lim\limits_{x\to1} f(x)=4$이므로, $f(1)=4$로 정의하면 $f(x)$는 $\mathbb{R}$의 모든 점에서 연속이 되기 때문이다. □

정의 2 우연속과 좌연속

함수 $f(x)$가 $\lim\limits_{x\to a+0} f(x)=f(a)$를 만족하면 $f(x)$는 $x=a$에서 **우연속**이라 하고, $\lim\limits_{x\to a-0} f(x)=f(a)$를 만족하면 $f(x)$는 $x=a$에서 **좌연속**이라고 한다.

예 최대정수함수 $f(x)=[x]$는 각 정수 $n\in\mathbb{Z}$에서 우연속이지만 좌연속은 아니다. 왜냐하면

$$\lim_{x\to n+0} f(x)=\lim_{x\to n+0}[x]=n=f(n),$$
$$\lim_{x\to n-0} f(x)=\lim_{x\to n-0}[x]=n-1\neq f(n)$$

이기 때문이다. □

함수 $f(x)$가 $x=a$에서 연속이라는 것은, $x=a$에서 우연속이고 좌연속임을 의미한다.

참고 열린구간 (a, b)에서 연속인 함수 $f(x)$가 $x=a$에서 우연속이고 $x=b$에서 좌연속일 때, $f(x)$는 닫힌구간 $[a, b]$에서 연속이라고 한다. ✠

예 (1) 함수 $f(x)=\sqrt{x}$는 구간 $[0, \infty)$에서 연속이다.

(2) 함수 $f(x)=1-\sqrt{1-x^2}$은 닫힌구간 $[-1, 1]$에서 연속이다. 왜냐하면 $-1<a<1$일 때, $\lim\limits_{x\to a} f(x)=f(a)$이고

$$\lim_{x\to-1+0} f(x)=f(-1),\quad \lim_{x\to1-0} f(x)=f(1)$$

이기 때문이다. □

정리 3

두 함수 $f(x)$와 $g(x)$가 $x=a$에서 연속이고 c가 상수일 때, 다음 함수는 $x=a$에서 연속이다.

(1) $f(x) \pm g(x)$ (2) $cf(x)$

(3) $f(x)g(x)$ (4) $\dfrac{f(x)}{g(x)}$ (단, $g(a) \neq 0$)

증명 여기서는 (1)만 증명하고, 나머지는 독자에게 남긴다. 극한정리와 함수의 연속성에 의해

$$\begin{aligned}\lim_{x \to a}(f \pm g)(x) &= \lim_{x \to a}[f(x) \pm g(x)] = \lim_{x \to a} f(x) \pm \lim_{x \to a} g(x) \\ &= f(a) \pm g(a) = (f \pm g)(a)\end{aligned}$$

가 된다. 따라서 $f(x) \pm g(x)$는 $x=a$에서 연속이다. ■

함수 $f(x)$와 $g(x)$가 어떤 구간 I에서 연속이고, c가 상수이면

$$f(x) \pm g(x),\ cf(x),\ f(x)g(x),\ \frac{f(x)}{g(x)}\ (\text{단, } g(x) \neq 0)$$

도 구간 I에서 연속이다.

참고 **(연속의 엄밀한 정의)** : $f(x)$가 한 점 a를 포함하는 적당한 열린구간에서 정의된 함수라고 하자. 이때 임의의 $\varepsilon > 0$에 대해서

$$|x-a| < \delta \text{이면, } |f(x)-f(a)| < \varepsilon$$

을 만족하는 $\delta > 0$가 존재하면, 함수 $f(x)$는 $x=a$에서 연속이라고 한다. ✠

예제 사인함수 $\sin x$는 $\mathbb{R}$에서 연속임을 보이시오.

증명 $|\theta| < \dfrac{\pi}{2}$일 때 $|\sin\theta| \leq |\theta|$이므로, 임의의 $a \in \mathbb{R}$에 대해서

$$|\sin x - \sin a| = 2\left|\sin\frac{x-a}{2}\cos\frac{x+a}{2}\right| \leq |x-a|$$

가 된다. 따라서 임의의 $\varepsilon > 0$에 대해서, $\delta = \varepsilon$을 택하면

$$|x-a| < \delta \text{일 때, } |\sin x - \sin a| < \varepsilon$$

이 성립한다. 그러므로 사인함수 $\sin x$는 $\mathbb{R}$에서 연속이다. ■

다항함수와 지수함수는 모든 실수의 집합 $\mathbb{R}$에서 연속이고, 유리함수는 분모가 0이 아닌 모든 실수의 집합, 즉 $\mathbb{R}-\{0\}$에서 연속이다. 로그함수는 모든 양의 실수의 집합 $\mathbb{R}^+$에서 연속이다. 또한 함수 $f(x)=\sqrt[n]{x}$는 n이 짝수일 때 $[0, \infty)$에서 연속이고, n이 홀수일 때 $\mathbb{R}$에서 연속이다.

정리 4 연속함수의 합성함수

함수 g가 $x=a$에서 연속이고 f가 $g(a)$에서 연속이면, f와 g의 합성함수 $f \circ g$는 $x=a$에서 연속이다.

예 $\cos x = \sin\left(x+\dfrac{\pi}{2}\right)$이므로, 코사인함수 $\cos x$도 $\mathbb{R}$에서 연속이다. □

참고 연속함수에 관한 극한을 구할 때, 극한과 함수의 연산자를 서로 교환함으로써 계산을 더욱 간편하게 할 수 있다. 예를 들면

$$\begin{aligned}\lim_{x\to\pi}\sqrt{1+\sin x} &= \sqrt{\lim_{x\to\pi}(1+\sin x)} \\ &= \sqrt{1+\sin\left(\lim_{x\to\pi}x\right)} = \sqrt{1+\sin\pi} = 1\end{aligned}$$ ✠

2. 중간값정리

다음 중간값정리는 닫힌구간 $[a, b]$에서 정의된 연속함수가 갖는 중요한 성질이다. 이 정리는 독일의 수학자 바이어슈트라스(Weierstrass)에 의해 증명되었다.

정리 5 중간값정리(intermediate-value theorem)

함수 $f(x)$가 닫힌구간 $[a, b]$에서 연속이고 $f(a) \neq f(b)$이면, $f(a)$와 $f(b)$ 사이의 임의의 실수 k에 대해서

$$f(c)=k$$

를 만족하는 c (단, $a < c < b$)가 적어도 하나 존재한다.

중간값정리는 방정식의 근의 위치를 정하는 데 이용된다.

예제 중간값정리를 이용하여, 삼차방정식 $4x^3 - 6x^2 + 3x - 2 = 0$은 열린구간 $(1, 2)$에서 적어도 하나의 실근을 가짐을 보이시오.

증명 $f(x) = 4x^3 - 6x^2 + 3x - 2$로 놓으면, 함수 $f(x)$는 닫힌구간 $[1, 2]$에서 연속이고 $f(1) = -1$, $f(2) = 12$이다. 따라서 $k = 0$으로 하여 중간값정리를 이용하면, $f(c) = 0$을 만족하는 c가 1과 2 사이에 존재한다. ■

3. 최대 · 최솟값정리

정의 6 최댓값과 최솟값

함수 $f(x)$가 구간 I에서 정의된 함수이고, $c \in I$일 때

(1) 모든 원소 $x \in I$에 대해서 $f(c) \geq f(x)$이면, $f(c)$를 I에서 $f(x)$의 **최댓값** (maximum value)이라 하고, $f(x)$는 $x = c$에서 **최대** (maximum)라고 한다.

(2) 모든 원소 $x \in I$에 대해서 $f(c) \leq f(x)$이면, $f(c)$를 I에서 $f(x)$의 **최솟값** (minimum value)이라 하고, $f(x)$는 $x = c$에서 **최소** (minimum)라고 한다.

어떤 일을 할 때 최적의 방법을 찾는 **최적화 문제** (optimization problem)는 함수의 최댓값 또는 최솟값을 찾는 문제로 귀착된다. 바이어슈트라스가 증명한 다음 정리는 닫힌구간 $[a, b]$에서 정의된 연속함수가 갖는 중요한 성질이다.

정리 7 최대 · 최솟값정리

함수 $f(x)$가 닫힌구간 $[a, b]$에서 연속이면, $f(x)$는 $[a, b]$에서 최댓값과 최솟값을 갖는다.

참고 함수 $f(x)$의 정의역이 닫힌구간이 아니면 최대 · 최솟값정리는 성립하지 않는다. 예를 들면 열린구간 $(1, 3)$에서 정의된 함수 $f(x) = x^2$은 연속이지만, 열린구간 $(1, 3)$에서 최댓값과 최솟값을 갖지 않는다. ✠

구간 I의 모든 x에 대해서 $|f(x)| \leq K$를 만족하는 상수 K가 존재할 때, 함수 $f(x)$는 I에서 유계(bounded)라고 한다.

연습문제 1.2 EXERCISES EXERCISES EXERCISES EXERCISES EXERCISES EXERCISES EXERCISES

01 다음 함수에 대해서, $x = 1$에서 연속 여부를 판정하시오.

(1) $f(x) = \begin{cases} \dfrac{x^2 - 1}{x - 1}, & x \neq 1 \\ 1, & x = 1 \end{cases}$　　(2) $g(x) = \begin{cases} x + 1, & x \geq 1 \\ x^2 + 1, & x < 1 \end{cases}$

02 $f(x) = x^2 + \dfrac{x^2}{x^2+1} + \dfrac{x^2}{(x^2+1)^2} + \dfrac{x^2}{(x^2+1)^3} + \cdots$로 주어진 함수 $f(x)$는 $x = 0$에서 불연속임을 보이시오.

03 다음으로 주어진 함수가 연속이 되는 구간을 조사하시오.

(1) $f(x) = \ln(x - 2)$　　(2) $g(x) = \sqrt{1 - x^2}$

04 중간값정리를 이용하여, 방정식 $\log_{10} x = 2 - x$는 1과 2 사이에 적어도 하나의 실근을 가짐을 보이시오.

제 2 장

미분법

2.1 미분계수와 도함수

1. 미분계수

미분법의 중요한 개념은 도함수이다. 미분학에서는 극한을 이용하여 접선 문제로부터 도함수의 개념을 형식화한다. 접선이라는 단어는 '접한다'라는 의미를 가지고 있는 라틴어 'tangens'에서 유래되었다.

정의 1 미분계수

$f(x)$가 한 점 a를 포함하는 열린구간에서 정의된 함수라고 하자. 이때 극한 $\lim_{h \to 0} \frac{f(a+h)-f(a)}{h}$가 존재하면, 이 값을 $x=a$에서 함수 $y=f(x)$의 **미분계수**(differential coefficient)라 하고

$$f'(a)=\lim_{h \to 0} \frac{f(a+h)-f(a)}{h}$$

로 정의한다.

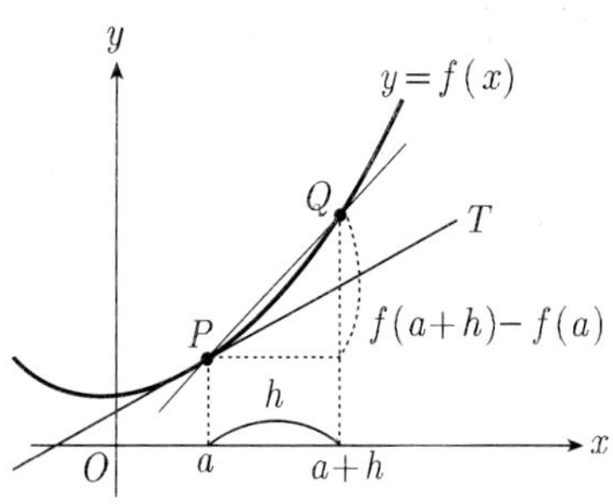

그림 2.1.1

미분계수의 정의는

$$f'(a)=\lim_{x \to a} \frac{f(x)-f(a)}{x-a} \quad \text{또는} \quad f'(a)=\lim_{\Delta x \to 0} \frac{\Delta y}{\Delta x}$$

로 표현된다. 여기서 $\Delta x = x-a$를 x의 **증분**(increment)이라 하고

$$\Delta y = f(a+\Delta x) - f(a) = f(x) - f(a)$$

를 Δx에 대응하는 y의 증분이라고 한다. 이때 $\dfrac{\Delta y}{\Delta x}$를 닫힌구간 $[a, a+\Delta x]$에서 $f(x)$의 **평균변화율**(average rate of change)이라고 한다.

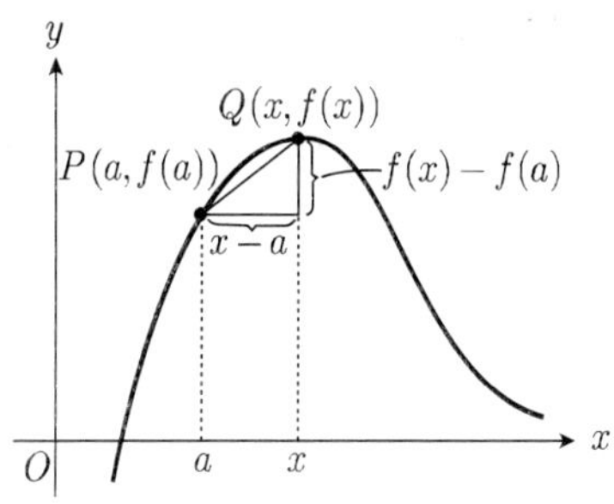

그림 2.1.2

예 함수 $f(x) = x^2 + 3x$에 대해서

$$f(-1) = -2, \; f(-1+\Delta x) = -2 + \Delta x + (\Delta x)^2$$

이므로, $x = -1$에서 미분계수는

$$f'(-1) = \lim_{\Delta x \to 0} \frac{f(-1+\Delta x) - f(-1)}{\Delta x} = 1$$

이다. □

예제 다음 물음에 답하시오.

(1) $\displaystyle\lim_{x \to 1} \frac{x^{1000} - 1}{x - 1}$의 값을 구하시오.

(2) $f(1) = 1, \; f'(1) = 2$일 때, $\displaystyle\lim_{x \to 1} \frac{f(x) - 1}{x^3 - 1}$의 값을 구하시오

풀이 (1) $f(x) = x^{1000}$으로 하면, $f(1) = 1$이므로

$$\lim_{x \to 1} \frac{x^{1000} - 1}{x - 1} = \lim_{x \to 1} \frac{f(x) - f(1)}{x - 1} = f'(1)$$

이다. 그런데 $f'(x) = 1000x^{999}$이므로, $f'(1) = 1000$이다.

$$(2)\ \lim_{x\to 1}\frac{f(x)-1}{x^3-1}=\lim_{x\to 1}\frac{f(x)-1}{(x-1)(x^2+x+1)}$$
$$=\lim_{x\to 1}\frac{f(x)-1}{x-1}\cdot\lim_{x\to 1}\frac{1}{x^2+x+1}=f'(1)\cdot\frac{1}{3}=\frac{2}{3}\ \blacksquare$$

$x=a$에서 **우미분계수**와 **좌미분계수**를 각각

$$\lim_{h\to +0}\frac{f(a+h)-f(a)}{h},\qquad \lim_{h\to -0}\frac{f(a+h)-f(a)}{h}$$

로 정의하고, $x=a$에서 좌·우미분계수가 모두 존재해서 일치할 때 $f'(a)$가 존재한다고 한다.

예제 함수 $f(x)=|x|$에 대해서, $f'(0)$을 구하시오.

풀이 $\displaystyle\lim_{h\to 0}\frac{f(0+h)-f(0)}{h}=\lim_{h\to 0}\frac{|0+h|-|0|}{h}$에서

$$\lim_{h\to +0}\frac{|0+h|-|0|}{h}=\lim_{h\to +0}\frac{|h|}{h}=\lim_{h\to +0}\frac{h}{h}=1$$
$$\lim_{h\to -0}\frac{|0+h|-|0|}{h}=\lim_{h\to -0}\frac{|h|}{h}=\lim_{h\to +0}\frac{-h}{h}=-1$$

이므로, $f'(0)$이 존재하지 않는다. ■

정의 2 미분가능

$f(x)$가 한 점 a를 포함하는 어떤 열린구간에서 정의된 함수라고 하자. 이때 미분계수 $f'(a)$가 존재하면, 함수 $y=f(x)$는 $x=a$에서 **미분가능**(differentiable)하다고 한다. 특히 함수 $y=f(x)$가 어떤 열린구간 I의 모든 점에서 미분가능하면, $f(x)$는 구간 I에서 미분가능하다고 한다.

예 함수 $f(x)=x^{\frac{1}{3}}$은 $x=0$에서 미분가능하지 않다. 왜냐하면

$$\lim_{x \to 0} \frac{f(x)-f(0)}{x-0} = \lim_{x \to 0} \frac{x^{\frac{1}{3}}}{x} = \lim_{x \to 0} \frac{1}{x^{\frac{2}{3}}} = \infty$$

이므로, $f'(0)$이 존재하지 않기 때문이다. □

예제 $f'(a)=2$일 때, 극한 $\lim_{h \to 0} \frac{f(a+2h)-f(a)}{3h}$의 값을 구하시오.

풀이 $\lim_{h \to 0} \frac{f(a+2h)-f(a)}{3h} = \frac{2}{3} \lim_{h \to 0} \frac{f(a+2h)-f(a)}{2h} = \frac{2}{3} f'(a) = \frac{4}{3}$ ■

함수 $f(x)$가 $K \subset \mathbb{R}$의 모든 점에서 미분가능할 때, $f(x)$는 K에서 미분가능하다고 한다.

2. 미분계수의 기하학적 의미

(1) 접선의 기울기

한 곡선의 접선은 그 곡선에 접하는 직선이다.

참고 곡선 위의 두 점 P, Q에 대해서 P는 고정점, Q는 P 근방에서 움직이는 점일 때, 점 P에서의 **접선**(tangent line)이란 Q가 곡선을 따라서 P를 향하여 접근할 때의 할선의 극한위치를 말한다(단, 이 극한이 존재해야 한다). ✠

$f'(a)$가 존재할 때, $f'(a)$는 곡선 $y=f(x)$ 위의 한 점 $P(a, f(a))$에서 접선의 기울기를 나타낸다. 따라서 $f'(a)$가 존재할 때 $P(a, f(a))$에서 곡선 $y=f(x)$의 접선의 방정식은

$$y-f(a)=f'(a)(x-a)$$

이고, 법선의 방정식은

$$y-f(a)=-\frac{1}{f'(a)}(x-a)$$

로 주어진다. 한 점 $P(a, f(a))$를 지나고 그 점에서의 접선과 수직인 직선을 그 점에서의 **법선**(normal line)이라고 한다.

예제 함수 $f(x) = 2x + x^2$에 대해서, $x = 1$에서의 접선의 방정식을 구하시오.

풀이 $f'(x) = 2 + 2x$ 이므로 $f'(1) = 4$이다. $x = 1$일 때 $f(1) = 3$이므로, 곡선 위의 점 $(1, 3)$에서의 접선의 방정식은

$$y - 3 = 4(x - 1),\ 즉\ y = 4x - 1$$

로 주어진다. ■

(2) 변화율

$x = x_1$에서 $y = f(x)$의 x에 대한 **순간변화율**(instantaneous rate of change)은 충분히 작은 닫힌구간 $[x_1, x_2]$에 대한 평균변화율의 극한

$$순간변화율 = \lim_{\Delta x \to 0} \frac{\Delta y}{\Delta x} = \lim_{x_2 \to x_1} \frac{f(x_2) - f(x_1)}{x_2 - x_1}$$

이다. 이 극한은 x_1에서 함수 $f(x)$의 미분계수 $f'(x_1)$이다. 이것은 $y = f(x)$의 x에 관한 순간변화율로서의 $f'(x_1)$에 대한 또 다른 설명이다. 변화율의 계산은 자연과학, 공학뿐만 아니라 사회과학의 모든 영역에서 응용된다.

참고 접선의 기울기는 여러 응용 면에서 이용되는데, 그중 하나가 속도를 구하는 것이다. 움직이는 물체의 **위치함수**가 $s = f(t)$일 때, $f'(x_1)$은 시각 t에 대한 변위 s의 변화율, 즉 시각 $t = x_1$에서 물체의 **속도**(velocity)가 된다. 물체의 속력은 절댓값 $|f'(x_1)|$으로 주어진다. ✠

3. 도함수

도함수는 변화율로 생각할 수 있고, 이러한 해석은 많은 응용을 가능하게 한다.

정의 3　도함수

$K \subset \mathbb{R}$일 때, 주어진 함수 $f(x)$에 대응하여

$$f'(x) = \lim_{h \to 0} \frac{f(x+h) - f(x)}{h}$$

로 정의되는 새로운 함수 $f' : K \to \mathbb{R}$을 $f(x)$의 **도함수**(derivative)라고 한다.

함수 $y = f(x)$의 도함수를 표시할 때

$$y',\ f'(x),\ \frac{dy}{dx},\ \frac{d}{dx}f(x),\ Df(x)$$

등의 기호를 사용한다. 여기서 기호 D와 $\frac{d}{dx}$를 **미분연산자**(differential operator) 또는 **미분작용소**라고 한다. 라이프니츠(Leibniz)에 의해 소개된 라이프니츠 기호 $\frac{dy}{dx}$는 증분 기호와 함께 사용할 때 유용하다. $x = a$에서 도함수 $\frac{dy}{dx}$의 값을 라이프니츠 기호로 표현하면

$$\left.\frac{dy}{dx}\right|_{x=a}$$

가 된다.

정리 4

함수 $f(x)$가 $x = a$에서 미분가능하면, $f(x)$는 $x = a$에서 연속이다.

증명　$x \neq a$에 대해서

$$f(x) = \frac{f(x) - f(a)}{x - a}(x - a) + f(a)$$

를 생각한다. 이때 $f'(a)$가 존재하므로, 양변에 $x \to a$일 때의 극한을 취하면

$$\lim_{x \to a} f(x) = f'(a) \cdot 0 + f(a) = f(a)$$

가 성립한다. 따라서 $\lim_{x \to a} f(x) = f(a)$이므로, $y = f(x)$는 $x = a$에서 연속이다. ■

참고 [정리 4]의 역은 성립하지 않는다. 예를 들면 함수 $f(x) = |x|$는

$$\lim_{x \to 0} f(x) = \lim_{x \to 0} |x| = 0 = f(0)$$

이므로 $x = 0$에서 연속이지만, $f(x)$는 $x = 0$에서 미분가능하지 않다. ✠

연습문제 2.1 EXERCISES EXERCISES EXERCISES EXERCISES EXERCISES EXERCISES EXERCISES

01 미분계수의 정의를 이용하여, 다음 함수에 대해서 $f'(1)$을 구하시오.

(1) $f(x) = x^2$　　(2) $f(x) = x^2 + 3x + 1$

02 다음 물음에 답하시오.

(1) 함수 $f(x) = 3x - 2x^2$ 위의 점 $(2, -2)$에서 접선의 방정식을 구하시오.

(2) 곡선 밖의 한 점 $\left(0, -\frac{1}{4}\right)$로부터 곡선 $y = x^3$에 그은 접선의 방정식을 구하시오.

03 $f(x) = \begin{cases} x \sin \frac{1}{x} & , x \neq 0 \\ 0 & , x = 0 \end{cases}$

으로 정의된 함수 $f(x)$는 $x = 0$에서는 연속이지만, $x = 0$에서 미분가능하지 않음을 보이시오.

04 함수 $f(x) = x|x|$에 대해서, $f'(0)$을 구하시오.

05 다음 물음에 답하시오.

(1) 미분가능한 함수 $f(x)$가 $\lim_{h \to 0} \frac{f(2h) - f(3h)}{h} = 4$를 만족할 때, $f'(0)$의 값을 구하시오.

(2) $f'(a) = 2$일 때, 극한 $\lim_{h \to 0} \frac{f(a + 2h) - f(a - 3h)}{h}$의 값을 구하시오.

2.2 미분법

1. 미분법

함수 $f(x)$로부터 $f'(x)$를 구하는 것을 x에 관하여 **미분한다**(differentiate)고 하고, 그 계산법을 **미분법**(differentiation)이라고 한다.

참고 주어진 함수의 도함수를 구하는 과정을 다음 **사단계 계산법**

(1) $y+\Delta y = f(x+\Delta x)$ (2) $\Delta y = f(x+\Delta x)-f(x)$

(3) $\dfrac{\Delta y}{\Delta x} = \dfrac{f(x+\Delta x)-f(x)}{\Delta x}$ (4) $\dfrac{dy}{dx} = \lim\limits_{\Delta x \to 0} \dfrac{f(x+\Delta x)-f(x)}{\Delta x}$

으로 요약할 수 있다. 사단계 계산법은 주어진 함수의 도함수를 구할 때 기본적인 과정이지만, 실제로는 단계 (1), (2), (3)은 생략하고 단계 (4), 즉 도함수의 정의만을 적용하여 직접 구하는 방법을 이용한다. ✠

정리 1 멱공식(거듭제곱 법칙)

임의의 자연수 $n \in \mathbb{N}$에 대해서, $f(x) = x^n$일 때

$$f'(x) = nx^{n-1}$$

예 상수함수 $f(x) = c$ (단, c는 상수)에 대해서, $f'(x) = 0$이 성립한다. 따라서 수평 직선 $y = c$의 접선의 기울기는 0이다. □

참고 멱공식은 n이 임의의 실수일 경우까지 확장된다. ✠

정리 2

두 함수 $f(x)$와 $g(x)$가 어떤 구간에서 미분가능하고 c가 상수일 때, 그 구간에서

(1) $(cf)'(x) = cf'(x)$ (2) $(f \pm g)'(x) = f'(x) \pm g'(x)$

(3) $(fg)'(x) = f(x)g'(x) + g(x)f'(x)$ (곱의 법칙)

(4) $\left(\dfrac{f}{g}\right)'(x) = \dfrac{g(x)f'(x) - f(x)g'(x)}{[g(x)]^2}$ (단, $g(x) \neq 0$) **(몫의 법칙)**

예제 다음 함수에 대해서, 도함수 $f'(x)$를 구하시오.

(1) $f(x) = (x^3 - 1)(x^2 + x + 1)$ (2) $f(x) = x + \dfrac{x}{x^2+1}$

풀이 (1) $f'(x) = (x^3-1)'(x^2+x+1) + (x^3-1)(x^2+x+1)'$

$$= 3x^2(x^2+x+1) + (x^3-1)(2x+1)$$

$$= 5x^4 + 4x^3 + 3x^2 - 2x - 1$$

(2) $f'(x) = x' + \dfrac{x'(x^2+1) - x(x^2+1)'}{(x^2+1)^2}$

$$= 1 + \frac{(x^2+1) - 2x^2}{(x^2+1)^2} = \frac{x^4+x^2+2}{(x^2+1)^2}$$ ■

[정리 2(4)]는 멱공식을 지수가 음의 정수인 경우로 확장하는 데 이용된다.

참고 절댓값 함수 $f(x) = |x|$가 $x = 0$에서 미분가능하지 않으므로, 함수 $g(x) = x|x|$에 대해서 $g'(0)$을 구할 때 [정리 2]를 적용할 수 없다. 이 경우는 미분계수의 정의를 이용하여 구한다. (연습문제 2.1 참조) ✠

2. 합성함수의 미분법

합성함수의 미분법을 **연쇄법칙**(chain rule) 또는 **연쇄율**이라고 한다.

정리 3 연쇄법칙

두 함수 $y = f(x)$, $x = g(t)$가 미분가능하면, 합성함수 $y = f(g(t))$는 t에 관해서 미분가능하다. 이때

$$(f \circ g)'(t) = f'(g(t))g'(t)$$

증명 $\lim_{\Delta t \to 0} \frac{\Delta x}{\Delta t} = g'(t)$이므로, $\frac{\Delta x}{\Delta t} - g'(t) = \varepsilon_1$이라 놓으면 $\Delta t \to 0$일 때 $\varepsilon_1 \to 0$이 되고

$$\Delta x = \{g'(t) + \varepsilon_1\} \Delta t$$

를 얻는다. 마찬가지로 $\lim_{\Delta x \to 0} \frac{\Delta y}{\Delta x} = f'(x)$이므로, $\frac{\Delta y}{\Delta x} - f'(x) = \varepsilon_2$라 놓으면 $\Delta x \to 0$일 때 $\varepsilon_2 \to 0$이 되고

$$\Delta y = \{f'(x) + \varepsilon_2\} \Delta x = \{f'(x) + \varepsilon_2\}\{g'(t) + \varepsilon_1\} \Delta t$$

를 얻는다. 따라서

$$\begin{aligned} \frac{dy}{dt} &= \lim_{\Delta t \to 0} \frac{\Delta y}{\Delta t} = \lim_{\Delta t \to 0} \{f'(x) + \varepsilon_2\}\{g'(t) + \varepsilon_1\} \\ &= \lim_{\Delta x \to 0} \{f'(x) + \varepsilon_2\} \lim_{\Delta t \to 0} \{g'(t) + \varepsilon_1\} = f'(g(t))g'(t) \end{aligned}$$ ■

연쇄법칙을 라이프니츠 기호로 표현하는 것이 도움이 되는 경우가 많다. 미분가능한 두 함수 $y = f(x)$, $x = g(t)$의 합성함수 $y = f(g(t))$에 대해서, 연쇄법칙은

$$\frac{dy}{dt} = \frac{dy}{dx}\frac{dx}{dt}$$

로 나타낼 수 있다.

예제 두 함수 $f(x) = 3x + 2$와 $g(x) = x^2$에 대해서, $(g \circ f)'(x)$를 구하시오.

풀이 $f'(x) = 3$, $g'(x) = 2x$이므로

$$(g \circ f)'(x) = g'(f(x))f'(x) = 2(3x + 2) \cdot 3 = 18x + 12$$ ■

정리 4

임의의 유리수 $r \in \mathbb{Q}$에 대해서, $y = x^r$일 때

$$y' = r x^{r-1}$$

증명 $r=\dfrac{p}{q}$ (단, $p, q \in \mathbb{Z}$이고 $q \neq 0$)라 두면, $y^q = x^p$이 된다. 양변을 x에 관해서 미분하면, 연쇄법칙에 의해

$$\frac{d}{dx}y^q = \frac{d}{dx}x^p \text{이고 } \frac{d}{dy}(y^q)\frac{dy}{dx} = \frac{d}{dx}x^p$$

이다. 그러므로 $qy^{q-1}\dfrac{dy}{dx} = px^{p-1}$을 얻는다. 따라서

$$\frac{dy}{dx} = \frac{px^{p-1}}{qy^{q-1}} = \frac{p}{q}x^{p-1}(x^{p/q})^{1-q} = rx^{r-1}$$ ■

예 (1) $f(x) = \sqrt{x}$ (단, $x > 0$)일 때, $f'(x) = \dfrac{1}{2\sqrt{x}}$

(2) $f(x) = x^{\frac{2}{3}}$ (단, $x \neq 0$)일 때, $f'(x) = \dfrac{2}{3}x^{\frac{2}{3}-1} = \dfrac{2}{3}x^{-\frac{1}{3}}$ □

예제 다음 함수에 대해서, 도함수 $\dfrac{dy}{dx}$를 구하시오.

(1) $y = x^2 + 2\sqrt{x}$ (2) $y = \sqrt{x^2+1}$

풀이 (1) $\dfrac{dy}{dx} = (x^2)' + (2\sqrt{x})' = 2x + \dfrac{1}{\sqrt{x}}$

(2) $u = x^2 + 1$로 두면 $y = \sqrt{u}$이므로, 연쇄법칙에 의해

$$\frac{dy}{dx} = \frac{dy}{du}\frac{du}{dx} = \frac{1}{2\sqrt{u}}(2x) = \frac{x}{\sqrt{x^2+1}}$$ ■

3. 역함수 미분법

연쇄법칙을 적용하여, 역함수의 도함수를 구할 수 있다.

정리 5 역함수 미분법

미분가능한 함수 $y = f(x)$의 역함수가 존재하고 $\dfrac{dy}{dx} \neq 0$이면, 역함수도 미분가능하다. 이때

$$\frac{dx}{dy} = \frac{1}{\dfrac{dy}{dx}}$$

증명 $y=f(x)$의 역함수를 $x=g(y)$라고 하면, $x=g(f(x))$이다. 이때 양변을 x에 관해서 미분하면

$$1 = \frac{d}{dx}[g(f(x))] = \frac{d}{dy}[g(y)]\frac{dy}{dx} = \frac{dx}{dy}\frac{dy}{dx}$$

가 된다. 따라서 $\dfrac{dy}{dx} \neq 0$일 때, $\dfrac{dx}{dy} = \dfrac{1}{\dfrac{dy}{dx}}$을 얻는다. ■

예 $x = \sqrt{y+1}$일 때, $\dfrac{dx}{dy} = \dfrac{1}{2\sqrt{y+1}}$이므로

$$\frac{dy}{dx} = 2\sqrt{y+1}$$

이 된다. □

정리 6

함수 $y=f(x)$가 모든 x에서 미분가능하고 역함수 $g(x)=f^{-1}(x)$를 가질 때, $f'(g(x)) \neq 0$이면

$$g'(x) = \frac{1}{f'(g(x))}$$

예 $f(x) = x^5 + 3x^3 + 2x + 1$로 정의된 함수 $f(x)$는 모든 실수 $x \in \mathbb{R}$에 대해서

$$f'(x) = 5x^4 + 9x^2 + 2 > 0$$

이므로, $f(x)$의 역함수 g와 또한 모든 $y \in R(f)$에서 $g'(y)$가 존재한다. 그런데 $f(1)=7$이므로, $g(7)=1$이고 $f'(g(7))=16$이 된다. 따라서

$$g'(7) = \frac{1}{f'(1)} = \frac{1}{16}$$

이 된다. □

4. 음함수 미분법

음함수 $f(x, y)=0$의 도함수를 구하는 경우는 양함수 $y=f(x)$ 형태로 변형하여 미분할 수 있다.

참고 $f(x, y)=y-x^3=0$은 $y=x^3$으로 변형되므로, $y'=3x^2$이 된다. 그러나 방정식 $x^2-2x=y^3-y+1$은 간단히 양함수로 변형할 수 없다. ✠

양함수로 변형하기가 쉽지 않거나 불가능할 경우는 음함수 미분법을 이용한다. 음함수 $f(x, y)=0$을 양함수 $y=f(x)$로 쉽게 변형할 수 있는 경우조차도 음함수 미분법을 이용하면 보다 쉽게 도함수를 구할 수 있다.

정의 7 음함수 미분법

음함수 $f(x, y)=0$을 x로 미분하는 방법은, 먼저 y를 x의 함수라 생각하고 $f(x, y)=0$의 각 항을 연쇄법칙을 이용하여 x에 관하여 미분한 후 y'에 대한 결과를 구한다. 이 방법을 **음함수 미분법**(implicit differentiation)이라고 한다.

예제 $x^2+y^3-2y=8$ 위의 점 $(3, 1)$에서 접선의 방정식을 구하시오.

풀이 방정식 $x^2+y^3-2y=8$에서 음함수 미분법을 이용하면

$$2x+3y^2y'-2y'=0$$

이고, y'에 관하여 정리하면 $y'=\dfrac{-2x}{3y^2-2}$가 된다. 이때 $x=3$과 $y=1$을 대입하면 $y'=-6$이므로, $(3, 1)$에서 접선의 방정식은

$$y-1=-6(x-3),\ \text{즉}\ y=-6x+19$$

■

5. 고계도함수

일계도함수 $f'(x)$가 미분가능할 때, 새로운 함수 $(f')'=f''$을 정의할 수 있다. 이때 $f''(x)$를 함수 $f(x)$의 **이계도함수**라 하고

$$y'',\ f''(x),\ \frac{d^2y}{dx},\ \frac{d^2}{dx^2}f(x)$$

등으로 표시한다. 마찬가지로 이계도함수가 미분가능할 때 $(f'')' = f'''$을 정의하고, $f'''(x)$를 함수 $f(x)$의 **삼계도함수**라 한다. 일반적으로 $y=f(x)$의 n계 **도함수**(n-th derivative)를 $f^{(n)}(x)$로 나타내고

$$y^{(n)},\ f^{(n)}(x),\ \frac{d^ny}{dx^n},\ \frac{d^n}{dx^n}f(x)$$

등으로 표시한다. 보통 이계 이상의 도함수를 **고계도함수**(higher derivative)라고 한다.

예제 $x^2+y^2=a^2$으로 주어진 함수에 대해서, y'과 y''을 구하시오.

풀이 음함수 미분법을 이용하면, $2x+2yy'=0$이므로

$$y' = -\frac{x}{y}\ (\text{단, } y \neq 0) \tag{$*$}$$

가 된다. 이제 다음 두 가지 방법으로 y''을 구해보자.

(i) $(*)$를 다시 미분하여 $y'' = -\dfrac{y-xy'}{y^2}$을 얻는다. 그런데 $y' = -\dfrac{x}{y}$이고 $x^2+y^2=a^2$이므로, $y'' = -\dfrac{a^2}{y^3}$ (단, $y \neq 0$)이 된다.

(ii) $2x+2yy'=0$에 음함수 미분법을 이용하여

$$1+(y')^2+yy''=0,\ \text{즉 } yy'' = -\left(1+\frac{x^2}{y^2}\right) = -\frac{a^2}{y^2}$$

을 얻는다. 그러므로 $y'' = -\dfrac{a^2}{y^3}$ (단, $y \neq 0$)이 된다. ■

참고 **(라이프니츠 정리)** : 두 함수 $f(x)$와 $g(x)$가 n번 미분가능하면

$$(fg)^{(n)}(x) = f^{(n)}(x)\cdot g(x) + {}_nC_1 f^{(n-1)}(x)\cdot g'(x) + \cdots$$
$$+ {}_nC_i f^{(n-i)}(x)\cdot g^{(i)}(x) + \cdots + f(x)\cdot g^{(n)}(x)$$

가 성립한다. ✠

연습문제 2.2

01 다음 함수에 대해서, 도함수 $f'(x)$를 구하시오.

(1) $y=(x^2+1)^3$　　(2) $y=\dfrac{1}{\sqrt{x^2+1}}$

02 $f(x)=x^3g(x)$이고 $g(1)=1,\ g'(1)=2$일 때, $f'(1)$의 값을 구하시오.

03 다음 함수에 대해서, 도함수 $\dfrac{dy}{dx}$를 구하시오.

(1) $x^3+y^3=3xy$　　(2) $x^2+3xy+y^2=2$

04 $x^2+3xy+y^2=5$ 위의 점 $(1,\ 1)$에서 접선의 방정식을 구하시오.

05 $x>2$인 모든 실수 x에 대해서, 부등식 $x^3-3x^2+a>0$이 성립하도록 상수 a의 값의 범위를 구하시오.

06 음함수 미분법을 이용하여, 다음 함수에 대해서 y'과 y''을 구하시오.

(1) $x^2-y^2=5$　　(2) $4x^2-2y^2=1$

2.3 초월함수의 미분법

이 절에서는 초월함수인 삼각함수, 역삼각함수, 로그함수, 지수함수, 쌍곡선함수, 역쌍곡선함수의 미분법에 대해서 서술한다.

1. 삼각함수와 역삼각함수의 미분법

(1) 삼각함수의 미분법

정리 1 삼각함수의 미분법

(1) $\dfrac{d}{dx}(\sin x) = \cos x$

(2) $\dfrac{d}{dx}(\cos x) = -\sin x$

(3) $\dfrac{d}{dx}(\tan x) = \sec^2 x$

(4) $\dfrac{d}{dx}(\csc x) = -\csc x \cot x$

(5) $\dfrac{d}{dx}(\sec x) = \sec x \tan x$

(6) $\dfrac{d}{dx}(\cot x) = -\csc^2 x$

증명 삼각함수 $\tan x$, $\csc x$, $\sec x$, $\cot x$에 대한 도함수는 [2.2절 정리 2(4)]를 이용하여 쉽게 얻을 수 있으므로, 여기서는 (1), (2)만 증명한다.

(1) $$\frac{d}{dx}\sin x = \lim_{h \to 0} \frac{\sin(x+h) - \sin x}{h}$$

$$= \lim_{h \to 0} \frac{2\cos\left(x + \frac{h}{2}\right)\sin\left(\frac{h}{2}\right)}{h} = \lim_{h \to 0} \frac{\cos\left(x + \frac{h}{2}\right)\sin\left(\frac{h}{2}\right)}{\frac{h}{2}}$$

$$= \lim_{h \to 0} \cos\left(x + \frac{h}{2}\right) \lim_{h \to 0} \frac{\sin\left(\frac{h}{2}\right)}{\frac{h}{2}} = \cos x$$

(2) $\cos x = \sin\left(x + \frac{\pi}{2}\right)$이므로

$$\frac{d}{dx}\cos x = \frac{d}{dx}\sin\left(x + \frac{\pi}{2}\right) = \cos\left(x + \frac{\pi}{2}\right) = -\sin x$$ ■

예제 다음 함수에 대해서, 도함수 $\frac{dy}{dx}$를 구하시오.

(1) $y=x^2\sin x$　　(2) $y=\tan(x^2+1)$　　(3) $\sin x+\sin y=xy$

풀이 (1) 곱의 법칙을 이용하면, $\frac{dy}{dx}=2x\sin x+x^2\cos x$

(2) $u=x^2+1$로 두면 $y=\tan u$이므로, 연쇄법칙에 의해

$$\frac{dy}{dx}=\frac{dy}{du}\frac{du}{dx}=\sec^2 u\cdot(2x)=2x\sec^2(x^2+1)$$

(3) 음함수 미분법을 이용하면

$$\cos x+\cos y\frac{dy}{dx}=y+x\frac{dy}{dx}$$

가 된다. 따라서

$$\frac{dy}{dx}=\frac{\cos x-y}{x-\cos y}\quad(\text{단, } x-\cos y\neq 0)$$

■

(2) 역삼각함수의 미분법

삼각함수가 미분가능하므로, 그 역함수도 미분가능하다.

정리 2 역삼각함수의 미분법

(1) $\frac{d}{dx}\sin^{-1}x=\frac{1}{\sqrt{1-x^2}}$ (단, $|x|<1$)

(2) $\frac{d}{dx}\cos^{-1}x=-\frac{1}{\sqrt{1-x^2}}$ (단, $|x|<1$)

(3) $\frac{d}{dx}\tan^{-1}x=\frac{1}{1+x^2}$ (단, $x\in\mathbb{R}$)

(4) $\frac{d}{dx}\cot^{-1}x=-\frac{1}{1+x^2}$ (단, $x\in\mathbb{R}$)

(5) $\frac{d}{dx}\sec^{-1}x=\frac{1}{|x|\sqrt{x^2-1}}$ (단, $|x|>1$)

(6) $\frac{d}{dx}\csc^{-1}x=-\frac{1}{|x|\sqrt{x^2-1}}$ (단, $|x|>1$)

증명 여기서는 (1)만 증명하고, 나머지는 독자에게 남긴다. $y=\sin^{-1}x$라 놓으면

$$\sin y = x \left(\text{단, } -\frac{\pi}{2} \le y \le \frac{\pi}{2} \right)$$

이므로, x에 대해서 미분하면 $\dfrac{dy}{dx} = \dfrac{1}{\cos y}$이 된다. $-\dfrac{\pi}{2} \le y \le \dfrac{\pi}{2}$에서 $\cos y \ge 0$이므로

$$\cos y = \sqrt{1-\sin^2 y} = \sqrt{1-x^2}$$

이 성립한다. 따라서

$$\frac{d}{dx}\sin^{-1}x = \frac{1}{\cos y} = \frac{1}{\sqrt{1-x^2}} \quad (\text{단, } |x| < 1)$$ ■

예제

다음 함수에 대해서, 도함수 $\dfrac{dy}{dx}$를 구하시오.

(1) $y=\cos^{-1}\sqrt{x}$ (2) $y = x\tan^{-1}\sqrt{x}$

풀이 (1) $\dfrac{dy}{dx} = -\dfrac{1}{\sqrt{1-x}}(\sqrt{x})' = -\dfrac{1}{\sqrt{1-x}}\left(\dfrac{1}{2\sqrt{x}}\right) = -\dfrac{1}{2\sqrt{x(1-x)}}$

(2) $\dfrac{dy}{dx} = x'\tan^{-1}\sqrt{x} + x(\tan^{-1}\sqrt{x})'$

$$= \tan^{-1}\sqrt{x} + x\cdot\frac{1}{1+x}\cdot\frac{1}{2\sqrt{x}} = \tan^{-1}\sqrt{x} + \frac{\sqrt{x}}{2(1+x)}$$ ■

예제

$\tan^{-1}x + \cot^{-1}x = \dfrac{\pi}{2}$가 성립함을 보이시오.

증명 $f(x) = \tan^{-1}x + \cot^{-1}x$라 두면, 모든 x에 대해서 $f'(x)=0$이 된다. 그러면 $f(x)=c$이므로

$$c = f(1) = \tan^{-1}1 + \cot^{-1}1 = \frac{\pi}{2}$$

를 얻는다. 따라서 $\tan^{-1}x + \cot^{-1}x = \dfrac{\pi}{2}$가 성립한다. ■

2. 지수함수와 로그함수의 미분법

(1) 지수함수의 미분법

이항정리에 의해

$$\lim_{n \to \infty}\left(1+\frac{1}{n}\right)^n = 2 + \frac{1}{2!} + \frac{1}{3!} + \frac{1}{4!} + \cdots$$

를 얻는다. 이때 우변의 무한급수는 수렴하고, 이 극한을 e로 정의한다. 원주율 π와 함께 무리수 e는 수학에서 매우 중요한 역할을 한다. 이것은 1736년 오일러(Euler)가 처음으로 표기하였기 때문에 **오일러 수**(Euler number)라고 한다. **네이피어 상수**(Napier constant)라고도 부르는 오일러 수 e는 $e = 2.718\cdots$인 초월수로서 자연로그의 밑으로 사용한다.

참고 $\lim_{x \to \infty}\left(1+\frac{1}{x}\right)^x = \lim_{x \to -\infty}\left(1+\frac{1}{x}\right)^x = \lim_{x \to 0}(1+x)^{\frac{1}{x}} = e$이므로 (3.5절 참조)

(1) $\lim_{x \to 0}\frac{\ln(1+x)}{x} = 1$

(2) $\lim_{x \to 0}\frac{\log_a(1+x)}{x} = \frac{1}{\ln a}$ (단, $a > 0$, $a \neq 1$) ✠

정리 3

극한 $\lim_{x \to 0}\frac{e^x - 1}{x} = 1$이 성립한다.

증명 $e^x - 1 = t$로 치환하면, $x = \ln(1+t)$가 된다. 따라서

$$\lim_{x \to 0}\frac{e^x - 1}{x} = \lim_{t \to 0}\frac{t}{\ln(1+t)} = \lim_{t \to 0}\frac{1}{\ln(1+t)^{1/t}} = 1$$ ■

참고 $\lim_{x \to 0}\frac{a^x - 1}{x} = \ln a$ (단, $a > 0$, $a \neq 1$) ✠

정리 4 지수함수의 미분법

$$\frac{d}{dx}e^x = e^x,\ \ \frac{d}{dx}a^x = a^x \ln a\ (\text{단, } a > 0,\ a \neq 1)$$

증명

$$\frac{d}{dx}e^x = \lim_{h \to 0}\frac{e^{x+h} - e^x}{h} = e^x \lim_{h \to 0}\frac{e^h - 1}{h} = e^x$$

이 된다. 그런데 $a > 0$일 때 $a = e^{\ln a}$이므로, $a^x = e^{x \ln a}$이 성립한다. 여기서 $x \ln a = t$로 놓으면, 연쇄법칙에 의해

$$\frac{d}{dx}a^x = \frac{d}{dx}e^{x \ln a} = \frac{d}{dx}e^t = \frac{d}{dt}e^t\frac{dt}{dx}$$
$$= e^t \ln a = e^{x \ln a}\ln a = a^x \ln a$$ ■

일반적으로 $\frac{d}{dx}e^u = e^u\frac{du}{dx}$, $\frac{d}{dx}a^u = a^u \ln a\frac{du}{dx}$가 성립한다.

(2) 로그함수의 미분법

로그함수는 미분가능한 지수함수의 역함수이므로 미분가능하다.

정리 5 로그함수의 미분법

$x > 0$일 때

$$\frac{d}{dx}\ln x = \frac{1}{x},\ \ \frac{d}{dx}\log_a x = \frac{1}{x \ln a}\ (\text{단, } a > 0,\ a \neq 1)$$

증명 $y = \ln x$ (단, $x > 0$)라고 놓으면 $e^y = x$이므로, x에 관해서 미분하여

$$e^y\frac{dy}{dx} = 1,\ \text{즉}\ \frac{dy}{dx} = \frac{1}{e^y} = \frac{1}{x}$$

을 얻는다. 한편 $x > 0$일 때 $y = \log_a x$ (단, $a > 0$, $a \neq 1$)이면 $a^y = x$이므로, $a^y \ln a\frac{dy}{dx} = 1$이 된다. 따라서

$$\frac{d}{dx}\log_a x = \frac{1}{a^y \ln a} = \frac{1}{x \ln a}$$ ■

정리 6

$$\frac{d}{dx}\ln|u| = \frac{1}{u}\frac{du}{dx}, \quad \frac{d}{dx}\log_a|u| = \frac{1}{u\ln a}\frac{du}{dx}$$

예 $\frac{d}{dx}\ln|g(x)| = \frac{g'(x)}{g(x)}$ 이고, $\frac{d}{dx}\log_a|g(x)| = \frac{g'(x)}{g(x)\ln a}$ 이다. □

예제 다음 함수에 대해서, 도함수 $\frac{dy}{dx}$ 를 구하시오.

(1) $y = \ln(\cos x)$ (2) $y = \ln(x^4 + 1)$

풀이 (1) $u = \cos x$로 두면 $y = \ln u$이므로, 연쇄법칙에 의해

$$\frac{dy}{dx} = \frac{dy}{du}\frac{du}{dx} = \frac{1}{u}\frac{du}{dx} = \frac{1}{\cos x}\cdot(-\sin x) = -\tan x$$

(2) $u = x^4 + 1$로 두면 $y = \ln u$이므로, 연쇄법칙에 의해

$$\frac{dy}{dx} = \frac{dy}{du}\frac{du}{dx} = \frac{1}{u}\frac{du}{dx} = \frac{1}{x^4+1}\cdot 4x^3 = \frac{4x^3}{x^4+1}$$ ■

예제 $f(x) = \ln x$의 도함수 $f'(x) = \frac{1}{x}$을 이용하여, $\lim_{n\to\infty}\left(1+\frac{1}{n}\right)^n = e$ 임을 보이시오.

증명 $f'(1) = 1$이다. 또한

$$f'(1) = \lim_{x\to 0}\frac{f(1+x) - f(1)}{x} = \lim_{x\to 0}\frac{1}{x}\ln(1+x)$$
$$= \lim_{x\to 0}\ln(1+x)^{1/x} = \ln\left[\lim_{x\to 0}(1+x)^{1/x}\right]$$

이다. 그러므로 $\ln\left[\lim_{x\to 0}(1+x)^{1/x}\right] = 1$이다. 따라서 $\lim_{x\to 0}(1+x)^{1/x} = e$를 얻는다. 만일 $n = 1/x$이면, $x \to +0$일 때 $n \to \infty$이므로

$$e = \lim_{n\to\infty}\left(1+\frac{1}{n}\right)^n$$ ■

자연로그를 이용하여 도함수를 구하는 방법을 **로그미분법** (logarithmic differentiation) 또는 **대수미분법**이라고 한다. 복잡한 함수의 미분을 보다 간편하게 하기 위해 로그미분법이 사용된다.

예제 다음 함수에 대해서, 도함수 y'을 구하시오.

(1) $y = x^x$ (단, $x > 0$) (2) $y = x^3\sqrt{\dfrac{x-1}{x+1}}$

풀이 (1) 양변에 자연로그를 취하면, $\ln y = x\ln x$가 된다. 음함수 미분법을 이용하면

$$\frac{y'}{y} = \ln x + \frac{x}{x} = \ln x + 1$$

을 얻는다. 따라서 $y' = x^x(\ln x + 1)$이다.

(2) 양변의 절댓값에 자연로그를 취하면

$$\ln|y| = 3\ln|x| + \frac{1}{2}\ln|x-1| - \frac{1}{2}\ln|x+1|$$

이 된다. 음함수 미분법을 이용하면

$$\frac{y'}{y} = \frac{3}{x} + \frac{1}{2(x-1)} - \frac{1}{2(x+1)} = \frac{3x^2+x-3}{x(x^2-1)}$$

을 얻는다. 따라서

$$y' = x^3\sqrt{\frac{x-1}{x+1}}\left(\frac{3x^2+x-3}{x(x^2-1)}\right)$$

■

정리 7

실수 $\alpha \in \mathbb{R}$에 대해서, $f(x) = x^\alpha$일 때

$$f'(x) = \alpha x^{\alpha-1}$$

증명 $y = x^\alpha$이라 두고, 양변의 절댓값에 자연로그를 취하면

$$\ln|y| = \ln|x|^\alpha = \alpha\ln|x| \quad (\text{단, } x \neq 0)$$

이므로, $\frac{y'}{y} = \frac{\alpha}{x}$가 된다. 따라서

$$y' = \alpha\frac{y}{x} = \alpha\frac{x^{\alpha}}{x} = \alpha x^{\alpha-1}, \text{ 즉 } f'(x) = \alpha x^{\alpha-1}$$ ■

연쇄법칙과 멱공식을 이용하면 다음 결과를 얻는다.

정리 8

$\alpha \in \mathbb{R}$가 임의의 실수이고, $u = g(x)$가 미분가능하면

$$\frac{d}{dx}(u^{\alpha}) = \alpha u^{\alpha-1}\frac{du}{dx}, \text{ 즉 } \frac{d}{dx}[g(x)]^{\alpha} = \alpha[g(x)]^{\alpha-1}g'(x)$$

3. 쌍곡선함수와 역쌍곡선함수의 미분법

(1) 쌍곡선함수의 미분법

쌍곡선함수의 도함수는 쉽게 구할 수 있다. 예를 들면

$$\frac{d}{dx}\cosh x = \frac{d}{dx}\left(\frac{e^{x}+e^{-x}}{2}\right) = \left(\frac{e^{x}-e^{-x}}{2}\right) = \sinh x$$

정리 9 쌍곡선함수의 미분법

(1) $\frac{d}{dx}\sinh x = \cosh x$

(2) $\frac{d}{dx}\text{csch } x = -\text{csch } x \coth x$

(3) $\frac{d}{dx}\cosh x = \sinh x$

(4) $\frac{d}{dx}\text{sech } x = -\text{sech } x \tanh x$

(5) $\frac{d}{dx}\tanh x = \text{sech}^2 x$

(6) $\frac{d}{dx}\coth x = -\text{csch}^2 x$

예 $f(x) = \cosh 2x$일 때, $f'(x) = \sinh 2x \frac{d}{dx}(2x) = 2\sinh 2x$가 된다. □

(2) 역쌍곡선함수의 미분법

쌍곡선함수가 미분가능하므로, 역쌍곡선함수도 미분가능하다.

정리 10 역쌍곡선함수의 미분법

(1) $\dfrac{d}{dx}\sinh^{-1}x = \dfrac{1}{\sqrt{1+x^2}}$ (단, $x \in \mathbb{R}$)

(2) $\dfrac{d}{dx}\cosh^{-1}x = \dfrac{1}{\sqrt{x^2-1}}$ (단, $x > 1$)

(3) $\dfrac{d}{dx}\tanh^{-1}x = \dfrac{1}{1-x^2}$ (단, $|x| < 1$)

(4) $\dfrac{d}{dx}\coth^{-1}x = \dfrac{1}{1-x^2}$ (단, $|x| > 1$)

(5) $\dfrac{d}{dx}\operatorname{sech}^{-1}x = \dfrac{-1}{x\sqrt{1-x^2}}$ (단, $0 < x < 1$)

(6) $\dfrac{d}{dx}\operatorname{csch}^{-1}x = \dfrac{-1}{|x|\sqrt{1+x^2}}$ (단, $x \neq 0$)

예제 $f(x) = \tanh^{-1}(\sin x)$일 때, 도함수 $f'(x)$를 구하시오.

풀이 $f'(x) = \dfrac{1}{1-\sin^2 x}\dfrac{d}{dx}(\sin x) = \dfrac{1}{1-\sin^2 x}(\cos x)$

$= \dfrac{\cos x}{\cos^2 x} = \sec x$ ■

연습문제 2.3 EXERCISES EXERCISES EXERCISES EXERCISES EXERCISES EXERCISES EXERCISES

01 다음 극한을 구하시오.

(1) $\lim_{x \to 0} (1+2x)^{\frac{1}{x}}$ (2) $\lim_{x \to \infty} \left(1+\frac{3}{x}\right)^{x}$

02 다음 함수에 대해서, 도함수 y'을 구하시오.

(1) $y=\dfrac{1-\cos x}{1+\cos x}$ (2) $y=\sqrt{e^{x}+1}$ (3) $y=\dfrac{(3x^{2}+2)^{5}}{\sqrt{x^{2}+1}}$

2.4 매개변수방정식과 극방정식의 미분법

1. 매개변수방정식의 미분법

매개변수방정식(parametric equation) $x = f(t)$, $y = g(t)$로 정의된 곡선은 양함수 $y = F(x)$ 또는 음함수 $F(x, y) = 0$ 형태로 나타낼 수 있다.

예 닫힌구간 $[0, 2\pi]$에서 매개변수방정식 $x = 2\cos t$, $y = 4\sin t$로 정의된 곡선은, 타원

$$\frac{x^2}{4} + \frac{y^2}{16} = 1 \ (\text{단}, \ -2 \le x \le 2)$$

을 나타낸다. □

참고 **매개변수**(parameter)를 소거하여 매개변수방정식을 만족하는 임의의 점을 직교방정식으로 나타낼 수 있다. 그러나 그 역은 성립하지 않는다. 예를 들면 방정식 $x = \sin^2\theta$, $y = \cos^2\theta$는 점 $(0, 1)$에서 점 $(1, 0)$까지의 선분을 표시하고, 이에 대응하는 직교방정식 $x + y = 1$은 직선 전체를 나타낸다. ✠

예제 직선을 따라 원이 회전할 때, 원주 위의 한 점 P에 의해 주어지는 곡선을 **사이클로이드**(cycloid, 굴렁쇠선)라고 한다. 원의 반지름이 r이고 x축을 따라 회전할 때, 사이클로이드의 매개변수방정식을 구하시오.

풀이 매개변수로서 원의 회전각 θ(P가 원점에 있을 때, $\theta = 0$)를 취하자. 이때 원이 θ라디안만큼 회전했을 때, 원이 원점으로부터 굴러간 거리는

$$\overline{OT} = \widehat{PT} = r\theta$$

이고 중심은 $C(r\theta, r)$이 된다. 따라서 P의 좌표를 (x, y)라 놓으면

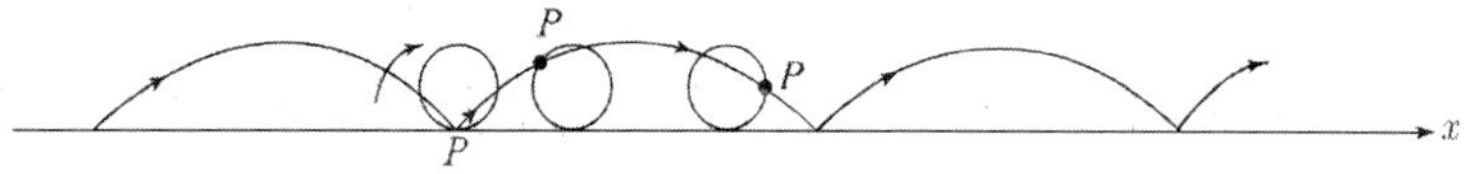

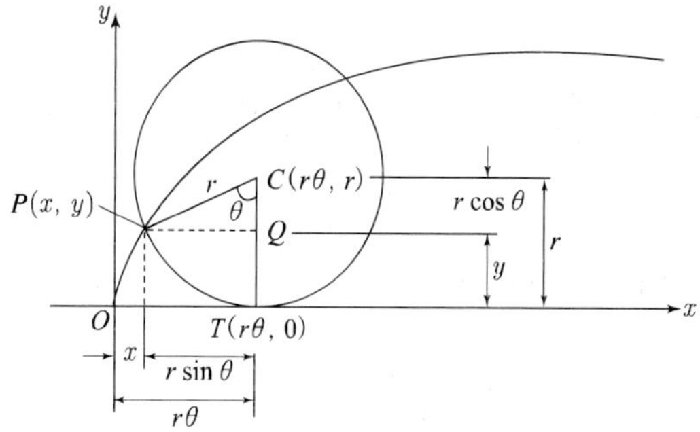

그림 2.4.1

$$x = \overline{OT} - \overline{PQ} = r\theta - r\sin\theta = r(\theta - \sin\theta)$$
$$y = \overline{TC} - \overline{QC} = r - r\cos\theta = r(1 - \cos\theta)$$

이므로, 사이클로이드의 매개변수방정식은

$$x = r(\theta - \sin\theta),\ y = r(1 - \cos\theta)\text{(단, } \theta \in \mathbb{R}\text{)}$$

로 주어진다. ■

참고 갈릴레오는 사이클로이드의 길이와 사이클로이드로 둘러싸인 부분의 넓이를 구함으로써 미분적분학의 발달에 크게 기여했다. ✠

방정식 $y = F(x)$에 $x = f(t)$, $y = g(t)$를 대입하면 $g(t) = F(f(t))$가 되고, g, F, f가 미분가능하면 연쇄법칙에 의해

$$g'(t) = F'(f(t))f'(t) = F'(x)f'(t)$$

가 되므로, $f'(t) \neq 0$이면 $F'(x) = \dfrac{g'(t)}{f'(t)}$를 얻는다. 따라서 매개변수를 제거하지 않아도 매개변수곡선에 대한 접선을 구할 수 있게 된다. 이때 라이프니츠 표기법을 이용하면, $\dfrac{dx}{dt} \neq 0$일 때 $\dfrac{dy}{dx} = \dfrac{dy/dt}{dx/dt}$가 된다. 한편 이계도함수 $\dfrac{d^2y}{dx^2}$는

$$\frac{d^2y}{dx^2} = \frac{d}{dx}\left(\frac{dy}{dx}\right) = \frac{\dfrac{d}{dx}\left(\dfrac{dy}{dx}\right)}{\dfrac{dx}{dt}}$$

로 구해진다. 삼계 이상의 도함수를 구하기 위해서는 이 과정을 되풀이한다.

정리 1

매개변수방정식 $x=f(t)$, $y=g(t)$가 어떤 열린구간에서 미분가능하고, $f'(t)\neq 0$ 이면

$$\frac{dy}{dx}=\frac{dy/dt}{dx/dt}=\frac{g'(t)}{f'(t)}$$

증명 연쇄법칙에 의해, $\frac{dy}{dt}=\frac{dy}{dx}\frac{dx}{dt}$이므로

$$\frac{dy}{dx}=\frac{dy/dt}{dx/dt}=\frac{g'(t)}{f'(t)}$$ ■

예제 $x=r(\theta-\sin\theta)$, $y=r(1-\cos\theta)$로 주어진 사이클로이드에 대해서, 이계도함수 $\frac{d^2y}{dx^2}$를 구하시오.

풀이 $\frac{dx}{d\theta}=r(1-\cos\theta)$, $\frac{dy}{d\theta}=r\sin\theta$로부터 $\frac{dy}{dx}=\frac{\sin\theta}{1-\cos\theta}$를 얻는다. 따라서 $\frac{d}{d\theta}\left(\frac{dy}{dx}\right)=\frac{d}{d\theta}\left(\frac{\sin\theta}{1-\cos\theta}\right)=-\frac{1}{1-\cos\theta}$이므로

$$\frac{d^2y}{dx^2}=\frac{\frac{d}{d\theta}\left(\frac{dy}{dx}\right)}{\frac{dx}{d\theta}}=-\frac{1}{r(1-\cos\theta)^2}$$ ■

2. 극방정식의 미분법

극방정식 $r=f(\theta)$로 주어진 곡선 C 위의 점 $P(r,\theta)$에서 접선을 구하기 위해서는, θ를 매개변수로 하여 θ의 매개변수방정식을

$$x=r\cos\theta=f(\theta)\cos\theta,\ y=r\sin\theta=f(\theta)\sin\theta$$

로 변형한다. 그러면

$$\frac{dx}{d\theta}=\frac{dr}{d\theta}\cos\theta-r\sin\theta,\quad \frac{dy}{d\theta}=\frac{dr}{d\theta}\sin\theta+r\cos\theta$$

이므로, $\dfrac{dx}{d\theta} \neq 0$일 때 매개변수곡선의 기울기는

$$\tan\alpha = \frac{dy}{dx} = \frac{dy}{d\theta}\bigg/\frac{dx}{d\theta} = \frac{r'\sin\theta + r\cos\theta}{r'\cos\theta - r\sin\theta} \qquad (*)$$

가 된다.

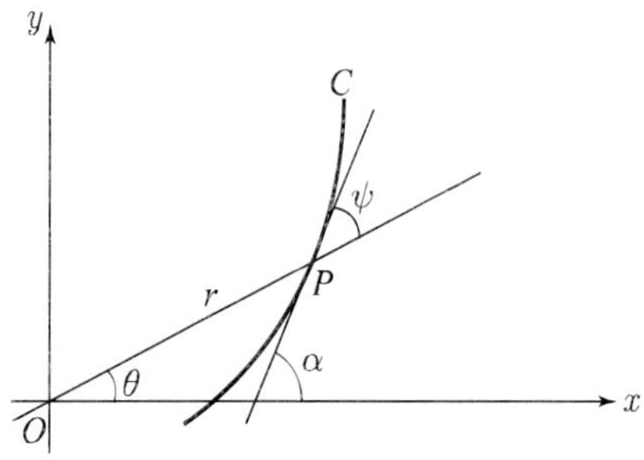

그림 2.4.2

예 곡선 $r = 2\sin\theta$ 위의 점 $\left(1, \dfrac{\pi}{6}\right)$에서 $r = 1, r' = \sqrt{3}$ 이므로

$$\tan\alpha = \frac{(\sqrt{3})\left(\frac{1}{2}\right) + (1)\left(\frac{\sqrt{3}}{2}\right)}{(\sqrt{3})\left(\frac{\sqrt{3}}{2}\right) - (1)\left(\frac{1}{2}\right)}$$ □

예제 $\theta = \dfrac{\pi}{4}$에서 세 잎 장미형 $r = \sin 3\theta$의 접선의 기울기를 구하시오.

풀이 $x = r\cos\theta = \sin 3\theta\cos\theta,\ y = r\sin\theta = \sin 3\theta\sin\theta$이므로

$$\frac{dx}{d\theta} = (3\cos 3\theta)\cos\theta - \sin 3\theta(\sin\theta)$$

$$\frac{dy}{d\theta} = (3\cos 3\theta)\sin\theta + \sin 3\theta(\cos\theta)$$

이다. 따라서

$$\frac{dy}{dx} = \frac{dy}{d\theta}\bigg/\frac{dx}{d\theta} = \frac{(3\cos 3\theta)\sin\theta + \sin 3\theta(\cos\theta)}{(3\cos 3\theta)\cos\theta - \sin 3\theta(\sin\theta)}$$

가 된다. 그러므로 $\theta = \dfrac{\pi}{4}$ 에서 접선의 기울기는

$$\left.\frac{dy}{dx}\right|_{\theta = \pi/4} = \frac{1}{2}$$

로 주어진다. ■

특히 (*)에서 r'과 $\cos\theta$가 모두 0이 아니면

$$\tan\alpha = \frac{\tan\theta + (r/r')}{1-(r/r')\tan\theta} \left(\text{단, } r' = \frac{dr}{d\theta}\right)$$

이 된다. 따라서 동경벡터 OP와 P에서의 접선 사이의 각을 ψ라 하면

$$\tan\psi = \tan(\alpha - \theta) = \frac{\tan\alpha + \tan\theta}{1+\tan\alpha\tan\theta}$$

이므로

$$\tan\psi = \frac{r}{\dfrac{dr}{d\theta}}$$

이 성립한다. 한편 두 곡선 C와 C'이 점 P에서 서로 만날 때, 교각 ϕ는 $|\psi - \psi'|$으로 주어지므로

$$\tan\phi = \left|\frac{\tan\psi - \tan\psi'}{1+\tan\psi\tan\psi'}\right|$$

이 된다.

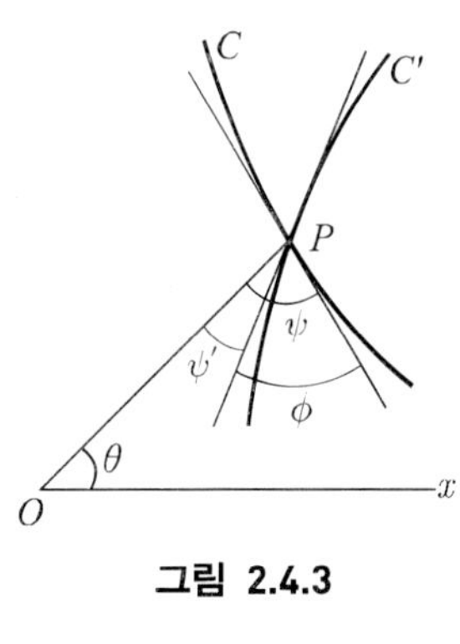

그림 2.4.3

연습문제 2.4 EXERCISES EXERCISES EXERCISES EXERCISES EXERCISES EXERCISES EXERCISES

01 다음 매개변수방정식에 대해서, 도함수 $\dfrac{dy}{dx}$를 구하시오.

(1) $x = t + t^2,\ y = t + t^3$ (2) $x = \dfrac{1}{1-t^2},\ y = \dfrac{t}{1-t}$

02 놀이공원에서 볼 수 있는 스크램블러 (scrambler)의 경로는

$$x = 2\cos t + \sin 2t,\ y = 2\sin t + \cos 2t$$

로 주어진다. 이때 $t = 0$에서 접선의 기울기를 구하시오.

03 심장형 $r = 1 + \sin\theta$에 대해서, $\theta = \dfrac{\pi}{4}$에서 접선의 기울기를 구하시오.

제3장

도함수의 응용

3.1 접선과 법선의 방정식

함수 $y=f(x)$가 $x=x_0$에서 미분가능할 때, $y=f(x)$ 위의 한 점 $(x_0, f(x_0))$에서의 접선의 방정식은

$$y-f(x_0)=f'(x_0)(x-x_0)$$

이고, 법선의 방정식은

$$y-f(x_0) = -\frac{1}{f'(x_0)}(x-x_0)$$

로 주어진다.

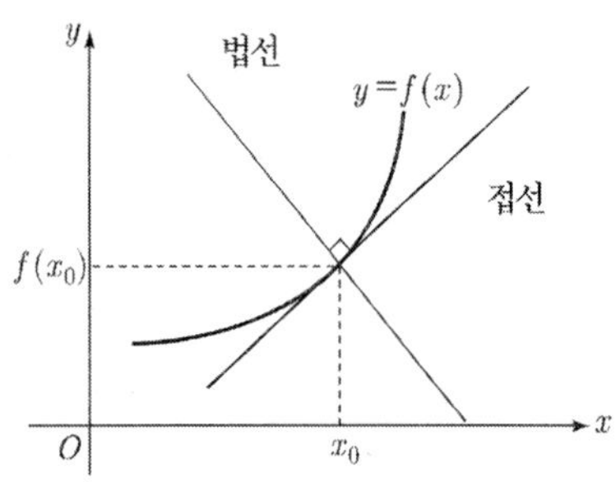

그림 3.1.1

> **예제** $\sin(x+y)=y^2\cos x$ 위의 한 점 $(0, 0)$에서 접선의 방정식을 구하시오.

풀이 음함수 미분법을 이용하면

$$\cos(x+y)\left(1+\frac{dy}{dx}\right)=2y\frac{dy}{dx}\cos x+y^2(-\sin x)$$

이다. 이때

$$\frac{dy}{dx}=\frac{y^2\sin x+\cos(x+y)}{2y\cos x-\cos(x+y)}$$

이므로, 한 점 $(0, 0)$에서의 미분계수는 $\left.\frac{dy}{dx}\right|_{x=0,\ y=0}=-1$이 된다. 따라

서 접선의 방정식은 $y=-x$이다. ■

예제 원 $x^2+y^2=r^2$ 위의 한 점 (x_1, y_1)에서의 접선의 방정식은

$$x_1x+y_1y=r^2$$

으로 주어짐을 보이시오.

증명 $x^2+y^2=r^2$에서 $\dfrac{dy}{dx}=-\dfrac{x}{y}$이므로, 한 점 (x_1, y_1)에서의 접선의 기울기는 $-\dfrac{x_1}{y_1}$이다. 따라서 구하는 접선의 방정식은

(i) $y_1 \neq 0$일 때 : $y-y_1=-\dfrac{x_1}{y_1}(x-x_1)$, 즉 $x_1x+y_1y=r^2$ $(*)$

(ii) $y_1=0$일 때 : 원 위의 점 $(-r, 0)$, $(r, 0)$에서는 기울기를 구할 수 없으나, 원의 성질로부터 점 $(-r, 0)$, $(r, 0)$에서의 접선의 방정식은 각각 $x=-r$, $x=r$이며, 이것은 위의 방정식 $(*)$에 $(-r, 0)$, $(r, 0)$를 대입하여 얻은 것과 같다.

따라서 (i), (ii)에서 구하는 접선의 방정식은

$$x_1x+y_1y=r^2$$

으로 주어진다. ■

참고 포물선 $y^2=4px$ 위의 한 점 (x_1, y_1)에서의 접선의 방정식은

$$y_1y=2p(x+x_1)$$

이고, 타원 $\dfrac{x^2}{a^2}+\dfrac{y^2}{b^2}=1$ 위의 한 점 (x_1, y_1)에서의 접선의 방정식은

$$\frac{x_1x}{a^2}+\frac{y_1y}{b^2}=1$$

이다. ✠

연습문제 3.1 EXERCISES EXERCISES EXERCISES EXERCISES EXERCISES EXERCISES EXERCISES

01 두 곡선 $y = x^2$, $y = x^3 + x^2 + 1$의 교점에서의 교각 ϕ를 구하시오.

02 곡선 $y = x^2 - 8x + 9$에 접하고 기울기가 -2인 접선의 방정식을 구하시오.

03 함수 $y = 3\tan x - 2\csc x$의 $x = \frac{\pi}{3}$에서의 접선의 방정식을 구하시오.

3.2 호의 길이의 미분과 곡률

1. 호의 길이의 미분

연속인 곡선 위에서 서로 다른 두 점 P와 Q 사이의 부분을 호(arc)라 하고, 호의 길이가 유한일 때 길이를 갖는 호(rectifiable arc)라고 한다. 보통 '곡선의 길이'와 '호의 길이'를 혼용한다.

(1) 매개변수방정식 $x=f(t)$, $y=g(t)$으로 주어진 곡선

s를 매개변수방정식 $x=f(t)$, $y=g(t)$로 주어진 곡선 위의 점 $P_0(t_0)$에서 $P(t)$까지 측정된 호의 길이라 하고, t가 증가할 때 s도 증가한다고 하자. 그러면

$$\begin{aligned}\frac{\Delta s}{\Delta t} &= \frac{\Delta s}{\overline{PQ}}\cdot\frac{\overline{PQ}}{\Delta t} = \frac{\Delta s}{\overline{PQ}}\,\frac{\sqrt{(\Delta x)^2+(\Delta y)^2}}{\Delta t}\\ &= \frac{\Delta s}{\overline{PQ}}\sqrt{\left(\frac{\Delta x}{\Delta t}\right)^2+\left(\frac{\Delta y}{\Delta t}\right)^2}\end{aligned}$$

이다. 따라서 Δt가 0에 접근할 때 $\dfrac{\Delta s}{\overline{PQ}}$는 1에 접근하므로, t에 관한 s의 도함수는

$$\frac{ds}{dt} = \sqrt{\left(\frac{dx}{dt}\right)^2+\left(\frac{dy}{dt}\right)^2}$$

이 된다. 그러므로 호의 길이에 대한 미분

$$ds = \pm\sqrt{(dx)^2+(dy)^2}$$

을 얻는다.

(2) 극방정식 $r=f(\theta)$로 주어진 곡선

직교좌표와 극좌표 사이의 관계식 $x = r\cos\theta$, $y = r\sin\theta$를 미분하면

$$dx = \cos\theta\, dr - r\sin\theta\, d\theta,\ dy = \sin\theta\, dr + r\cos\theta\, d\theta$$

가 되므로, $ds = \pm\sqrt{(dx)^2+(dy)^2}$에 대입하여 간단히 하면, 극좌표로 표시된 호의 길이의 미분은

$$ds = \pm\sqrt{(dr)^2 + r^2(d\theta)^2} \text{ 또는 } ds = \pm\sqrt{r'^2 + r^2}\, d\theta$$

가 된다.

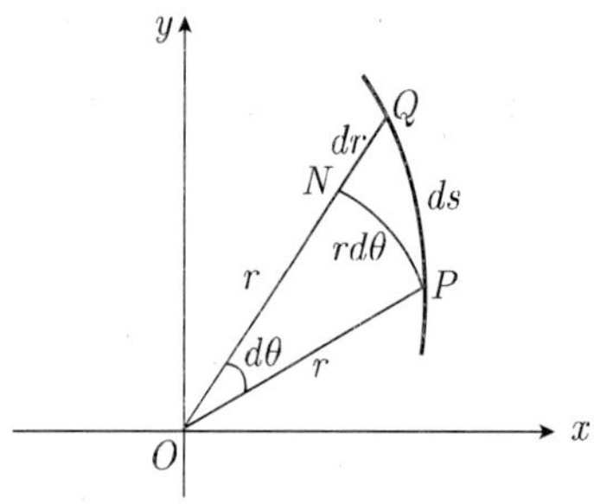

그림 3.2.1

예 원 $r = a\sin\theta$에 대해서, $r' = a\cos\theta$이므로

$$ds = \pm\sqrt{a^2\cos^2\theta + a^2\sin^2\theta}\, d\theta = \pm a\, d\theta$$ □

2. 곡률

$P(x, y)$와 $Q(x+\Delta x, y+\Delta y)$를 곡선 $y = f(x)$ 위의 두 점이라 하고, 접선이 P와 Q 사이에 있는 곡선 Δs를 그릴 때, 접선은 각 $\Delta\alpha$만큼 회전함을 알 수 있다. 이때 $\dfrac{\Delta\alpha}{\Delta s}$를 곡선 PQ의 **평균곡률**이라 하고, 곡선 위의 한 점 P에서의 **곡률**(curvature) κ를

$$\kappa = \left|\lim_{\Delta s \to 0} \frac{\Delta\alpha}{\Delta s}\right| = \left|\frac{d\alpha}{ds}\right|$$

로 정의한다. 즉 곡률 κ는 한 점 P의 근방에서 곡선의 구부러진 상태의 비율을 나타낸다.

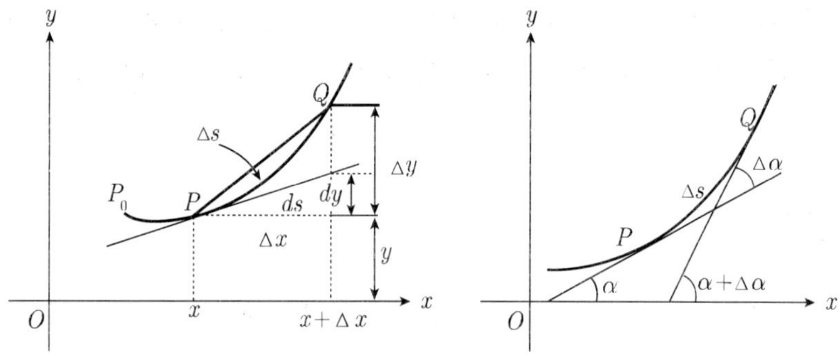

그림 3.2.2

(1) 직교방정식 $y=f(x)$로 주어진 곡선

두 번 미분가능한 함수 $y=f(x)$에 대해서, $\tan\alpha = y'$이므로, $\alpha = \tan^{-1} y'$을 미분하여

$$d\alpha = \frac{y''}{1+(y')^2}\,dx$$

를 얻는다. 그런데 $ds = \pm\sqrt{1+(y')^2}\,dx$ 이므로, 곡선 $y=f(x)$ 위의 점 $P(x, y)$에서의 곡률은

$$\kappa = \left|\frac{d\alpha}{ds}\right| = \frac{|y''|}{[1+(y')^2]^{3/2}}$$

으로 주어진다.

예제 포물선 $y=x^2$ 위의 한 점 $(0, 0)$에서 곡률을 구하시오.

풀이 $y' = 2x$, $y'' = 2$이므로

$$\kappa = \frac{2}{(1+4x^2)^{3/2}}$$

이다. 따라서 $(0, 0)$에서 곡률은 $\kappa = 2$ (rad/단위 길이)가 된다. ■

참고 **(곡률원)** : 곡선 $y=f(x)$가 한 점 P에서 접선 L과 곡률 κ를 가질 때, L에 대해서 곡선과 같은 쪽에 있는 반지름이 $\frac{1}{\kappa}$인 원을 P에서의 **곡률원** (circle of curvature)

이라 한다. 이때 이 원의 중심을 **곡률중심** (center of curvature), 이 원의 반경을 **곡률반지름** (radius of curvature)이라고 한다. 곡률반지름을 R로 표시하면

$$R = \frac{[1+(y')^2]^{3/2}}{|y''|}$$

으로 주어진다. ✠

(2) 매개변수방정식 $x=f(t)$, $y=g(t)$로 주어진 곡선

$f(t)$, $g(t)$의 이계도함수가 존재하면, $\dfrac{dy}{dx} = \dfrac{g'(t)}{f'(t)}$이고

$$\frac{d^2y}{dx^2} = \frac{f'(t)g''(t) - f''(t)g'(t)}{[f'(t)]^2}$$

이므로, 매개변수로 표시한 곡률은

$$\kappa = \frac{|f'g'' - f''g'|}{(f'^2 + g'^2)^{3/2}}$$

으로 주어진다.

예제 매개변수방정식 $x = r\cos\theta$, $y = r\sin\theta$로 주어진 반지름이 r인 원의 곡률을 구하시오.

풀이 매개변수방정식 $x = r\cos\theta$, $y = r\sin\theta$에 대해서

$$f' = -r\sin\theta,\ f'' = -r\cos\theta,\ g' = r\cos\theta,\ g'' = -r\sin\theta$$

이므로, 곡률은

$$\kappa = \frac{r^2\sin^2\theta + r^2\cos^2\theta}{(r^2\sin^2\theta + r^2\cos^2\theta)^{3/2}} = \frac{1}{r}$$

이다. ■

참고 원의 임의의 점에서의 곡률은 일정하며, 원의 반지름의 역수와 같다. ✠

(3) 극방정식 $r=f(\theta)$로 주어진 곡선

극방정식 $r=f(\theta)$로 주어진 곡선 C 위의 한 점 $P(r, \theta)$에서 r과 $\dfrac{dr}{d\theta}$이 모두 0이 아니면, P에서의 곡률 κ는

$$\kappa = \left| \frac{d\alpha}{ds} \right| = \frac{|r^2 + 2r'^2 - rr''|}{(r^2 + r'^2)^{3/2}}$$

으로 주어진다. 여기서 r'과 r''은 각각 θ에 관한 r의 일계도함수와 이계도함수이다.

연습문제 3.2 EXERCISES EXERCISES EXERCISES EXERCISES EXERCISES EXERCISES EXERCISES

01 곡선 $y=\ln \sec x$에 대해서, $x=\dfrac{\pi}{3}$에서 곡률반지름을 구하시오.

02 극방정식 $r=a\sin\theta$로 주어진 곡선 위의 임의의 점에서의 곡률을 구하시오.

3.3 평균값정리

평균값정리는 미분적분학에서 폭넓게 이용된다. 여기서 서술되는 결과의 대부분이 평균값정리에 의존하고 있다.

1. 롤의 정리

다음 롤의 정리는 17세기 프랑스 수학자 롤(Rolle)에 의해 처음으로 소개되었다. 최대·최솟값정리를 이용하여 증명하는 롤의 정리는 평균값정리를 증명할 수 있도록 한다는 점에서 의의가 있다.

정리 1 롤의 정리(Rolle's theorem)

함수 $f(x)$가 닫힌구간 $[a, b]$에서 연속이고 열린구간 (a, b)에서 미분가능할 때, $f(a)=f(b)$이면

$$f'(c)=0$$

을 만족하는 c (단, $a<c<b$)가 적어도 하나 존재한다.

증명 닫힌구간 $[a, b]$에서 $f(x)$가 상수함수이면, 모든 $c \in (a, b)$에서 $f'(c)=0$이므로 정리는 성립한다.

이제 어떤 $x \in (a, b)$에 대해서 $f(x)>f(a)$ (또는 $f(x)<f(a)$)인 경우를 생각한다. 최대·최솟값정리에 의해 닫힌구간 $[a, b]$ 내의 어떤 점에서 $f(x)$는 최댓값(또는 최솟값)을 갖는다. 그런데 $f(a)=f(b)$이므로, 열린구간 (a, b)의 적당한 점 $x=c$에서 최댓값(또는 최솟값)을 가져야 한다. 따라서 $f(x)$는 $x=c$에서 극댓값(또는 극솟값)을 갖고 또한 $x=c$에서 미분가능하므로, 페르마 정리 [정리 5]에 의해 $f'(c)=0$을 만족한다. ■

예제 닫힌구간 $[0, 1]$에서 정의된 함수 $f(x)=x^3-3x^2+2x+2$에 대해서, 롤의 정리의 결론을 만족하는 c의 값을 구하시오.

풀이 함수 $f(x)$는 닫힌구간 $[0, 1]$에서 연속이고 열린구간 $(0, 1)$에서 미분가능하다. 또한 $f(0)=f(1)$이다. 그러므로 $f'(c)=3c^2-6c+2=0$을 만족하는 c를 구할 수 있다. 이때 $c=1-\dfrac{\sqrt{3}}{3}\in(0, 1)$을 얻는다. ■

참고 움직이는 물체의 위치함수가 $s=f(t)$로 주어질 때, 두 개의 서로 다른 순간 $t=a$와 $t=b$에서 물체가 같은 위치에 있다면 $f(a)=f(b)$이다. 롤의 정리는 a와 b 사이의 어떤 순간 $t=c$에서 속도가 0이라는 것을 의미한다. ✠

다음 정리는 롤의 정리의 특별한 경우이다.

정리 2

함수 $f(x)$가 닫힌구간 $[a, b]$에서 연속이고 열린구간 (a, b)에서 미분가능할 때, 방정식 $f(x)=0$이 $[a, b]$에서 두 개의 해를 가지면

$$f'(x)=0$$

은 (a, b)에서 적어도 하나의 해를 갖는다.

증명 방정식 $f(x)=0$의 두 해를 $x=s$, $x=t$ (단, $s<t$)라고 하자. 그러면 $f(s)=f(t)$이므로, 롤의 정리에 의해 $s<c<t$ (따라서 $a<c<b$)이고 $f'(x)=0$인 c가 존재한다. ■

[정리 2]의 결과를 다음과 같이 일반화할 수 있다.

따름정리

임의의 $n>0$ (단, $n\in\mathbb{N}$)에 대해서 함수 $f(x)$가 닫힌구간 $[a, b]$에서 연속이고 열린구간 (a, b)에서 미분가능할 때, 방정식 $f(x)=0$이 $[a, b]$에서 n개의 해를 가지면

$$f'(x)=0$$

은 (a, b)에서 적어도 $n-1$개의 해를 갖는다.

2. 평균값정리

프랑스의 수학자 라그랑주(Lagrange)에 의해 증명된 다음 **평균값정리**(mean-value theorem)는 롤의 정리를 일반화한 것이다.

정리 3 평균값정리

함수 $f(x)$가 닫힌구간 $[a, b]$에서 연속이고, 열린구간 (a, b)에서 미분가능하면

$$f'(c) = \frac{f(b) - f(a)}{b - a}$$

를 만족하는 $x = c$ (단, $a < c < b$)가 적어도 하나 존재한다.

증명

$$h(x) = f(x) - f(a) - \frac{f(b) - f(a)}{b - a}(x - a)$$

로 정의된 함수 $h(x)$는 닫힌구간 $[a, b]$에서 연속이고, 열린구간 (a, b)에서 미분가능하다. 또한 $h(a) = h(b)$이므로, 롤의 정리에 의해 $h'(c) = 0$을 만족하는 $x = c$ (단, $a < c < b$)가 적어도 하나 존재한다. 그러므로

$$0 = h'(c) = f'(c) - \frac{f(b) - f(a)}{b - a}, \text{ 즉 } f'(c) = \frac{f(b) - f(a)}{b - a}$$

가 된다.

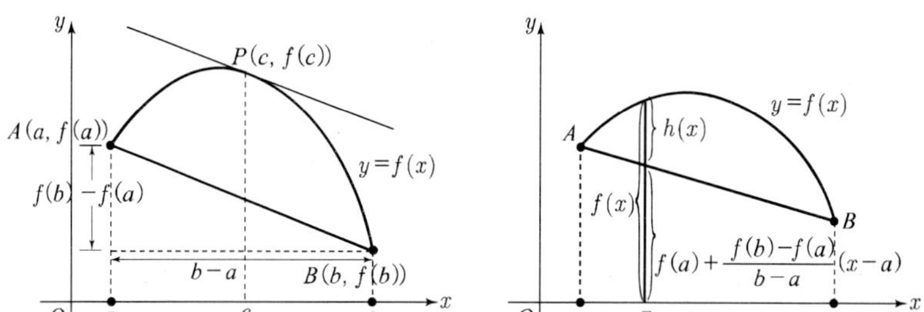

그림 3.3.1

■

예제 닫힌구간 $[0, 2]$에서 정의된 함수 $f(x) = x^3 - x^2 - x + 1$에 대해서, 평균값정리의 결론을 만족하는 c의 값을 구하시오.

풀이 함수 $f(x)$는 닫힌구간 $[0, 2]$에서 연속이고 열린구간 $(0, 2)$에서 미분가능

하다. 따라서 평균값정리에 의해

$$f'(c) = \frac{f(2) - f(0)}{2 - 0}, \text{ 즉 } 3c^2 - 2c - 1 = 1$$

을 만족하는 c를 0과 2 사이에서 구할 수 있다. 이때 $c = \dfrac{1 + \sqrt{7}}{3}$을 얻는다. ■

열린구간 (a, b)에서 도함수 $f'(x)$의 최대, 최솟값을 각각 M, m이라 할 때, 평균값정리에 의해 부등식

$$(b - a)m \le f(b) - f(a) \le (b - a)M$$

을 얻는다.

예 $f(x) = \sin x$이면, $f'(x) = \cos x$이므로

$$M = \max\{\cos x\} = 1, \ m = \min\{\cos x\} = -1$$

이 된다. 따라서 모든 $a, b \in \mathbb{R}$에 대해서

$$|\sin b - \sin a| \le |b - a|$$ □

참고 평균값정리는 다른 형태로 변형된다. $b - a = h$, $\dfrac{c - a}{b - a} = \theta$라 놓으면, 평균값정리는

$$f(a + h) = f(a) + hf'(a + \theta h) \ (\text{단}, \ 0 < \theta < 1)$$

로 변형된다. 따라서 h가 충분히 작으면

$$f(a + h) \approx f(a) + hf'(a)$$

가 된다. (3.6절 참조) ✠

정리 4

함수 $f(x)$가 열린구간 I의 모든 점 x에 대해서 $f'(x) = 0$이면, $f(x)$는 I에서 상수함수이다.

증명 x_1, x_2를 $x_1 < x_2$인 구간 I의 임의의 두 점이라 하자. 닫힌구간 $[x_1, x_2]$

에서 $f(x)$에 평균값정리를 이용하면

$$f(x_2)-f(x_1)=f'(c)(x_2-x_1)\ (\text{단, } x_1 < c < x_2)$$

을 만족하는 $x=c$가 존재한다. 그런데 모든 x에 대해서 $f'(x)=0$이므로 $f'(c)=0$이 된다. 따라서 $f(x_2)=f(x_1)$, 즉 $f(x)$는 열린구간 I에서 상수함수이다. ■

프랑스 수학자 코시에 의해 증명된 다음 정리는 평균값정리를 확장한 것이다. 코시의 평균값정리에서 $g(x)=x$로 두면 평균값정리가 유도된다.

정리 5 코시의 평균값정리

두 함수 $f(x)$, $g(x)$가 닫힌구간 $[a, b]$에서 연속이고, 열린구간 (a, b)에서 미분가능하며, 모든 $x \in (a, b)$에 대해서 $g'(x) \neq 0$이면

$$\frac{f'(c)}{g'(c)} = \frac{f(b)-f(a)}{g(b)-g(a)}$$

를 만족하는 $x=c$ (단, $a < c < b$)가 존재한다.

증명 $g(a)=g(b)$라면, 롤의 정리에 의해 $g'(c)=0$ (단, $a < c < b$)인 $x=c$가 존재하게 되므로, 가정에 모순이 된다. 따라서 $g(a) \neq g(b)$가 된다. 이제

$$k=\frac{f(b)-f(a)}{g(b)-g(a)},\quad \varphi(x)=f(b)-f(x)-k\{g(b)-g(x)\}$$

라 놓고, 롤의 정리를 이용하면 $\varphi'(c)=0$ (단, $a < c < b$)을 만족하는 $x=c$가 존재한다. 따라서

$$\varphi'(c)=-f'(c)+kg'(c)=0$$

을 얻으며, $g'(c) \neq 0$이므로

$$\frac{f'(c)}{g'(c)} = \frac{f(b)-f(a)}{g(b)-g(a)}\ (\text{단, } a < c < b)$$ ■

코시의 평균값정리는 로피탈 정리를 증명하는 데 이용된다.

참고 [**테일러 정리** (Taylor's theorem)] : 함수 $f(x)$가 열린구간 (a, b)에서 n번 미분가

능하고, 닫힌구간 $[a, b]$에서 $f^{(n-1)}$이 연속이면

$$f(b) = f(a) + \frac{f'(a)}{1!}(b-a) + \frac{f''(a)}{2!}(b-a)^2 + \cdots + \frac{f^{(n)}(x_0)}{n!}(b-a)^n$$

이 성립하는 x_0 (단, $a < x_0 < b$)가 존재한다. ✠

테일러 정리로부터 $n=1$일 때 평균값정리를 얻는다.

연습문제 3.3 EXERCISES EXERCISES EXERCISES EXERCISES EXERCISES EXERCISES EXERCISES

01 닫힌구간 $[0, 2]$에서 정의된 함수 $f(x) = x^3 - x$의 그래프에서 두 점 $(0, 0)$, $(2, 6)$을 잇는 직선과 평행한 접선을 갖는 점의 x좌표를 구하시오.

02 평균값정리를 이용하여, 모든 $a \in \mathbb{R}$에 대해서 $|\sin a| \le |a|$가 성립함을 보이시오.

3.4 함수의 증감과 극대·극소

1. 함수의 증감

한 점 a를 포함하는 어떤 구간에서 정의된 함수 $f(x)$가 충분히 작은 모든 양수 h에 대해서 $f(a-h) < f(a) < f(a+h)$를 만족하면 함수 $f(x)$는 $x=a$에서 **증가상태**에 있다고 하고, $f(a-h) > f(a) > f(a+h)$를 만족하면 $x=a$에서 **감소상태**에 있다고 한다. 함수 $f(x)$가 어떤 구간 안의 모든 x에서 증가상태 또는 감소상태이면, $f(x)$는 그 구간에서 **증가**(strictly increasing) 또는 **감소**(strictly decreasing)라고 한다.

정의 1 단조함수

$f(x)$가 구간 I에서 정의된 함수일 때, 임의의 두 점 x_1, x_2 (단, $x_1 < x_2$)에 대해서

$$f(x_1) < f(x_2) \text{ (또는 } f(x_1) > f(x_2))$$

를 만족하면, $f(x)$를 I에서 증가(또는 감소)함수라고 한다. 또한 구간 I에서 증가함수이거나 감소함수일 때, I에서 **단조함수**라고 한다.

함수 $f(x)=x^2$은 구간 $(-\infty, 0]$에서 감소하고 구간 $[0, \infty)$에서는 증가하므로 $(-\infty, 0]$과 $[0, \infty)$에서 각각 단조함수이지만, 구간 $(-\infty, \infty)$에서는 단조함수가 아니다.

정리 2 단조함수의 판정법

함수 $f(x)$가 구간 I에서 연속이고, I 내부의 모든 점에서 미분가능할 때

(1) I의 모든 내점에서 $f'(x) > 0$이면, $f(x)$는 I에서 증가한다.

(2) I의 모든 내점에서 $f'(x) < 0$이면, $f(x)$는 I에서 감소한다.

증명 여기서는 (1)만 증명하고, (2)는 (1)과 유사하게 증명되므로 독자에게 남긴다. x_1, x_2를 $x_1 < x_2$인 구간 I의 임의의 두 점이라고 하자. 그러면 함수 $f(x)$는 닫힌구간 $[x_1, x_2]$에서 연속이고, 열린구간 (x_1, x_2)에서 미분가능

하므로, 평균값정리에 의해

$$f(x_2) - f(x_1) = f'(c)(x_2 - x_1)$$

을 만족하는 $x = c$ (단, $x_1 < c < x_2$)가 존재한다. 그런데 $f'(x) > 0$이므로

$$f(x_2) - f(x_1) > 0, \text{ 즉 } f(x_2) > f(x_1)$$

가 성립한다. 따라서 함수 $f(x)$는 구간 I에서 증가한다. ■

예제 함수 $f(x) = x^2 e^{-x}$의 증감을 조사하시오.

풀이 $f'(x) = x(2-x)e^{-x}$이고 $e^{-x} > 0$이다. 따라서 $f'(x) = 0$을 만족하는 x는 $x = 0$ 또는 $x = 2$이다.

(i) $x < 0$일 때, $f'(x) < 0$이므로 $f(x)$는 감소한다.

(ii) $0 < x < 2$일 때, $f'(x) > 0$이므로 $f(x)$는 증가한다.

(iii) $x > 2$일 때, $f'(x) < 0$이므로 $f(x)$는 감소한다.

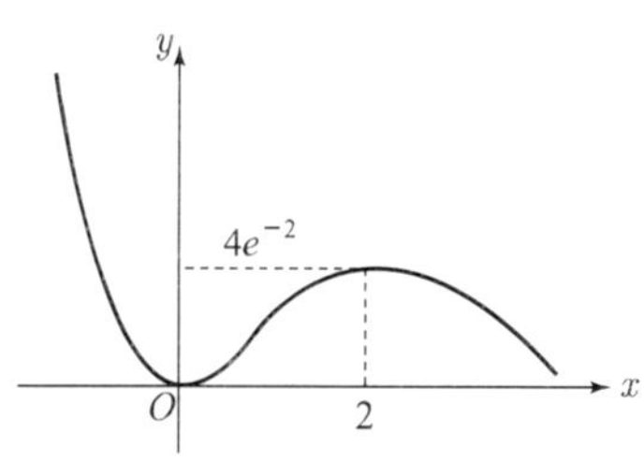

그림 3.4.1 $f(x) = x^2 e^{-x}$의 그래프 ■

참고 [정리 2]의 역은 성립하지 않는다. 예를 들면 함수 $f(x) = x^3$은 모든 구간에서 증가하지만 $f'(0) = 0$이므로 $f'(x) \geq 0$이다. 즉 $f(x)$가 증가함수이면 $f'(x) \geq 0$이다. ✠

정리 3 함수의 증가 · 감소 조건

함수 $f(x)$가 어떤 구간에서 미분가능하고, 그 구간에서

(1) $f(x)$가 증가함수이면, $f'(x) \geq 0$

(2) $f(x)$가 감소함수이면, $f'(x) \leq 0$

이다. 단, $f'(x)=0$을 만족하는 점의 좌우에서 (1)은 $f'(x)>0$, (2)는 $f'(x)<0$ 이어야 한다.

2. 극대와 극소

(1) 극댓값과 극솟값

정의 4 극댓값과 극솟값

함수 $f(x)$가 구간 D에서 정의된 함수라 하고, $c \in D$라고 할 때

(1) 한 점 c를 포함하는 적당한 열린구간 I(단, $I \subset D$)가 존재하여 I의 모든 원소 x에 대해서 $f(c) \geq f(x)$를 만족하면 함수 $f(x)$는 $x=c$에서 **극댓값**(local maximum value)을 갖는다고 하고, $f(x)$는 $x=c$에서 **극대**(local maximum)라고 한다. 이때 $(c, f(c))$를 **극댓점**이라고 한다.

(2) 한 점 c를 포함하는 적당한 열린구간 I(단, $I \subset D$)가 존재하여 I의 모든 원소 x에 대해서 $f(c) \leq f(x)$를 만족하면 함수 $f(x)$는 $x=c$에서 **극솟값**(local minimum value)을 갖는다고 하고, $f(x)$는 $x=c$에서 **극소**(local minimum)라고 한다. 이때 $(c, f(c))$를 **극솟점**이라고 한다.

(3) 극댓값과 극솟값을 통틀어 **극값**(local extreme value)이라 하고, 극댓점과 극솟점을 통틀어 **극점**이라고 한다.

다음 정리는 페르마(Ferma)의 이름을 따서 명명되었다.

정리 5 페르마 정리

구간 I의 내점 $x=c$에서 함수 $f(x)$가 극값을 갖고, $f'(c)$가 존재하면

$$f'(c)=0$$

증명 $f(x)$가 구간 I의 임의의 내점 $x=c$에서 극댓값을 갖는다고 가정하자. 그러면 c에 충분히 가까운 x에 대해서, $f(c) \geq f(x)$가 성립한다. 따라서 h가 0에 충분히 가까운 양 또는 음이면

$$f(c) \geq f(c+h),\ \text{즉}\ f(c+h)-f(c) \leq 0$$

이므로, $h > 0$이고 충분히 작은 h에 대해서 $\dfrac{f(c+h)-f(c)}{h} \leq 0$이 된다. 그러므로 $\displaystyle\lim_{h \to +0} \frac{f(c+h)-f(c)}{h} \leq 0$을 얻는다. 그런데 $f'(c)$가 존재하므로

$$f'(c) = \lim_{h \to 0} \frac{f(c+h)-f(c)}{h} = \lim_{h \to +0} \frac{f(c+h)-f(c)}{h}$$

이고, $f'(c) \leq 0$이 된다. 이제 $h < 0$이면, $\dfrac{f(c+h)-f(c)}{h} \geq 0$이므로

$$f'(c) = \lim_{h \to 0} \frac{f(c+h)-f(c)}{h} = \lim_{h \to -0} \frac{f(c+h)-f(c)}{h} \geq 0$$

이 된다. 따라서 $f'(c)=0$을 얻는다. 극솟값을 갖는 경우도 같은 방법으로 증명한다. ■

구간 I의 내점 $x=c$에서 $f'(c)=0$을 만족하는 $x=c$를 **정점**(stationary point)이라고 한다.

참고 닫힌구간 $[0, 3]$에서 정의된 함수 $f(x)=4x-x^2$에 대해서, $f(0)=0$이 최솟값이 된다. 이때 도함수 $f'(x)=4-2x$는 $x=0$에서 존재하지만, $f'(0) \neq 0$임에 유의한다. ✠

페르마 정리의 역은 참이 아니다. 즉 $f'(c)=0$을 만족하는 $x=c$에서 항상 극값을 갖는다고 할 수 없다.

예 함수 $f(x)=x^5$은 $f'(0)=0$이지만 $x=0$에서 극값을 갖지 않는다. □

$f'(c)$가 존재하지 않더라도 함수 $f(x)$는 $x=c$에서 극값을 가질 수 있다. 이때 $f'(c)$가 존재하지 않는 점 $x=c$를 **특이점**(singular point)이라고 한다. 특이점은 함수 $f(x)$의 그래프가 뾰족한 모서리를 갖든지 접선이 수직이든지 또는 점프를 하는 점이다.

예 함수 $f(x)=|x|$와 $g(x)=x^{2/3}$은 $x=0$에서 극솟값을 갖는다. 그러나 $f'(x)=0$

을 만족하는 x는 구할 수 없다. 왜냐하면 $f'(0)$이 존재하지 않기 때문이다. □

정의 6 임계점

$f(x)$의 정의역 내의 어떤 값 $x=c$에 대해서 $f'(c)=0$이거나 또는 $f'(c)$가 존재하지 않을 때, $x=c$를 함수 $f(x)$의 **임계점**(critical point) 또는 **임계수**(critical number)라고 한다.

함수 $f(x)$가 $x=c$에서 극값을 가지면, $x=c$는 $f(x)$의 임계점이다. 그러나 모든 임계점에서 함수가 극값을 갖는 것은 아니다.

예제 다음 함수에 대해서, 임계점을 구하시오.

(1) $f(x)=2x^3-3x^2-12x$ (2) $f(x)=x(1-x)^{2/5}$

(3) $f(x)=\dfrac{2x^2}{x+2}$

풀이 (1) $f'(x)=6x^2-6x-12=6(x^2-x-2)=6(x-2)(x+1)$이므로, 임계점은 -1 또는 2이다.

(2) $f'(x)=\dfrac{5-7x}{5(1-x)^{3/5}}$이다. 따라서 $5-7x=0$, 즉 $x=\dfrac{5}{7}$이면 $f'(x)=0$이고, $x=1$일 때 $f'(x)$는 존재하지 않는다. 그러므로 임계점은 $\dfrac{5}{7}$ 또는 1이다.

(3) 함수 $f(x)$의 정의역은 $x=-2$를 제외한 모든 실수의 집합 $\mathbb{R}$이다. 여기서 $f'(x)=\dfrac{2x(x+4)}{(x+2)^2}$이므로, $x=0$ 또는 $x=-4$에서 $f'(x)=0$이며 $x=-2$에서 $f'(x)$는 존재하지 않는다. 그런데 $x=-2$는 함수 $f(x)$의 정의역에 속하지 않으므로, 임계점은 0 또는 -4이다. ■

(2) 일계도함수 판정법

극값을 구하기 위해서는 먼저 $f'(x)=0$을 만족하는 x 값을 구하고, 그중에서 극값을 갖는 것과 그렇지 못한 것을 구분한다. 또한 $f'(x)$가 존재하지 않는 점에서 극값의 존재 여부도 조사해야 한다.

정리 7 일계도함수 판정법

함수 $f(x)$가 닫힌구간 $[a, b]$에서 연속이고, $c \in (a, b)$가 $f(x)$의 임계점일 때

(1) $a < x < c$인 모든 x에 대해서 $f'(x) > 0$이고 $c < x < b$인 모든 x에 대해서 $f'(x) < 0$이면, $f(c)$는 극댓값이다.

(2) $a < x < c$인 모든 x에 대해서 $f'(x) < 0$이고 $c < x < b$인 모든 x에 대해서 $f'(x) > 0$이면, $f(c)$는 극솟값이다.

(3) $x = c$의 좌우에서 $f'(x)$의 부호가 변하지 않으면, $f(x)$는 $x = c$에서 극값을 갖지 않는다.

증명 여기서는 (1)만 증명하고 나머지는 독자에게 남긴다. $x \in (a, b)$라고 하자. $a < x < c$에서 $f'(x) > 0$이므로, $f(x)$는 닫힌구간 $[a, c]$에서 증가함수이다. 따라서 $f(x) < f(c)$가 된다. 또한 $c < x < b$에서 $f'(x) < 0$이므로, $f(x)$는 닫힌구간 $[c, b]$에서 감소함수이다. 따라서 $f(c) > f(x)$가 된다. 그러므로 모든 $x \in (a, b)$에 대해서, $f(c) \geq f(x)$가 성립한다. 따라서 $f(x)$는 $x = c$에서 극댓값을 갖는다. ■

예제 다음 함수에 대해서, 극값을 구하시오.

(1) $f(x) = x^4 - 4x^3$ (2) $f(x) = \sqrt[3]{(x-1)^2}$

풀이 (1) $f'(x) = 4x^2(x-3)$, $f''(x) = 12x(x-2)$이다. 먼저 임계점을 구하기 위해 $f'(x) = 0$을 풀면 $x = 0$ 또는 $x = 3$이고, 이들 임계점에 대해서 $f''(0) = 0$, $f''(3) = 36$이 성립한다. 이때

(i) $f'(3) = 0$이고 $f''(3) > 0$이므로, $f(3) = -27$은 극솟값이다.

(ii) $f''(0) = 0$이므로, 임계점 $x = 0$에 대해서는 이계도함수 판정법을 적용할 수 없다. 그러나 $x < 0$, $0 < x < 3$인 x에 대해서 $f'(x) < 0$이므로, 일계도함수 판정법에 의해 $f(x)$는 $x = 0$에서 극값을 갖지 않는다.

(2) $f'(x) = \frac{2}{3}(x-1)^{-\frac{1}{3}} = \frac{2}{3\sqrt[3]{x-1}}$가 된다. 이때 $x=1$에서 함수 $f(x)$는 미분가능하지 않다. 그러나 충분히 작은 h에 대해서

$$f'(1-h) = \frac{2}{3\sqrt[3]{-h}} < 0, \quad f'(1+h) = \frac{2}{3\sqrt[3]{h}} > 0$$

이다. 즉 $x=1$의 좌우에서 $f'(x)$의 부호가 음에서 양으로 변한다. 따라서 $f(x)$는 $x=1$에서 극솟값 0을 갖는다.

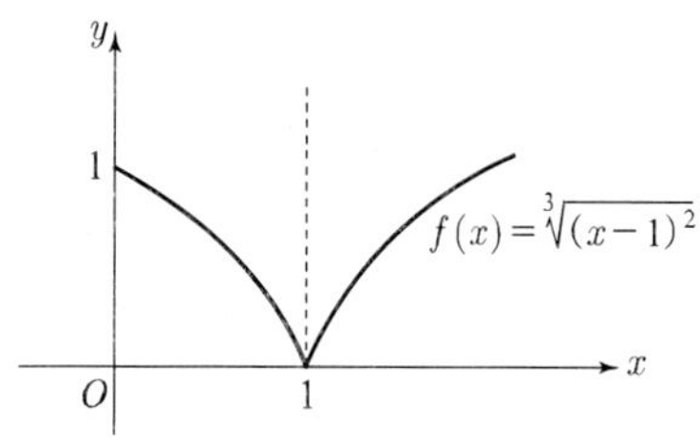

그림 3.4.2 $f(x) = \sqrt[3]{(x-1)^2}$의 그래프 ■

(3) 변곡점과 이계도함수 판정법

정의 8 위로 오목과 아래로 오목

함수 $f(x)$가 열린구간 I에서 미분가능하다고 하자. 이때 함수 $f(x)$의 그래프가 I에서 항상 접선보다 위에 있으면, $f(x)$는 **위로 오목**(concave upward) 또는 **아래로 볼록**이라고 한다. 또한 함수 $f(x)$의 그래프가 I에서 항상 접선보다 아래에 있으면, $f(x)$는 **아래로 오목**(concave downward) 또는 **위로 볼록**이라고 한다.

미분가능한 함수 $f(x)$가 열린구간 I에서 위로 오목(또는 아래로 오목)이라는 것은 $f'(x)$가 I에서 증가(또는 감소)하는 것을 의미한다.

정리 9 오목성의 판정법

함수 $f(x)$가 한 점 c를 포함하는 어떤 열린구간 I에서 두 번 미분가능할 때

(1) I에서 $f''(x) > 0$이면, $f(x)$는 I에서 위로 오목이다.

(2) I에서 $f''(x) < 0$이면, $f(x)$는 I에서 아래로 오목이다.

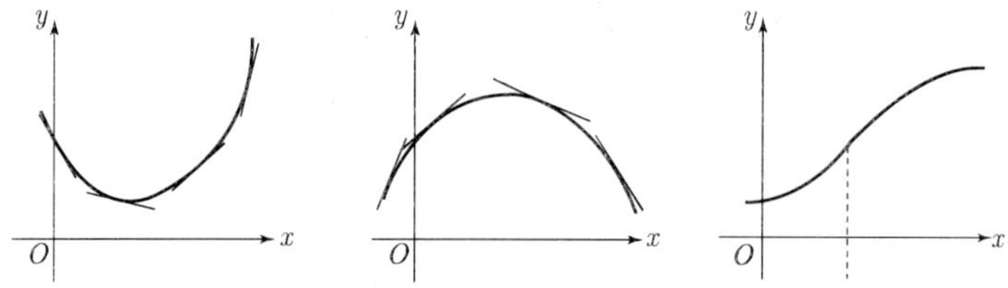

f' 증가: 위로 오목 f' 감소: 아래로 오목 위로 오목 아래로 오목

그림 3.4.3

곡선 $y=f(x)$ 위에 있는 한 점의 좌우에서 오목성이 바뀌면, 이 점을 **변곡점**(inflection point)이라고 한다.

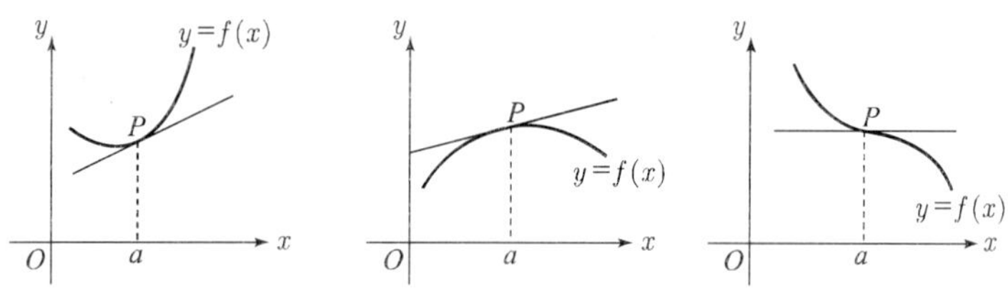

$x=a$에서 위로 오목 $x=a$에서 아래로 오목 점 P는 변곡점

그림 3.4.4

정리 10 변곡점 판정법

함수 $f(x)$가 한 점 c를 포함하는 어떤 열린구간 I에서 두 번 미분가능하고 $f''(c)=0$일 때, $x=c$의 좌우에서 $f''(x)$의 부호가 변하면 $f(x)$는 $x=c$에서 변곡점 $(c, f(c))$를 갖는다.

예제 다음 함수에 대해서, 변곡점을 구하시오.

(1) $f(x)=x^3-3x$

(2) $f(x)=x-\cos x$ (단, $0<x<2\pi$)

풀이 (1) 오목성을 결정하기 위해 이계도함수를 구하면 $f''(x)=6x$가 된다. 이때 $x>0$이면 $f''(x)>0$, $x<0$이면 $f''(x)<0$이다. 그러므로 곡선은 $(-\infty, 0)$에서 아래로 오목이고, $(0, \infty)$에서 위로 오목이다. 따라서 $x=0$을 중심으로 좌우에서 아래로 오목에서 위로 오목으로 변하므로, $(0, 0)$은 변곡점이 된다.

(2) $f(x) = x - \cos x$ (단, $0 < x < 2\pi$)에서

$$f'(x) = 1 + \sin x,\ f''(x) = \cos x$$

이므로, $x = \frac{\pi}{2}$ 또는 $x = \frac{3\pi}{2}$일 때, $f''(x) = 0$이 된다. 점 $\left(\frac{\pi}{2}, \frac{\pi}{2}\right)$에서 곡선은 위로 오목에서 아래로 오목으로 변하므로 $\left(\frac{\pi}{2}, \frac{\pi}{2}\right)$는 변곡점이다. 또한 점 $\left(\frac{3\pi}{2}, \frac{3\pi}{2}\right)$에서 곡선이 아래로 오목에서 위로 오목으로 변하기 때문에 $\left(\frac{3\pi}{2}, \frac{3\pi}{2}\right)$은 변곡점이 된다. ■

참고 $f''(c) = 0$이거나 $f''(c)$가 존재하지 않는 점이 변곡점이 될 수 있는 점이다. 그러나 $f''(c) = 0$이거나 $f''(c)$가 존재하지 않는 점이 항상 변곡점일 필요는 없다. ✠

예 (1) 함수 $f(x) = x^3$에서 $f''(0) = 0$이다. 이때 함수 $f(x)$는 $x = 0$에서 극값을 갖지 않고, $(0, 0)$이 $f(x)$의 변곡점이 된다.

(2) 함수 $f(x) = x^4$에서 $f''(0) = 0$이다. 이때 함수 $f(x)$는 $x = 0$에서 극값 0을 갖고, $(0, 0)$은 $f(x)$의 변곡점이 아니다. □

이계도함수의 또 다른 응용은 함수의 극값을 구하는 데 있다.

정리 11 이계도함수 판정법

함수 $f(x)$가 한 점 c를 포함하는 어떤 열린구간 I에서 연속인 이계도함수를 가질 때

(1) $f'(c) = 0$이고 $f''(c) > 0$이면, $f(c)$는 극솟값이다.

(2) $f'(c) = 0$이고 $f''(c) < 0$이면, $f(c)$는 극댓값이다.

증명 여기서는 (1)만 증명하고, (2)는 (1)과 유사하게 증명할 수 있으므로 독자에게 남긴다. $f''(c) > 0$이면, $f''(x)$가 $x = c$에서 연속이기 때문에 c를 포함하는 적당한 열린구간 I에서 $f''(x) > 0$이 된다. 따라서 오목성의 판정법 [정리 9]에 의해, $f(x)$는 I에서 위로 오목이다. 그러므로 $f(x)$의 그래프는 점 $(c, f(c))$에서 주어진 접선보다 위쪽에 놓여 있다. 그러나 $f'(c) = 0$이므로, $(c, f(c))$에서의 접선은 수평이다. 이것은 $x \in I$일 때, $f(x) \geq f(c)$임을 의미한다. 따라서 $f(x)$는 $x = c$에서 극솟값을 갖는다.

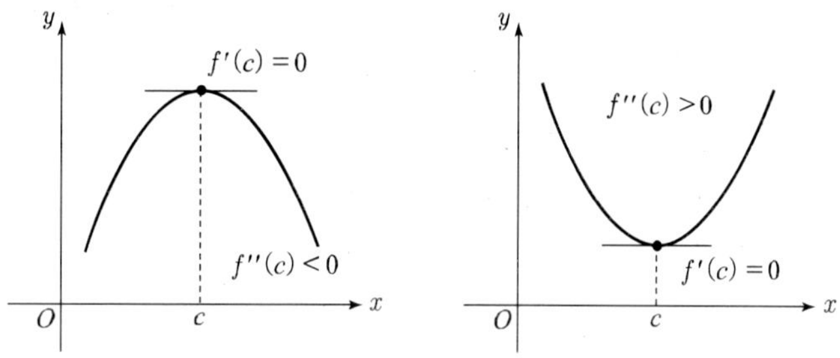

(1) 극댓값 (2) 극솟값

그림 3.4.5

■

참고 $f''(c) = 0$이거나 $f''(c)$가 존재하지 않으면, 극값을 구하기 위해 이계도함수 판정법을 이용할 수 없다. 이 경우, $f(c)$의 극값 여부를 판정하기 의해서는 일계도함수 판정법을 이용해야 한다. ✠

예 함수 $g(x) = x^4$에서 $g''(0) = 0$이지만 $(0, 0)$은 변곡점이 아니고, 일계도함수 판정법[정리 7]에 의해 $g(x)$는 $x = 0$에서 극솟값 0을 갖는다. □

$f''(c) = 0$이거나 $f''(c)$가 정의되지 않을 경우 $x = c$의 좌우에서 $f''(x)$의 부호가 변하면, $(c, f(c))$는 변곡점이 된다. 예를 들면 함수 $f(x) = x^{1/3}$에서 $f''(0)$은 존재하지 않지만, $(0, 0)$을 변곡점으로 갖는다. 왜냐하면

$$f'(x) = \frac{1}{3}x^{-\frac{2}{3}},\ f''(x) = -\frac{2}{9}x^{-\frac{5}{3}}$$

이므로 $f''(0)$은 존재하지 않지만, $x < 0$이면 $f''(x) > 0$이고 $x > 0$이면 $f''(x) < 0$이므로 $(0, 0)$은 변곡점이 된다.

예제 $f(x) = x^4 - 4x^3 + 3$으로 주어진 함수 $f(x)$에 대해서, 극값과 변곡점을 구하시오.

풀이 $f(x) = x^4 - 4x^3 + 3$에서

$$f'(x) = 4x^2(x-3),\ f''(x) = 12x(x-2)$$

를 얻는다. 이때 임계점을 구하기 위해 $f'(x) = 0$을 풀면 $x = 0$ 또는 $x = 3$

이고, 이들 임계점에 대해서 $f''(0)=0$, $f''(3)=36$이 된다.

(i) $f'(3)=0$이고 $f''(3)>0$이므로 $f(3)=-24$는 극솟값이다.

(ii) $f'(0)=0$이지만 $f''(0)=0$이므로 이계도함수 판정법으로 임계점 $x=0$에 대해서는 판정할 수 없다. 그러나 $x<0$, $0<x<3$인 x에 대해서 $f'(x)<0$이므로, 일계도함수 판정법에 의해 $f(x)$는 $x=0$에서 극값을 갖지 않는다.

(iii) $x=0$ 또는 $x=2$에서 $f''(x)=0$이 된다. 이때 $(0,3)$에서 곡선은 위로 오목에서 아래로 오목으로 변하므로, $(0,3)$은 변곡점이다. 또한 $(2,-13)$에서 곡선이 아래로 오목에서 위로 오목으로 변하기 때문에, $(2,-13)$은 변곡점이 된다. ■

함수 $f(x)$가 구간 I의 내점에서 극대 또는 극소를 갖는지의 여부를 결정하는 방법으로 다음 n계 도함수 판정법을 이용할 수 있다.

정리 12 n계 도함수 판정법

함수 $f(x)$가 한 점 c를 포함하는 어떤 열린구간에서 연속인 n계 도함수 $f^{(n)}(x)$ (단, $n \ge 2$)를 가지고, $f'(c)=\cdots=f^{(n-1)}(c)=0$, $f^{(n)}(c)\neq 0$일 때

(1) n이 짝수이고 $f^{(n)}(c)>0$ (또는 $f^{(n)}(c)<0$)이면, 함수 $f(x)$는 $x=c$에서 극솟값(또는 극댓값)을 갖는다.

(2) n이 홀수이면, $f(x)$는 $x=c$에서 극값을 갖지 않는다. 그러나 n이 홀수이고

$$f''(c)=f^{(3)}(c)=\cdots=f^{(n-1)}(c)=0,\quad f^{(n)}(c)\neq 0$$

이면, $(c, f(c))$는 변곡점이 된다.

증명 여기서는 (1)만 증명하고, (2)는 (1)과 유사하게 증명할 수 있으므로 독자에게 남긴다. 테일러 정리로부터

$$f(c+h)-f(c)=\frac{h^n}{n!}f^{(n)}(c+\theta h)\ (\text{단, } 0<\theta<1)$$

를 얻는다. 그런데 $h^n>0$이고, 충분히 작은 $|h|$에 대해서 $f^{(n)}(c)$와 $f^{(n)}(c+\theta h)$는 동부호이다. 따라서 $f^{(n)}(c)>0$ (또는 $f^{(n)}(c)<0$)이면

$$f(c+h)-f(c)>0\ (\text{또는 } f(c+h)-f(c)<0)$$

이므로, (1)이 성립한다. ■

예제 함수 $y = x^5 - 5x^4 + 10x^3 - 10x^2 + 5x + 1$의 변곡점을 구하시오.

풀이 $f(x) = x^5 - 5x^4 + 10x^3 - 10x^2 + 5x + 1$로 놓으면

$$f'(x) = 5x^4 - 20x^3 + 30x^2 - 20x + 5$$
$$f''(x) = 20x^3 - 60x^2 + 60x - 20 = 20(x-1)^3$$

이므로, $f''(1) = 0$이 된다. 그런데

$$f^{(3)}(x) = 60(x-1)^2 \text{에서 } f^{(3)}(1) = 0$$
$$f^{(4)}(x) = 120(x-1) \text{에서 } f^{(4)}(1) = 0$$
$$f^{(5)}(x) = 120 \text{에서 } f^{(5)}(1) \neq 0$$

이므로, 함수 $f(x)$는 변곡점 $(1, 2)$를 갖는다. ■

3. 극대와 극소를 이용한 최적화

최댓값이나 최솟값을 구하는 문제, 즉 **최적화 문제**에 미분적분학을 이용할 수 있다.

예 닫힌구간 $[-2, 4]$에서 함수 $f(x) = x^3 - 3x^2 + 2$의 최댓값과 최솟값을 구해보자. 함수 $f(x)$가 닫힌구간 $[-2, 4]$에서 연속이므로, $f(x)$는 최댓값과 최솟값을 갖는다. 먼저

$$f'(x) = 3x^2 - 6x = 3x(x-2)$$

이므로, 임계점은 0 또는 2로 주어진다. 이때 극댓값은 $f(0) = 2$이고, 극솟값은 $f(2) = -2$이다. 한편 닫힌구간의 양 끝점에서의 함숫값은 $f(-2) = -18$이고 $f(4) = 18$이다. 따라서 함수 $f(x)$의 최댓값은 $f(4) = 18$이고, 최솟값은 $f(-2) = -18$이다. □

최대 또는 최소가 되는 어떤 양의 문제를 해결하기 위해서는, 미분하기 전에

(1) 그려야 할 그림이 있다면 먼저 그린다.

(2) 변수들과 그것들의 관계가 어떻게 되는지 알아보고, 최대가 되거나 최소가 되

어야 할 양을 한 변수의 함수로 나타낸다.

를 먼저 확인하여야 한다.

예제 둘레가 40 m인 울타리를 이용하여 직사각형 모양의 작은 정원을 만들 때, 이 울타리로 둘러싸인 넓이가 최대인 것은 한 변의 길이가 10 m인 정사각형임을 보이시오.

증명 직사각형 울타리의 가로와 세로를 각각 x, y라 하고, 넓이 $A=xy$가 최대가 되는 값을 구하면 된다. 그런데 울타리의 둘레가 40 m이므로 $2x+2y=40$이 된다. $y=20-x$를 $A=xy$에 대입하면

$$A(x)=x(20-x)\ (\text{단, } 0 \le x \le 20)$$

로 주어진다. 이때 $A'(x)=2(10-x)$이므로, $x=10$에서 A는 최대 넓이를 갖는다. 따라서 넓이가 최대인 것은 한 변의 길이가 10 m인 정사각형 모양의 정원이다. 이때 최대 넓이는 100 m^2이다. ■

일반적으로 극값에 관한 문제를 풀 때는 하나의 변수로 표시하는 것이 유익하지만, 두 개 이상의 변수를 사용하여 음함수로 보고 풀 수도 있다.

예제 정점 $(0, -1)$에서 타원 $x^2+4y^2=4$에 내접하는 이등변삼각형의 최대 넓이를 구하시오.

풀이 밑변이 점 $P(x, y)$에서 타원과 만난다고 하면, 이등변삼각형의 넓이 A는

$$A(x, y)=x(y+1), \quad x^2+4y^2=4$$

로 주어진다. 이 방정식의 각각에 음함수 미분법을 이용하면

$$\frac{dA}{dx}=y+1+x\frac{dy}{dx}, \quad x+4y\frac{dy}{dx}=0$$

을 얻는다. 그런데 A가 극대가 되어야 하므로 $\frac{dA}{dx}=0$으로 놓고 두 방정식에서 $\frac{dy}{dx}$를 소거하면, $4y^2+4y=x^2$이 된다. 이 방정식과 $x^2+4y^2=4$에서 x를 소거하면, $y=\frac{1}{2}$ 또는 $y=-1$을 얻는다. 이때 A는 $y=-1$일 때 최소

넓이 0을 갖고, $y=\dfrac{1}{2}$일 때 최대 넓이를 갖게 된다. 따라서 $x^2+4y^2=4$에 $y=\dfrac{1}{2}$을 대입하면 $x=\sqrt{3}$이므로, 최대 넓이는 $A\left(\sqrt{3},\ \dfrac{1}{2}\right)=\dfrac{3}{2}\sqrt{3}$이다.■

4. 함수의 그래프

곡선을 그리는 과정에서 도함수를 이용하면 어느 정도 정확한 그래프의 개형을 그릴 수 있다. 지금까지 곡선을 그리는 데 필요한 정의역과 치역, 극한과 연속, 도함수와 접선, 극대와 극소, 증가 또는 감소구간, 오목성과 변곡점 등을 살펴보았다. 이 자료를 이용하여 함수의 그래프를 그린다.

참고 함수 $y=f(x)$에 대한 그래프의 개형을 그리려고 할 때 기본적으로 알아보아야 할 것들을 요약하면 다음과 같다.

(1) 함수의 정의역과 치역
(2) x축, y축, 원점 등에 대한 대칭성과 주기
(3) 좌표축과의 교점, 즉 절편
(4) 함수의 증가구간과 감소구간
(5) 극댓값과 극솟값
(6) 그래프의 오목성과 변곡점
(7) 그래프의 점근선(수직점근선, 수평점근선)과 수직접선 ✠

예제 함수 $f(x)=xe^{-x}$의 그래프를 그리시오.

풀이 함수 $f(x)$는 실수 전체의 집합 $\mathbb{R}$에서 정의된다. $f'(x)=(1-x)e^{-x}$이므로, 임계점은 1이다. 그리고 $f''(x)=(-2+x)e^{-x}$이므로, $f''(x)=0$을 만족하는 x는 2이다. 일계도함수, 이계도함수의 부호와 증감을 살펴보면 다음과 같다.

x	$\cdots$	1	$\cdots$	2	$\cdots$
$f'(x)$	$+$	0	$-$	$-$	$-$
$f''(x)$	$-$	$-$	$-$	0	$+$
$f(x)$	↗	극대	↘	변곡점	↘

표 3.4.1

따라서 $f(x)$는 $x=1$에서 극댓값 $f(1)=e^{-1}$을 가지고, 구간 $(-\infty, 2)$에서 아래로 오목하고, $(2, \infty)$에서 위로 오목하다. 그러므로 변곡점은 $(2, 2e^{-2})$이다. 한편 $\lim_{x\to\infty} xe^{-x}=0$, $\lim_{x\to-\infty} xe^{-x}=-\infty$이므로, 직선 $y=0$은 수평점근선이다. 이를 토대로 그래프를 그리면 다음과 같다.

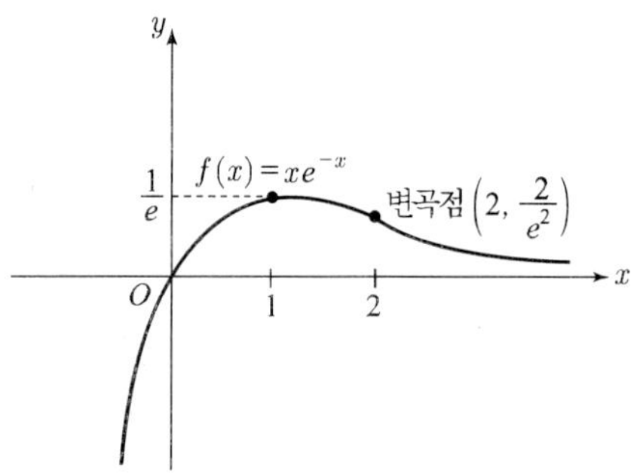

그림 3.4.6 $f(x)=xe^{-x}$ 그래프 ■

5. 속도와 가속도

시각 $t=t_1$에서 움직이는 물체의 위치함수 $s=f(t)$의 순간변화율(속도) $\mathbf{v}$는 작은 닫힌구간 $[t_1, t_2]$에 대한 평균변화율(평균속도)의 극한

$$\mathbf{v}=\lim_{\Delta t\to 0}\frac{\Delta y}{\Delta t}=\lim_{t_2\to t_1}\frac{f(t_2)-f(t_1)}{t_2-t_1}=f'(t)$$

로 주어진다. 이 극한은 시각 $t=t_1$에서 $f(t)$의 미분계수 $f'(t_1)$이다. 이것은 $s=f(t)$의 시각 t에 관한 변위 s의 순간변화율로서의 도함수 $f'(t_1)$에 대한 또 다른 설명이다. 이때 속도의 절댓값 $|f'(t_1)|$을 물체의 속력이라고 한다. 한편 속도의 시간에 대한 순간변화율을 시각 t에서의 가속도라 하고

$$\mathbf{a}=\lim_{\Delta t\to 0}\frac{\Delta \mathbf{v}}{\Delta t}=\lim_{t_2\to t_1}\frac{\mathbf{v}(t_2)-\mathbf{v}(t_1)}{t_2-t_1}=f''(t)$$

로 표시한다.

연습문제 3.4 EXERCISES EXERCISES EXERCISES EXERCISES EXERCISES EXERCISES EXERCISES

01 다음 함수에 대해서, 임계점을 구하시오.

(1) $f(x) = (3x+1)^{2/3}$ (2) $f(x) = x^2 + \dfrac{16}{x}$

02 함수 $f(x) = 3x^4 - 4x^3 - 12x^2 + 12$의 증감을 조사하시오.

03 다음 함수에 대해서, 극값을 구하시오.

(1) $f(x) = \sqrt[3]{x^2}$ (2) $f(x) = x^3 - 3x^2 + 1$

(3) $f(x) = x^3 + x^2 - x - 1$

04 다음 함수에 대해서, 변곡점을 구하시오.

(1) $f(x) = x^3 - 3x + 1$ (2) $f(x) = x^{1/3}$

(3) $f(x) = x^4 - 4x^3$

05 다음 물음에 답하시오.

(1) 사차함수 $f(x) = x^4 - 4x^3 + 2ax^2$가 극댓값을 갖기 위한 a 값의 범위를 구하시오.

(2) $f(x) = -x^3 + a^2x^2 - ax$가 $0 < x < 1$에서 극솟값, $x > 1$에서 극댓값을 갖도록 a 값의 범위를 구하시오.

06 모든 실수 x에 대해서, 부등식 $x^4 - 4x + a > 0$이 성립하도록 상수 a의 값의 범위를 구하시오.

07 다음 물음에 답하시오.

(1) 반지름이 a인 구에 내접하는 직원뿔의 최대 부피를 구하시오.

(2) 반지름이 r, 높이가 h인 직원뿔에 내접하는 최대 부피의 직원기둥의 높이를 구하시오.

3.5 부정형과 로피탈 정리

극한정리 [1.1절 정리 7]

$$\lim_{x \to a} f(x) = L,\ \lim_{x \to a} g(x) = M\ (\text{단, } M \neq 0) \text{일 때, } \lim_{x \to a} \frac{f(x)}{g(x)} = \frac{L}{M}$$

은 극한 연산에 많이 이용되지만, 조건 $M \neq 0$ 때문에 사용에 크게 제한을 받는다. 예를 들면 도함수의 정의

$$\lim_{h \to 0} \frac{f(x+h) - f(x)}{h}$$

조차도 이 정리가 적용되지 않는다. 이제 $M = 0$일 때, $\frac{0}{0}$ 형태의 **부정형** (indeterminate form)의 극한을 구하는 방법을 생각한다. 여기서 $\frac{0}{0}$이라는 표현은 수학적으로는 의미가 없다. 이것은 단지 분모와 분자가 모두 0에 접근하고 있다는 것을 의미할 뿐이다. 또 다른 부정형으로는

$$\frac{\infty}{\infty},\ 0 \cdot \infty,\ \infty - \infty,\ 0^0,\ 1^\infty,\ \infty^0$$

형태가 있다. 먼저 부정형 $\frac{0}{0}$과 $\frac{\infty}{\infty}$를 구하는 방법에 초점을 맞춘다. 다른 부정형의 경우는, 로그나 지수를 취하거나 대수적 방법을 사용하여 $\frac{0}{0}$와 $\frac{\infty}{\infty}$ 형태로 변형하여 구한다.

다음 **로피탈 정리** (L'Hospital's theorem)는 로피탈이 1696년에 발간한 그의 저서에 처음으로 등장했다.

정리 1 $\frac{0}{0}$ 형태의 로피탈 정리

한 점 a를 포함하는 어떤 열린구간 (단, a는 제외 가능)에서 두 함수 $f(x)$와 $g(x)$가 미분가능하고, $g'(x) \neq 0$이라고 하자. 이때 $f(a) = 0 = g(a)$이고 $\lim_{x \to a} \frac{f'(x)}{g'(x)}$가

존재하면

$$\lim_{x \to a} \frac{f(x)}{g(x)} = \lim_{x \to a} \frac{f'(x)}{g'(x)}$$

증명 코시의 평균값정리에 의해 $x < a$이면

$$\frac{f(a) - f(x)}{g(a) - g(x)} = \frac{f'(c_1)}{g'(c_1)}$$

을 만족하는 c_1 (단, $x < c_1 < a$)이 존재하고, $x > a$이면

$$\frac{f(x) - f(a)}{g(x) - g(a)} = \frac{f'(c_2)}{g'(c_2)}$$

인 c_2 (단, $a < c_2 < x$)가 존재한다. 그런데 $f(a) = 0 = g(a)$이므로

$$x < a \text{이면, } \frac{f(x)}{g(x)} = \frac{f'(c_1)}{g'(c_1)} \ (\text{단, } x < c_1 < a)$$

$$x > a \text{이면, } \frac{f(x)}{g(x)} = \frac{f'(c_2)}{g'(c_2)} \ (\text{단, } a < c_2 < x)$$

이고, $\lim_{x \to a} \frac{f'(x)}{g'(x)}$가 존재하므로

$$\lim_{x \to a-0} \frac{f(x)}{g(x)} = \lim_{x \to a-0} \frac{f'(c_1)}{g'(c_1)} = \lim_{x \to a-0} \frac{f'(x)}{g'(x)} = \lim_{x \to a} \frac{f'(x)}{g'(x)}$$

$$\lim_{x \to a+0} \frac{f(x)}{g(x)} = \lim_{x \to a+0} \frac{f'(c_2)}{g'(c_2)} = \lim_{x \to a+0} \frac{f'(x)}{g'(x)} = \lim_{x \to a} \frac{f'(x)}{g'(x)}$$

가 된다. 따라서 $\lim_{x \to a} \frac{f(x)}{g(x)} = \lim_{x \to a} \frac{f'(x)}{g'(x)}$가 성립한다. ■

참고 $\lim_{x \to \pi - 0} \frac{\sin x}{1 - \cos x}$를 구할 때, 분모 $1 - \cos x$가 $x \to \pi - 0$일 때 0으로 접근하지 않으므로 로피탈 정리를 적용할 수 없다. ✠

예제 로피탈 정리를 이용하여, 다음 극한을 구하시오.

(1) $\lim_{x \to 0} \frac{x^2}{3^x - 1}$ (2) $\lim_{x \to 0} \frac{1 - \cos x}{\sin x}$ (3) $\lim_{x \to 0} \frac{\tan x}{x}$

풀이 (1) $\frac{0}{0}$ 형태의 부정형이므로, $\lim_{x \to 0} \frac{x^2}{3^x - 1} = \lim_{x \to 0} \frac{2x}{3^x \ln 3} = 0$

(2) $\frac{0}{0}$ 형태의 부정형이므로, $\lim_{x \to 0} \frac{1 - \cos x}{\sin x} = \lim_{x \to 0} \frac{\sin x}{\cos x} = \lim_{x \to 0} \tan x = 0$

(3) $\frac{0}{0}$ 형태의 부정형이므로, $\lim_{x \to 0} \frac{\tan x}{x} = \lim_{x \to 0} \frac{\sec^2 x}{1} = 1$ ■

정리 2 $\frac{\infty}{\infty}$ 형태의 로피탈 정리

한 점 a를 포함하는 어떤 열린구간 (단, a는 제외 가능)에서 $f(x)$와 $g(x)$가 미분가능하고, $g'(x) \neq 0$이라고 하자. 이때 $\lim_{x \to a} f(x) = \pm\infty = \lim_{x \to a} g(x)$이고 $\lim_{x \to a} \frac{f'(x)}{g'(x)}$가 존재하면

$$\lim_{x \to a} \frac{f(x)}{g(x)} = \lim_{x \to a} \frac{f'(x)}{g'(x)}$$

$a = \infty$ 또는 $a = -\infty$일 경우와 $x \to a+0$ 또는 $x \to a-0$일 경우도 위의 두 로피탈 정리는 적용된다.

예제 로피탈 정리를 이용하여, 다음 극한을 구하시오.

(1) $\lim_{x \to \infty} \frac{x}{e^x}$ (2) $\lim_{x \to \infty} \frac{\ln x}{x}$ (3) $\lim_{x \to +0} \frac{\ln x}{\csc x}$

풀이 (1) $\frac{\infty}{\infty}$ 형태의 부정형이므로, $\lim_{x \to \infty} \frac{x}{e^x} = \lim_{x \to \infty} \frac{1}{e^x} = 0$

(2) $\frac{\infty}{\infty}$ 형태의 부정형이므로, $\lim_{x \to \infty} \frac{\ln x}{x} = \lim_{x \to \infty} \frac{1/x}{1} = \lim_{x \to \infty} \frac{1}{x} = 0$

(3) $\frac{\infty}{\infty}$ 형태의 부정형이므로, 로피탈 정리와 $\lim_{x \to 0} \frac{\sin x}{x} = 1$을 사용하면

$$\lim_{x \to +0} \frac{\ln x}{\csc x} = \lim_{x \to +0} \frac{1/x}{-\csc x \cot x}$$

$$= \lim_{x \to +0} \left(-\frac{\sin x}{x} \tan x \right) = (-1)(0) = 0$$ ■

참고 부정형 $\lim_{x \to a} \frac{f(x)}{g(x)}$의 극한은 로피탈 정리에 의해 $\lim_{x \to a} \frac{f'(x)}{g'(x)}$를 구하면 되지만, 경우에 따라서는 로피탈 정리를 두 번 이상 적용하여 극한을 구해야 한다. ✠

예 $\lim_{x \to \infty} \frac{x^2}{e^x}$은 $\frac{\infty}{\infty}$ 형태의 부정형으로 로피탈 정리를 두 번 이용하여 극한을 구한다.

$$\lim_{x \to \infty} \frac{x^2}{e^x} = \lim_{x \to \infty} \frac{2x}{e^x} = \lim_{x \to \infty} \frac{2}{e^x} = 0$$ □

$0 \cdot \infty$, $\infty - \infty$, 0^0, 1^∞, ∞^0 형태의 부정형은 대수적 방법을 사용하거나 로그, 지수함수를 취함으로써, $\frac{0}{0}$ 또는 $\frac{\infty}{\infty}$ 형태로 변형한 후 로피탈 정리를 적용한다.

(1) 부정형의 곱

$\lim_{x \to a} f(x) = 0$, $\lim_{x \to a} g(x) = \infty$ (또는 $-\infty$)일 때, 극한 $\lim_{x \to a} f(x)g(x)$를 $0 \cdot \infty$ 형태의 부정형이라고 한다. 이 경우는

$$fg = \frac{f}{\frac{1}{g}} \text{ 또는 } fg = \frac{g}{\frac{1}{f}}$$

로 변형하여, $\frac{0}{0}$, $\frac{\infty}{\infty}$ 형태의 부정형에 로피탈 정리를 적용한다.

(2) 부정형의 차

$\lim_{x \to a} f(x) = \infty$, $\lim_{x \to a} g(x) = \infty$일 때, 극한 $\lim_{x \to a} [f(x) - g(x)]$를 $\infty - \infty$ 형태의 부정형이라고 한다. 이 경우는 부정형 $\frac{0}{0}$, $\frac{\infty}{\infty}$ 형태로 변형시킨 후 로피탈 정리를 적용한다.

(3) 부정형의 멱

$\lim_{x \to a} [f(x)]^{g(x)}$을 구할 때, 0^0, 1^∞, ∞^0 형태의 부정형은 자연로그를 이용한다.

예제 로피탈 정리를 이용하여, 다음 극한을 구하시오.

(1) $\lim_{x \to \infty} \left(1+\frac{1}{x}\right)^x$ (2) $\lim_{x \to +0} (\sin x)^x$

풀이 (1) $\lim_{x \to \infty} \left(1+\frac{1}{x}\right)^x$은 1^∞ 형태의 부정형이다. 따라서 $y=\left(1+\frac{1}{x}\right)^x$이라 놓고, 양변에 자연로그를 취하면 $\ln y = x\ln\left(1+\frac{1}{x}\right)$이므로

$$\lim_{x \to \infty} \ln y = \lim_{x \to \infty} x\ln\left(1+\frac{1}{x}\right) = \lim_{x \to \infty} \frac{\ln\left(1+\frac{1}{x}\right)}{\frac{1}{x}}$$

이다. 이때 $\lim_{x \to \infty} \ln\left(1+\frac{1}{x}\right) = 0 = \lim_{x \to \infty} \frac{1}{x}$이므로, 로피탈 정리에 의해

$$\lim_{x \to \infty} \frac{\ln\left(1+\frac{1}{x}\right)}{\frac{1}{x}} = \lim_{x \to \infty} \frac{\frac{1}{1+\frac{1}{x}}\left(-\frac{1}{x^2}\right)}{-\frac{1}{x^2}} = \lim_{x \to \infty} \frac{1}{1+\frac{1}{x}} = 1$$

을 얻는다. 따라서 $\lim_{x \to \infty} \left(1+\frac{1}{x}\right)^x = e^1 = e$이다.

(2) $\lim_{x \to +0} (\sin x)^x$은 0^0 형태의 부정형이다. 따라서 $y=(\sin x)^x$로 놓고, 양변에 자연로그를 취하면 $\ln y = x\ln(\sin x)$이므로

$$\begin{aligned}\lim_{x \to +0} \ln y &= \lim_{x \to +0} x\ln(\sin x) \\ &= \lim_{x \to +0} \frac{\ln(\sin x)}{1/x} = \lim_{x \to +0} \frac{(\sin x)^{-1}\cos x}{-x^{-2}} \\ &= \lim_{x \to +0} \frac{(\sin x)^{-1}\cos x}{-x^{-2}}\left(\frac{x^2\sin x}{x^2\sin x}\right) = \lim_{x \to +0} \frac{-x^2\cos x}{\sin x} \\ &= \lim_{x \to +0} \frac{-2x\cos x + x^2\sin x}{\cos x} = \frac{0}{1} = 0\end{aligned}$$

을 얻는다. 따라서 $\lim_{x \to +0} (\sin x)^x = e^0 = 1$이다. ∎

연습문제 3.5 EXERCISES EXERCISES EXERCISES EXERCISES EXERCISES EXERCISES EXERCISES

01 $\lim_{x \to 0} \frac{f(x)}{g(x)} = 0$이지만 $\lim_{x \to 0} \frac{f'(x)}{g'(x)}$가 존재하지 않는 두 함수

$$f : [0, 1] \to \mathbb{R}, \ g : [0, 1] \to \mathbb{R}$$

을 구하시오.

02 로피탈 정리를 이용하여, 다음 극한을 구하시오.

(1) $\lim_{x \to 0} \frac{1 - \cos x^2}{x^4}$

(2) $\lim_{x \to 0} (\csc x - \cot x)$

(3) $\lim_{x \to +0} x^2 \ln x$

03 로피탈 정리를 이용하여, 다음 극한을 구하시오.

(1) $\lim_{x \to +0} x^x$

(2) $\lim_{x \to \infty} (x+1)^{2/x}$

3.6 미분과 근삿값

1. 미분

한 점 x_0를 포함하는 어떤 열린구간에서 정의된 미분가능한 함수 $y=f(x)$에 대해서, 곡선 $y=f(x)$ 위의 점 $(x_0, f(x_0))$에서의 접선의 방정식은

$$y=f(x_0)+f'(x_0)(x-x_0) \qquad (*)$$

로 주어진다.

$x=x_0$에서 곡선 $y=f(x)$의 접선은 그 접점 근처에서 원래 곡선과 비슷한 함숫값을 가지므로, x_0에 가까운 x에 대해서 $y=f(x)$의 근사식으로 한 점 $(x_0, f(x_0))$에서의 접선을 이용하는 것이 효과적이다. 이러한 이유에서 근사식

$$f(x)\approx f(x_0)+f'(x_0)(x-x_0)$$

를 $x=x_0$에서 함수 $y=f(x)$의 **선형근사식** 또는 **접선근사식**이라고 하고, 함수

$$L(x)=f(x_0)+f'(x_0)(x-x_0)$$

를 $x=x_0$에서의 $f(x)$의 **선형화**라고 한다.

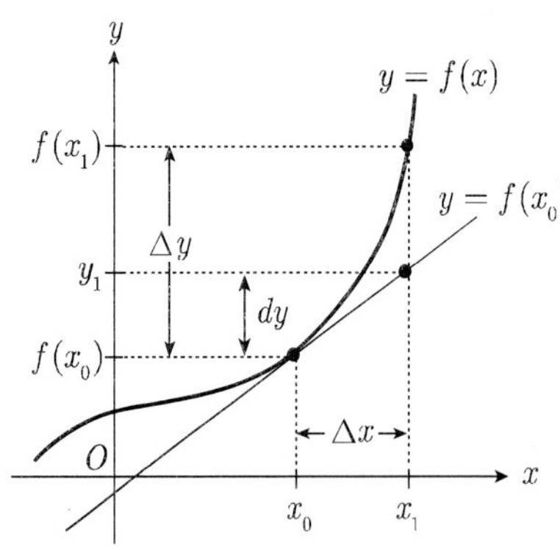

그림 3.6.1 증분과 미분

$x=x_1$에 대응되는 접선 $(*)$ 위의 y좌표는 $y_1=f(x_0)+f'(x_0)(x_1-x_0)$이다. 이때

x의 증분 Δx와 y의 증분 Δy를

$$\Delta x = x_1 - x_0, \ \Delta y = f(x_1) - f(x_0)$$

로 정의하면, 근사식 $f(x_1) \approx y_1 = f(x_0) + f'(x_0)\Delta x$, 즉

$$\Delta y = f(x_1) - f(x_0) \approx f'(x_0)\Delta x = dy$$

를 얻는다. 이때 $dy = f'(x)\Delta x$를 $y = f(x)$의 **미분**(differential)이라고 한다. 여기서 특히 $f(x) = x$이면 $f'(x) = 1$이므로, $dx = \Delta x$가 된다. 따라서 함수 $y = f(x)$의 미분은

$$dy = f'(x)\,dx$$

로 주어진다.

> **예제** $x_0 = \dfrac{\pi}{3}$에서 $f(x) = \cos x$의 선형화를 구하고, 이것을 이용하여 $\cos 1$의 근삿값을 구하시오.

풀이 $f'(x) = -\sin x$이므로, $x_0 = \dfrac{\pi}{3}$에서 $f(x) = \cos x$의 선형화는

$$L(x) = \cos\left(\frac{\pi}{3}\right) - \sin\left(\frac{\pi}{3}\right)\left(x - \frac{\pi}{3}\right) = \frac{1}{2} - \frac{\sqrt{3}}{2}\left(x - \frac{\pi}{3}\right)$$

이고, 선형근사식은 $\cos x \approx \dfrac{1}{2} - \dfrac{\sqrt{3}}{2}\left(x - \dfrac{\pi}{3}\right)$로 주어진다. 따라서

$$\cos 1 \approx \frac{1}{2} - \frac{\sqrt{3}}{2}\left(1 - \frac{\pi}{3}\right) \approx 0.5409$$

■

정의 1 미분

$y = f(x)$가 미분가능한 함수일 때, 미분 dx는 실숫값을 갖는 독립변수이고, 미분 dy는

$$dy = f'(x)\,dx$$

로 정의되는 종속변수이다.

미분가능한 함수 $y = f(x)$에 대해서, $|\Delta x|$가 충분히 작으면 Δy와 dy의 차는 매

우 작아지므로, 함수의 증분 Δy의 **근삿값**(approximation)으로 dy를 사용할 수 있다. 즉

$$f(x+\Delta x) \approx f(x) + f'(x)\,dx$$

가 성립한다.

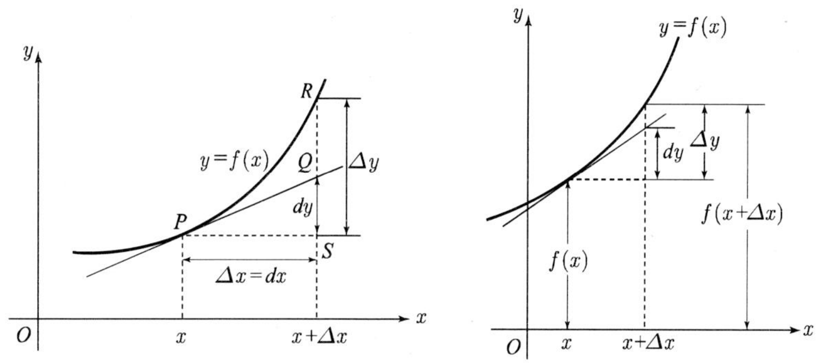

그림 3.6.2 $f(x+\Delta x) \approx f(x) + dy$

예 미분을 이용하여, $\sqrt{4.5}$ 의 근삿값을 구해보자. $y = f(x) = \sqrt{x}$ 라고 하면

$$dy = f'(x)\,dx = \frac{1}{2\sqrt{x}}\,dx$$

이다. 이때 $x = 4,\ dx = \Delta x = 0.5$를 취하면 $f(4) = 2,\ dy = 0.125$이므로

$$\sqrt{4.5} = f(4+0.5) \approx f(4) + dy = 2 + 0.125 = 2.125$$

가 된다. □

예제 구의 반지름을 측정한 결과 21cm이었고, 최대 오차는 0.05cm이었다. 이 결과를 이용하여 구의 부피를 계산할 때 최대 오차를 구하시오.

풀이 구의 반지름을 r이라 하면, 부피는 $V = \frac{4}{3}\pi r^3$으로 주어진다. 따라서 r의 측정값에서 오차가 $dr = \Delta r$이면, V를 계산할 때 오차는 ΔV이다. 그러므로 미분을 이용하여 근삿값을 구하면

$$dV = 4\pi r^2\,dr$$

이 된다. 그런데 $r = 21$이고 $dr = 0.05$이므로 $dV \approx 277$이 되고, 따라서 부

피의 계산에서 최대 오차는 약 277 cm^3이 된다. ■

참고 선형근사보다 더 좋은 근삿값을 구하기 위해 이차근사식을 이용한다. $y=f(x)$가 x_0 근방에서 정의된 두 번 미분가능한 함수일 때, x_0 근방에서 $y=f(x)$에 대한 이차근사식은

$$f(x) \approx f(x_0)+f'(x_0)(x-x_0)+\frac{f''(x_0)}{2}(x-x_0)$$

로 주어진다. ✠

2. 뉴턴의 방법

미분가능한 함수 $f(x)$에 대해서, 방정식 $f(x)=0$의 근에 대한 근삿값을 구하는 방법에는 그래프에 의한 방법과 **보간법**(interpolation)이 있다. 여기서는 그래프를 이용하여 방정식 $f(x)=0$의 근에 대한 근삿값을 구하는 뉴턴의 방법에 대해서 알아본다. 뉴턴의 방법은 근의 근삿값을 구하는 정확하고 빠른 방법 중의 하나이다.

먼저 a_1을 방정식 $f(x)=0$의 근 r에 대한 제1근삿값이라 하고, $(a_1, f(a_1))$에서 곡선 $y=f(x)$의 접선 L을 구한다. 이때 L의 x축 절편을 a_2라고 하자. 이 a_2를 r에 대한 제2근삿값으로 사용한다. a_1에 대한 a_2의 관계식을 얻기 위해, L의 기울기가 $f'(a_1)$인 것을 이용하면

$$y-f(a_1)=f'(a_1)(x-a_1)$$

이 된다. 그런데 L의 x축 절편이 a_2이므로 $y=0$으로 놓으면, $f'(a_1)\neq 0$일 때

$$a_2=a_1-\frac{f(a_1)}{f'(a_1)}$$

이 구해진다. 다음에 a_1을 a_2로 대치하여 같은 과정을 반복한다. 이때 $(a_2, f(a_2))$에서의 접선을 이용하면, 제3근삿값

$$a_3=a_2-\frac{f(a_2)}{f'(a_2)}$$

를 얻는다.

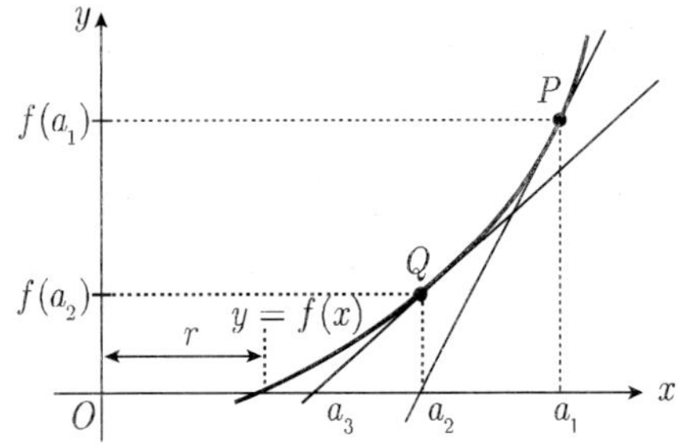

그림 3.6.3

이러한 과정을 반복하면 $f'(a_n) \neq 0$일 때, 근사점화수열

$$a_{n+1} = a_n - \frac{f(a_n)}{f'(a_n)} \quad (\text{단, } n = 1,\ 2,\ \cdots)$$

을 얻을 수 있다. 이 과정을 **뉴턴-랩슨 방법**(Newton - Raphson's method) 또는 **뉴턴의 방법**(Newton's method)이라고 한다. 특히 n이 커짐에 따라 a_n이 r에 점점 더 가까워지면, 이 수열은 r로 수렴한다고 하고 $\lim_{n \to \infty} a_n = r$로 나타낸다.

참고 어떤 형태의 함수에서는 근삿값들의 수열이 원하는 근으로 수렴하고 있지만, 경우에 따라서는 수렴하지 않을 수도 있다. 그러면 뉴턴의 방법은 불합리한 결과를 초래하므로, 제1근삿값 a_1을 다시 선정해야 한다. ✠

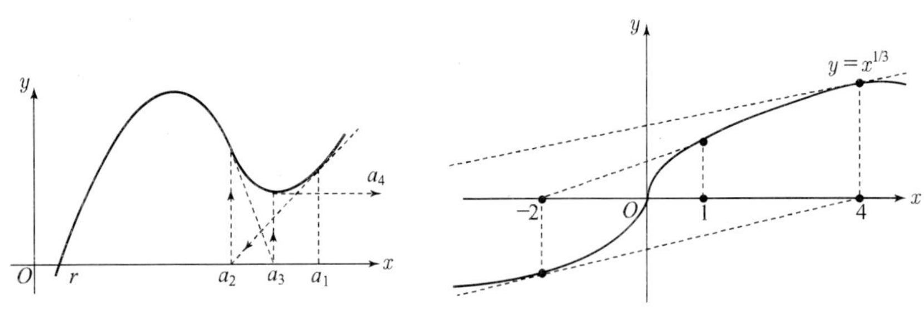

그림 3.6.4

뉴턴의 방법을 이용하면 무리근의 근삿값을 원하는 대로 정확하게 구할 수 있다.

예제 뉴턴의 방법을 이용하여, 방정식 $\sqrt[6]{2}$의 근삿값을 소수점 아래 여덟 자리까지 구하시오.

풀이 $x = \sqrt[6]{2}$이라 하면, $x^6 = 2$이므로 $f(x) = x^6 - 2 = 0$으로 변형할 수 있다. 이때 $f'(x) = 6x^5$이므로, 뉴턴의 방법을 적용하여

$$a_{n+1} = a_n - \frac{a_n^6 - 2}{6a_n^5}$$

를 얻는다. 방정식 $x^6 = 2$의 제1근삿값을 $a_1 = 1$로 놓으면

$$a_2 \approx 1.166666667, \quad a_3 \approx 1.126443678,$$
$$a_4 \approx 1.122497067, \quad a_5 \approx 1.122462051,$$
$$a_6 \approx 1.122462048, \ \cdots$$

가 된다. 한편 a_5와 a_6이 소수점 아래 여덟 자리에서 일치하므로, 소수점 아래 여덟 자리에서 $\sqrt[6]{2} \approx 1.12246205$라 할 수 있다. ■

연습문제 3.6 EXERCISES EXERCISES EXERCISES EXERCISES EXERCISES EXERCISES EXERCISES

01 $x_0 = 1$에서 $f(x) = \sqrt{x+3}$의 선형화를 구하고, 이것을 이용하여 $\sqrt{3.98}$의 근삿값을 구하시오.

02 미분을 이용하여, 다음 근삿값을 구하시오.

(1) $\sqrt{4.1}$ (2) $\sqrt[3]{63}$

03 뉴턴의 방법을 이용하여, $\sqrt[3]{7}$의 근삿값을 소수점 아래 여덟 자리까지 구하시오.

04 뉴턴의 방법을 이용하여, 방정식 $x^5 - x + 1 = 0$의 근사근을 구하시오.

제4장

수열과 급수

4.1 수열

어떤 규칙에 따라 순서대로 수를 나열한 것을 수열이라고 한다. 수열의 이론은 수학적 문제뿐만 아니라 실생활에서도 자주 사용하고 있다.

1. 수열

정의 1 수열

임의의 자연수 $n \in \mathbb{N}$에 대해서 실수 $f(n)$이 대응되는 함수 $f: \mathbb{N} \to \mathbb{R}$를 **무한수열** (infinite sequence) 또는 간단히 **수열** (sequence)이라 하고, 수열을 이루는 각 수를 그 수열의 항이라고 한다. 이때 수열

$$a_1,\ a_2,\ a_3,\ \cdots a_n,\ \cdots$$

를 $\{a_n\}_{n=1}^{\infty}$, 간단히 $\{a_n\}$으로 표시한다. 이 경우에 $f(n)$을 a_n으로 나타내고, 수열의 n번째 항 또는 **일반항** (general term)이라고 한다.

예 토끼의 번식에 관계된 문제를 해결하는 과정에서 생겨난 **피보나치** (Fibonacci) 수열 $\{f_n\}$은

$$f_1 = 1,\ f_2 = 1,\ f_n = f_{n-1} + f_{n-2}\ (\text{단, } n \geq 3)$$

로 정의된다. 이 수열의 각 항을 나열해 보면

$$1,\ 1,\ 2,\ 3,\ 5,\ 8,\ 13,\ 21,\ \cdots$$

가 된다. 피보나치 수열은 솔방울, 해바라기 꽃씨, 식물의 잎의 배열, 조개의 나선형 모양 같은 자연현상 등에서 찾아볼 수 있다. □

2. 수열의 극한

정의 2 수열의 극한

수열 $\{a_n\}$에서 n이 한없이 커질 때 a_n이 어떤 일정한 값 L에 한없이 가까워지면, $\{a_n\}$은 L에 **수렴한다**(converge)고 하고 $\lim_{n \to \infty} a_n = L$로 표기한다. 이때 $L \in \mathbb{R}$을 수열 $\{a_n\}$의 **극한** 또는 **극한값**(limit value)이라고 한다.

예 수열 $\left\{\frac{1}{n}\right\}$의 각 항은 $1, \frac{1}{2}, \frac{1}{3}, \frac{1}{4}, \cdots, \frac{1}{n}, \cdots$이다. 따라서 n이 한없이 커질 때, $\frac{1}{n}$은 한없이 0에 가까워진다. 그러므로 $\lim_{n \to \infty} \frac{1}{n} = 0$이다. □

정리 3 극한의 유일성

$\mathbb{R}$에서 수열이 수렴하면, 극한은 유일하다.

참고 (**극한의 엄밀한 정의**): 수열 $\{a_n\}$에서, 임의의 $\varepsilon > 0$에 대해서

$$n \geq K\text{일 때, } |a_n - L| < \varepsilon$$

을 만족하는 자연수 $K \in \mathbb{N}$가 존재하면, $\lim_{n \to \infty} a_n = L$로 표기한다. ✠

예 $c \in \mathbb{R}$에 대해서 $a_n = c$ (단, $n \geq 1$)일 때, $\lim_{n \to \infty} a_n = c$이다. 왜냐하면 임의의 $\varepsilon > 0$에 대해서, $K = 1$로 택하면

$$n \geq K\text{일 때, } |a_n - c| = |c - c| = 0 < \varepsilon$$

이 성립하기 때문이다. □

예제 극한의 엄밀한 정의를 이용하여, 다음이 성립함을 보이시오.

(1) $\lim_{n \to \infty} \frac{1}{n} = 0$ (2) $\lim_{n \to \infty} \frac{1}{n^2} = 0$

증명 (1) 임의의 $\varepsilon > 0$에 대해서, $K \geq \dfrac{1}{\varepsilon}$를 만족하는 자연수 $K \in \mathbb{N}$를 택하면

$$n \geq K\text{일 때}, \left| \frac{1}{n} - 0 \right| = \frac{1}{n} < \varepsilon$$

이 성립한다. 따라서 $\lim_{n \to \infty} \dfrac{1}{n} = 0$이다.

(2) 임의의 $\varepsilon > 0$에 대해서, $K \geq \sqrt{\dfrac{1}{\varepsilon}}$를 만족하는 자연수 $K \in \mathbb{N}$를 택하면

$$n \geq K\text{일 때}, \left| \frac{1}{n^2} - 0 \right| = \frac{1}{n^2} < \varepsilon$$

이 성립한다. 따라서 $\lim_{n \to \infty} \dfrac{1}{n^2} = 0$이다. ■

$\lim_{x \to \infty} f(x) = L$이면 $\lim_{n \to \infty} f(n) = L$이 성립하지만, 그 역은 성립하지 않는다. 왜냐하면 모든 정수 $n \in \mathbb{Z}$에 대해서 $\cos(2n\pi) = 1$이므로 $\lim_{n \to \infty} \cos(2n\pi) = 1$이지만, $x \to \infty$일 때 $\cos(2\pi x)$는 -1과 1 사이를 진동하므로, $\lim_{n \to \infty} \cos(2\pi x)$는 존재하지 않기 때문이다.

예 극한 $\lim_{n \to \infty} \dfrac{n+1}{e^n}$을 구할 때, 로피탈 정리를 직접 적용할 수는 없다. 이 경우 로피탈 정리를 적용할 수 있도록 $f(x) = \dfrac{x+1}{e^x}$로 놓으면

$$\lim_{x \to \infty} \frac{x+1}{e^x} = \lim_{x \to \infty} \frac{\frac{d}{dx}(x+1)}{\frac{d}{dx} e^x} = \lim_{x \to \infty} \frac{1}{e^x} = 0$$

이 된다. 따라서 $\lim_{n \to \infty} \dfrac{n+1}{e^n} = 0$이 성립한다. □

참고 **(수열의 극한과 함수의 극한과의 관계)** : $\lim_{x \to a} f(x) = A$일 필요충분조건은 a에 수렴하는 모든 수열 $\{a_n\}$ (단, $a_n \neq a$)에 대해서, 수열 $\{f(a_n)\}$이 A에 수렴하는 것이다. ✠

정의 4 수열의 발산

수열 $\{a_n\}$이 수렴하지 않을 때, $\{a_n\}$은 **발산한다**(diverge)고 한다.

(1) 양의 무한대로 발산 : n이 한없이 커질 때 a_n이 무한히 커지면, 수열 $\{a_n\}$은 양의 무한대로 발산한다고 하고 $\lim_{n\to\infty} a_n = \infty$로 나타낸다.

(2) 음의 무한대로 발산 : n이 한없이 커질 때 a_n이 음수로서 그 절댓값이 무한히 커지면, 수열 $\{a_n\}$은 음의 무한대로 발산한다고 하고 $\lim_{n\to\infty} a_n = -\infty$로 나타낸다.

(3) 진동 : $\{a_n\}$이 수렴하지 않으면서 양의 무한대나 음의 무한대로 발산하지도 않을 때, 수열 $\{a_n\}$은 **진동**한다고 한다.

참고 임의의 $M > 0$에 대해서

$$n \ge K\text{일 때, } a_n > M \ (\text{또는 } a_n < -M)$$

을 만족하는 자연수 $K \in \mathbb{N}$가 존재하면, $\lim_{n\to\infty} a_n = \infty$ (또는 $-\infty$)라고 한다. 이 때 수열 $\{a_n\}$은 ∞ (또는 $-\infty$)로 발산한다고 한다. ✠

수열의 극한을 구하는 것은 함수의 극한을 구하는 것과 매우 유사하다. 유일한 차이점은 수열은 자연수에서 정의된다는 것이다. 함수에 대한 극한의 기본 성질은 수열의 극한 문제에도 적용된다.

정리 5 수열의 극한정리

두 수열 $\{a_n\}$, $\{b_n\}$이 수렴하고, k가 임의의 상수일 때

(1) $\lim_{n\to\infty} ka_n = k\lim_{n\to\infty} a_n$

(2) $\lim_{n\to\infty} (a_n \pm b_n) = \lim_{n\to\infty} a_n \pm \lim_{n\to\infty} b_n$

(3) $\lim_{n\to\infty} a_n b_n = (\lim_{n\to\infty} a_n)(\lim_{n\to\infty} b_n)$

(4) $\lim_{n\to\infty} \dfrac{a_n}{b_n} = \dfrac{\lim_{n\to\infty} a_n}{\lim_{n\to\infty} b_n}$ (단, $\lim_{n\to\infty} b_n \ne 0$)

참고 무한등비수열 $\{r^n\}$은 $-1 < r \leq 1$인 경우에 수렴한다. 즉

$$\lim_{n\to\infty} r^n = \begin{cases} 0, & -1 < r < 1 \\ 1, & r = 1 \end{cases}$$

이 된다. 한편 $-1 < r \leq 1$ 이외의 경우에 무한등비수열 $\{r^n\}$은 발산한다. ✠

예제 다음 극한을 구하시오.

(1) $\displaystyle\lim_{n\to\infty} \frac{3^n+1}{4^n+1}$ (2) $\displaystyle\lim_{n\to\infty} \frac{2n^2-3n+2}{n^2+1}$

(3) $\displaystyle\lim_{n\to\infty} \left(\sqrt{n^2+2n}-n\right)$

풀이 (1) $\displaystyle\lim_{n\to\infty} \frac{3^n+1}{4^n+1} = \lim_{n\to\infty} \frac{\left(\frac{3}{4}\right)^n + \left(\frac{1}{4}\right)^n}{1+\left(\frac{1}{4}\right)^n} = 0$

(2) $\displaystyle\lim_{n\to\infty} \frac{2n^2-3n+2}{n^2+1} = \lim_{n\to\infty} \frac{2-\frac{3}{n}+\frac{2}{n^2}}{1+\frac{1}{n^2}} = 2$

(3) $$\begin{aligned}\lim_{n\to\infty} \left(\sqrt{n^2+2n}-n\right) &= \lim_{n\to\infty} \frac{\left(\sqrt{n^2+2n}-n\right)\left(\sqrt{n^2+2n}+n\right)}{\sqrt{n^2+2n}+n} \\ &= \lim_{n\to\infty} \frac{2n}{\sqrt{n^2+2n}+n} \\ &= \lim_{n\to\infty} \frac{2}{\sqrt{1+\frac{2}{n}}+1} = 1\end{aligned}$$ ■

많은 경우에 수열의 극한을 직접 구하기가 쉽지 않다. 이런 경우는 간접적인 방법으로 수렴 여부를 조사해야 한다.

정리 6 수열에 대한 조임정리

$a_n \leq b_n \leq c_n$(단, $n \geq n_0$, $n_0 \in \mathbb{N}$)이고, $\displaystyle\lim_{n\to\infty} a_n = \lim_{n\to\infty} c_n = L$이면

$$\lim_{n\to\infty} b_n = L$$

예제 조임정리를 이용하여, $\alpha > 0$일 때 $\lim_{n\to\infty} \sqrt[n]{\alpha} = 1$이 성립함을 보이시오.

증명 $\alpha > 1$이면 $\sqrt[n]{\alpha} > 1$이므로, $\sqrt[n]{\alpha} = 1 + a_n$이라 놓으면

$$a_n > 0,\ 1 + na_n \le (1 + a_n)^n = \alpha$$

가 성립한다. 그러므로 $0 < a_n \le \dfrac{\alpha - 1}{n}$이다. 그런데 $\lim_{n\to\infty} \dfrac{\alpha-1}{n} = 0$이므로, $\lim_{n\to\infty} a_n = 0$이 된다. 따라서 $\lim_{n\to\infty} \sqrt[n]{\alpha} = 1$이다. $\alpha = 1$일 때는 분명하고, $0 < \alpha < 1$일 때는 α의 역수를 취하여 증명한다. ■

참고 $\lim_{n\to\infty} |a_n| = 0$이면, $\lim_{n\to\infty} a_n = 0$이 성립한다. ✠

예 $\lim_{n\to\infty} \dfrac{(-1)^n}{n}$은 직접 계산할 수 없지만, $\left|\dfrac{(-1)^n}{n}\right| = \dfrac{1}{n}$이고 $\lim_{n\to\infty} \dfrac{1}{n} = 0$이므로 $\lim_{n\to\infty} \dfrac{(-1)^n}{n} = 0$이다. □

정의 7 유계수열

수열 $\{a_n\}$이 모든 자연수 $n \in \mathbb{N}$에 대해서

(1) $a_n \le M$을 만족하는 실수 $M \in \mathbb{R}$이 존재하면 $\{a_n\}$은 **위로 유계**(bounded above)라 하고, 이때 M을 수열 $\{a_n\}$의 **상계**(upper bound)라고 한다.

(2) $L \le a_n$을 만족하는 실수 $L \in \mathbb{R}$이 존재하면 $\{a_n\}$은 **아래로 유계**(bounded below)라 하고, 이때 L을 수열 $\{a_n\}$의 **하계**(lower bound)라고 한다.

(3) 위로 유계이고 아래로 유계인 수열을 **유계**라고 한다.

예 수열 $\left\{\dfrac{1-4n^2}{n^2+1}\right\}$은 유계이다. 왜냐하면 모든 자연수 $n \in \mathbb{N}$에 대해서

$$|a_n| = \left|\frac{1-4n^2}{n^2+1}\right| = \frac{4n^2-1}{n^2+1} < \frac{4n^2}{n^2+1} < \frac{4n^2}{n^2} = 4$$

가 성립하기 때문이다. □

참고 상계의 집합 중 최솟값을 최소상계 또는 **상한**(supremum)이라 하고 $\sup\{a_n\}$으로 표기한다. 또한 하계의 집합 중 최댓값을 최대하계 또는 **하한**(infimum)이라고 하고 $\inf\{a_n\}$으로 표기한다. ✠

수렴하는 수열은 유계이지만, 유계인 수열이 반드시 수렴하는 것은 아니다. 예를 들면 $a_n = (-1)^n$으로 주어진 수열 $\{a_n\}$은 유계이지만 발산한다.

정의 8 증가수열과 감소수열

수열 $\{a_n\}$이 모든 $n \in \mathbb{N}$에 대해서

(1) $a_n \le a_{n+1}$ (또는 $a_n \ge a_{n+1}$)일 때, $\{a_n\}$을 **증가수열**(또는 **감소수열**)이라고 한다.

(2) $\{a_n\}$이 증가수열 또는 감소수열일 때, 수열 $\{a_n\}$을 **단조수열**(monotone sequence)이라고 한다.

$a_n = n$으로 주어진 수열 $\{a_n\}$은 단조이지만 발산하므로, 단조수열이 반드시 수렴하는 것은 아니다.

참고 처음 몇 개의 항만을 조사하는 것으로 수열의 단조 여부를 알 수 없다. 그러나 연속인 두 개의 항 a_n과 a_{n+1}의 비 $\dfrac{a_{n+1}}{a_n}$를 이용하여 단조 여부를 판정할 수 있다. 이때 $a_n > 0$ (단, $n = 1, 2, 3, \cdots$)인 수열 $\{a_n\}$에서

(1) $\dfrac{a_{n+1}}{a_n} > 1$이면, $\{a_n\}$은 증가 (2) $\dfrac{a_{n+1}}{a_n} < 1$이면, $\{a_n\}$은 감소

가 성립한다. ✠

예제 수열 $\left\{\dfrac{n}{n+1}\right\}$의 단조 여부를 판정하시오.

풀이 $a_n = \dfrac{n}{n+1}$ 이라 놓으면, 모든 $n \in \mathbb{N}$에 대해서 $a_n > 0$ 이고

$$\frac{a_{n+1}}{a_n} = 1 + \frac{1}{n^2+2n} > 1$$

이다. 따라서 $\left\{\dfrac{n}{n+1}\right\}$은 모든 자연수 $n \in \mathbb{N}$에 대해서 증가수열이다. ∎

수렴과 유계가 동치가 되는 경우가 있다. 이것은 실수 전체의 집합 $\mathbb{R}$에서 수열이 단조인 경우이다.

정리 9 단조수렴정리

유계인 단조수열 $\{a_n\}$은 수렴한다. 이때

(1) $\{a_n\}$이 증가수열이고 위로 유계이면, $\lim\limits_{n \to \infty} a_n = \sup\{a_n\}$

(2) $\{b_n\}$이 감소수열이고 아래로 유계이면, $\lim\limits_{n \to \infty} b_n = \inf\{b_n\}$

예제 단조수렴정리를 이용하여, 수열 $\left\{\dfrac{2^n}{n!}\right\}$이 수렴함을 보이시오.

증명 $a_n = \dfrac{2^n}{n!}$ 이라 두자. 그러면 모든 자연수 $n \in \mathbb{N}$에 대해서 $a_n > 0$이므로, 수열 $\{a_n\}$은 아래로 유계이다. 한편 모든 자연수 $n \in \mathbb{N}$에 대해서

$$\frac{a_{n+1}}{a_n} = \frac{\dfrac{2^{n+1}}{(n+1)!}}{\dfrac{2^n}{n!}} = \frac{2}{n+1} \le 1$$

이므로, 모든 $n \in \mathbb{N}$에 대해서 $a_n \ge a_{n+1}$이다. 따라서 $\{a_n\}$은 감소수열이다. 그러므로 단조수렴정리에 의해 수열 $\{a_n\}$은 수렴한다. ∎

연습문제 4.1 EXERCISES EXERCISES EXERCISES EXERCISES EXERCISES EXERCISES EXERCISES

01 다음 극한을 구하시오.

(1) $\lim_{n \to \infty} \left(-\frac{1}{3}\right)^n$ (2) $\lim_{n \to \infty} \frac{3^{n+1}+1}{2^{2n}+3^n}$ (3) $\lim_{n \to \infty} \frac{4n+1}{n^2+3n+1}$

02 조임정리를 이용하여, 다음 극한을 구하시오.

(1) $\lim_{n \to \infty} \frac{\sin n\theta}{n}$ (2) $\lim_{n \to \infty} \frac{\sin n}{n^2}$

03 조임정리를 이용하여, 다음이 성립함을 보이시오.

(1) $\lim_{n \to \infty} \frac{n!}{n^n} = 0$

(2) $\lim_{n \to \infty} |a_n| = 0$ 이면, $\lim_{n \to \infty} a_n = 0$ 이다.

04 수열 $\left\{\frac{n!}{e^n}\right\}$의 단조 여부를 판정하시오.

05 $0 \le a < 1$일 때, $\lim_{n \to \infty} a^n = 0$이 성립함을 보이시오.

4.2 무한급수

1. 수렴과 발산

많은 항들의 합을 나타내기 위해 그리스 문자 $\sum$ (sigma)를 이용한다. 이때 $\sum$를 시그마 기호(sigma notation)라고 한다. 합을 시그마 기호를 사용하여 나타내는 방법은 유일하지 않다.

정의 1 무한급수

수열 $\{a_n\}$에 대해서

(1) 각 항의 무한합 $a_1 + a_2 + \cdots + a_n + \cdots$를 **무한급수**(infinite series) 또는 간단히 **급수**(series)라 하고, 이것을 기호로 $\sum_{n=1}^{\infty} a_n$으로 나타낸다(경우에 따라서 $\sum_{n=k}^{\infty} a_n$인 형태의 급수를 생각할 수 있음). 이때 $\sum_{n=1}^{\infty} a_n$의 제n부분합(n-th partial sum) $S_n = \sum_{i=1}^{n} a_i$로 주어진 수열 $\{S_n\}$을 **부분합의 수열**이라고 한다.

(2) 부분합 $S_n = \sum_{i=1}^{n} a_i$의 수열 $\{S_n\}$이 극한 S를 가질 때 $\sum_{n=1}^{\infty} a_n$은 S에 **수렴한다**고 하고, 그렇지 않으면 **발산한다**고 한다. 이때 극한 S를 **급수의 합**(sum of series)이라 하고, $\sum_{n=1}^{\infty} a_n = S$로 표기한다.

$\sum_{n=1}^{\infty} a_n = \lim_{n \to \infty} \sum_{i=1}^{n} a_i = \lim_{n \to \infty} S_n = S$이고, 부분합 S_n과 일반항 a_n 사이에는 다음과 같은 관계가 있다.

$$a_1 = S_1, \ a_n = S_n - S_{n-1} \ (\text{단, } n \geq 2)$$

예 $\sum_{n=1}^{\infty} (-1)^n$은 발산한다. 왜냐하면 부분합 S_n은 n이 홀수이면 -1, n이 짝수이면

0이기 때문이다. 즉 $n \to \infty$일 때, S_n은 -1과 0으로 진동한다. 이러한 급수를 **진동급수**라고 한다. □

주어진 급수에 대해서 두 가지 문제가 제기된다. 하나는 급수의 수렴 여부를 판단하는 것이고, 다른 하나는 그 합을 구하는 것이다. 급수의 수렴 여부를 판단하는 데는 여러 가지 판정법을 이용하여 비교적 쉽게 해결할 수 있지만, 그 급수의 합을 구하는 것은 결코 쉬운 일이 아니다.

예 급수 $\sum_{n=1}^{\infty} \frac{1}{2^n}$에 대해서

$$\sum_{n=1}^{\infty} \frac{1}{2^n} = \lim_{n \to \infty} \sum_{i=1}^{n} a_i = \lim_{n \to \infty} \left(1 - \frac{1}{2^n}\right) = 1$$

이므로, 주어진 급수 $\sum_{n=1}^{\infty} \frac{1}{2^n}$은 1로 수렴한다. □

참고 무한등비급수 $\sum_{n=1}^{\infty} ar^{n-1}$ (단, $a \neq 0$)을 **기하급수**(geometric series)라고 한다. 이때

(1) $r = 1$이면 주어진 기하급수는 발산한다.

(2) $r \neq 1$이면 제n부분합 S_n은

$$S_n = \frac{a(1-r^n)}{1-r}$$

이므로

(i) $-1 < r < 1$일 경우, 기하급수는 $\frac{a}{1-r}$로 수렴한다.

(ii) $r \leq -1$ 또는 $r > 1$일 경우, 기하급수는 발산한다.

따라서 기하급수 $\sum_{n=1}^{\infty} ar^{n-1}$ (단, $a \neq 0$)은 $|r| < 1$이면 $\frac{a}{1-r}$로 수렴하고, $|r| \geq 1$이면 발산한다. ✠

수열의 수렴, 발산에 관한 성질은 급수의 수렴, 발산의 판정법을 구하는 데 이용된다.

정리 2

급수 $\sum_{n=1}^{\infty} a_n$이 수렴하면, $\lim_{n \to \infty} a_n = 0$이다.

참고 [정리 2]의 역은 성립하지 않는다. 즉 $\lim_{n \to \infty} a_n = 0$이 급수 $\sum_{n=1}^{\infty} a_n$의 수렴을 보장하지 못한다. 예를 들면 $\lim_{n \to \infty} \frac{1}{n} = 0$이지만 **조화급수**(harmonic series) $\sum_{n=1}^{\infty} \frac{1}{n}$은 발산한다. ✠

다음 정리는 발산하는 급수에 대한 판정법으로 매우 유용하다.

따름정리 발산판정법

$\lim_{n \to \infty} a_n$이 존재하지 않거나 $\lim_{n \to \infty} a_n \neq 0$이면, $\sum_{n=1}^{\infty} a_n$은 발산한다.

예제 다음 급수의 수렴 여부를 판정하시오.

(1) $\sum_{n=1}^{\infty} \frac{n-1}{2n+1}$ (2) $\sum_{n=1}^{\infty} \frac{n^n}{n!}$ (3) $\sum_{n=1}^{\infty} (-1)^{n+1}$

풀이 (1) $\lim_{n \to \infty} a_n = \lim_{n \to \infty} \frac{n-1}{2n+1} = \frac{1}{2} \neq 0$이므로, $\sum_{n=1}^{\infty} \frac{n-1}{2n+1}$은 발산한다.

(2) $\lim_{n \to \infty} a_n = \lim_{n \to \infty} \frac{n^n}{n!} = \lim_{n \to \infty} \frac{n \cdot n \cdot \cdots \cdot n}{1 \cdot 2 \cdot \cdots \cdot n} \geq \lim_{n \to \infty} n \neq 0$이므로,

$\sum_{n=1}^{\infty} \frac{n^n}{n!}$은 발산한다.

(3) $\lim_{n \to \infty} (-1)^{n+1}$이 존재하지 않으므로, $\sum_{n=1}^{\infty} (-1)^{n+1}$은 발산한다. ■

정리 3

(1) 두 급수 $\sum_{n=1}^{\infty} a_n$, $\sum_{n=1}^{\infty} b_n$이 수렴하면, $\sum_{n=1}^{\infty} (a_n \pm b_n)$도 수렴하고

$$\sum_{n=1}^{\infty} (a_n \pm b_n) = \sum_{n=1}^{\infty} a_n \pm \sum_{n=1}^{\infty} b_n$$

(2) 급수 $\sum_{n=1}^{\infty} a_n$이 수렴하고 c가 임의의 실수이면, $\sum_{n=1}^{\infty}(ca_n)$도 수렴하고

$$\sum_{n=1}^{\infty}(ca_n) = c\sum_{n=1}^{\infty} a_n$$

예제 급수 $\sum_{n=1}^{\infty} \frac{1+3^n}{4^n}$의 합을 구하시오.

풀이 $\frac{1+3^n}{4^n} = \left(\frac{1}{4}\right)^n + \left(\frac{3}{4}\right)^n$이고 $\sum_{n=1}^{\infty}\left(\frac{1}{4}\right)^n$과 $\sum_{n=1}^{\infty}\left(\frac{3}{4}\right)^n$이 수렴하므로

$$\sum_{n=1}^{\infty} \frac{1+3^n}{4^n} = \sum_{n=1}^{\infty}\left(\frac{1}{4}\right)^n + \sum_{n=1}^{\infty}\left(\frac{3}{4}\right)^n = \frac{1/4}{1-1/4} + \frac{3/4}{1-3/4} = \frac{10}{3}$$ ■

2. 급수의 수렴판정법

급수의 수렴 여부를 판정할 때, 주어진 급수의 부분합의 극한을 이용할 수 없을 때가 많다. 따라서 주어진 급수의 부분합의 극한을 구하지 않고, 급수의 수렴 여부를 간접적으로 판정할 수 있는 수렴판정법이 필요하다.

(1) 양항급수

모든 자연수 $n \in \mathbb{N}$에 대해서 $a_n \ge 0$일 때, $\sum_{n=1}^{\infty} a_n$을 **양항급수**(series with positive terms)라고 한다.

정리 4

양항급수 $\sum_{n=1}^{\infty} a_n$이 수렴할 필요충분조건은 부분합의 수열 $\{S_n\}$이 유계인 것이다. 이때

$$\sum_{n=1}^{\infty} a_n = \lim_{n\to\infty} S_n = \sup\{S_n\}$$

증명 $a_n \geq 0$이므로, 부분합의 수열은 단조증가이다. 단조수렴정리에 의해, 수열 $\{S_n\}$이 수렴할 필요충분조건은 $\{S_n\}$이 유계인 것이다. ■

① 적분판정법

스코틀랜드의 수학자 매클로린(Maclaurin)이 발견한 수렴에 대한 **적분판정법**(integral test)은 이상적분(5.2절 5 참조)을 이용한다. 적분판정법은 주어진 급수와 이상적분의 수렴성이 서로 동치임을 의미하지만, 극한이 같다는 것을 의미하는 것은 아니다.

정리 5 적분판정법

함수 $f(x)$가 $\{x \mid x \geq n_0,\ n_0 \in \mathbb{N}\}$에서 정의된 연속인 감소함수이고, $f(x) > 0$이라고 하자. 이때 $n = 1, 2, \cdots$에 대해서 $f(n) = a_n$이라고 하면, 양항급수 $\sum_{n=1}^{\infty} a_n$이 수렴할 필요충분조건은 이상적분

$$\int_{n_0}^{\infty} f(t)\,dt = \lim_{n \to \infty} \int_{n_0}^{n} f(t)\,dt$$

가 수렴하는 것이다.

예제 적분판정법을 이용하여, 급수 $\sum_{n=1}^{\infty} \frac{1}{n^2+1}$의 수렴 여부를 판정하시오.

풀이 $f(x) = \frac{1}{x^2+1}$로 놓으면, $f(x)$는 연속이고 양의 값을 갖는 함수이다. 또한 $x \in (1, \infty)$일 때

$$f'(x) = -\frac{2x}{(x^2+1)^2} < 0$$

이므로, $f(x)$는 감소함수이다. 따라서 적분판정법을 이용하면

$$\int_1^{\infty} \frac{1}{x^2+1}\,dx = \lim_{t \to \infty} \int_1^{t} \frac{1}{x^2+1}\,dx = \lim_{t \to \infty} \left[\tan^{-1} x\right]_1^t$$

$$= \lim_{t \to \infty} \left(\tan^{-1} t - \frac{\pi}{4}\right) = \frac{\pi}{2} - \frac{\pi}{4} = \frac{\pi}{4}$$

가 된다. 따라서 급수 $\sum_{n=1}^{\infty} \frac{1}{n^2+1}$ 은 수렴한다. ■

참고 $\sum_{n=1}^{\infty} \frac{1}{n^p}$ (단, $p > 0$)로 주어진 **p-급수**(p-series)에 대해서, $p > 1$이면 p-급수는 수렴하고 $p \le 1$이면 p-급수는 발산한다. (5.2절 참조) ✠

예 두 급수 $\sum_{n=1}^{\infty} \frac{1}{n}$과 $\sum_{n=1}^{\infty} \frac{1}{n^2}$에 대해서, $\sum_{n=1}^{\infty} \frac{1}{n}$은 발산하지만 $\sum_{n=1}^{\infty} \frac{1}{n^2}$은 수렴한다. 오일러는 $\sum_{n=1}^{\infty} \frac{1}{n^2}$의 합이 $\frac{\pi^2}{6}$임을 밝혔다. □

② 비교판정법

비교판정법(comparison test)이란 이미 수렴 여부를 알고 있는 급수와 비교하여 주어진 급수의 수렴 여부를 판정하는 방법이다. 비교 대상으로 선택되는 급수는 보통 p-급수와 기하급수이다.

정리 6 비교판정법

두 양항급수 $\sum_{n=1}^{\infty} a_n$과 $\sum_{n=1}^{\infty} b_n$이 모든 $n \in \mathbb{N}$에 대해서 $a_n \le b_n$을 만족할 때

(1) $\sum_{n=1}^{\infty} b_n$이 수렴하면, $\sum_{n=1}^{\infty} a_n$도 수렴한다.

(2) $\sum_{n=1}^{\infty} a_n$이 발산하면, $\sum_{n=1}^{\infty} b_n$도 발산한다.

증명 여기서는 (1)만 증명하고, (2)는 독자에게 남긴다.

$$S_n = \sum_{i=1}^{n} a_i, \ T_n = \sum_{i=1}^{n} b_i, \ T = \sum_{n=1}^{\infty} b_n$$

이라 하면, 두 급수 $\sum_{n=1}^{\infty} a_n$과 $\sum_{n=1}^{\infty} b_n$은 모두 양항급수이므로 두 수열 $\{S_n\}$, $\{T_n\}$은 증가수열이다. 한편 모든 $n \in \mathbb{N}$에 대해서 $a_n \le b_n$이므로, $S_n \le T_n$이 된다. 따라서 $\{S_n\}$은 위로 유계인 증가수열이므로, 단조수렴정리에 의해

$\{S_n\}$은 수렴한다. 그러므로 급수 $\sum_{n=1}^{\infty} a_n$은 수렴한다. ■

예제 비교판정법을 이용하여, 다음 급수의 수렴 여부를 판정하시오.

(1) $\sum_{n=1}^{\infty} \frac{1}{n(n+3)}$ (2) $\sum_{n=1}^{\infty} \frac{1}{n(n^2+3)}$ (3) $\sum_{n=1}^{\infty} \frac{5^n+1}{2^n-1}$

풀이 (1) 모든 $n \in \mathbb{N}$에 대해서 $\frac{1}{n(n+3)} \le \frac{1}{n^2}$이고, p-급수 $\sum_{n=1}^{\infty} \frac{1}{n^2}$은 수렴하므로, 비교판정법에 의해 주어진 급수는 수렴한다.

(2) 모든 $n \in \mathbb{N}$에 대해서 $\frac{1}{n(n^2+3)} \le \frac{1}{n^3}$이고, p-급수 $\sum_{n=1}^{\infty} \frac{1}{n^3}$이 수렴하므로, 비교판정법에 의해 주어진 급수는 수렴한다.

(3) 모든 $n \in \mathbb{N}$에 대해서 $\frac{5^n+1}{2^n-1} \ge \frac{5^n}{2^n-1} \ge \frac{5^n}{2^n} = \left(\frac{5}{2}\right)^n$이고, 기하급수 $\sum_{n=1}^{\infty} \left(\frac{5}{2}\right)^n$이 발산하므로, 비교판정법에 의해 주어진 급수는 발산한다. ■

한 급수에 유한개의 항을 더하거나 없애도 급수의 수렴, 발산에는 영향을 받지 않는다. 따라서 비교판정법에서 모든 $n \in \mathbb{N}$에 대해서 $a_n \le b_n$이라는 조건은, 실제로는 적당한 자연수 $K \in \mathbb{N}$가 존재하여 $n \ge K$을 만족하는 모든 자연수 $n \in \mathbb{N}$에 대해서 $a_n \le b_n$이라는 조건으로 변형해도 비교판정법은 성립한다.

예제 비교판정법을 이용하여, 급수 $\sum_{n=1}^{\infty} \frac{\ln n}{n}$의 수렴 여부를 판정하시오.

풀이 $n \ge 3$인 자연수 $n \in \mathbb{N}$에 대해서, $\ln n > 1$이므로

$$\frac{\ln n}{n} > \frac{1}{n} \ (\text{단},\ n \ge 3)$$

이다. 그런데 급수 $\sum_{n=1}^{\infty} \frac{1}{n}$이 발산하므로, 비교판정법에 의해 주어진 급수도 발산한다. ■

비교판정법으로는 일반항이 더 큰 급수의 발산만으로는 작은 급수의 수렴 여부를 판정할 수 없다. 이 경우 비교판정법과는 달리 극한비교판정법을 적용하면 주어진 급수의 수렴 여부를 판정할 수 있다.

참고 **극한비교판정법**(limit comparison test) : $a_n, b_n > 0$이고 $\lim_{n \to \infty} \frac{a_n}{b_n} = L$일 때, 두 급수 $\sum_{n=1}^{\infty} a_n$과 $\sum_{n=1}^{\infty} b_n$에 대해서

(1) $L > 0$이면, $\sum_{n=1}^{\infty} a_n$과 $\sum_{n=1}^{\infty} b_n$은 동시에 수렴하거나 동시에 발산한다.

(2) $L = 0$이면, $\sum_{n=1}^{\infty} b_n$이 수렴할 때 $\sum_{n=1}^{\infty} a_n$은 수렴한다.

(3) $L = \infty$이면, $\sum_{n=1}^{\infty} b_n$이 발산할 때 $\sum_{n=1}^{\infty} a_n$은 발산한다. ✠

예제 극한비교판정법을 이용하여, 다음 급수의 수렴 여부를 판정하시오.

(1) $\sum_{n=1}^{\infty} \frac{1}{n^3 - 5n}$　　(2) $\sum_{n=1}^{\infty} \frac{n^2 - 2n + 7}{n^5 + 5n^4 - 3n^3 + 2n - 1}$

풀이 (1) 두 급수 $\sum_{n=1}^{\infty} \frac{1}{n^3 - 5n}$과 $\sum_{n=1}^{\infty} \frac{1}{n^3}$에 대해서, $a_n = \frac{1}{n^3 - 5n}$, $b_n = \frac{1}{n^3}$이라고 놓자. 그러면 $\lim_{n \to \infty} \frac{a_n}{b_n} = 1 > 0$이고 급수 $\sum_{n=1}^{\infty} \frac{1}{n^3}$이 수렴하므로, 극한비교판정법에 의해 $\sum_{n=1}^{\infty} \frac{1}{n^3 - 5n}$은 수렴한다.

(2) 두 급수 $\sum_{n=1}^{\infty} \frac{n^2 - 2n + 7}{n^5 + 5n^4 - 3n^3 + 2n - 1}$과 $\sum_{n=1}^{\infty} \frac{1}{n^3}$에 대해서

$$a_n = \frac{n^2 - 2n + 7}{n^5 + 5n^4 - 3n^3 + 2n - 1}, \quad b_n = \frac{1}{n^3}$$

이라고 놓자. 그러면 $\lim_{n \to \infty} \frac{a_n}{b_n} = 1 > 0$이고 급수 $\sum_{n=1}^{\infty} \frac{1}{n^3}$이 수렴하므로, 극한비교판정법에 의해 $\sum_{n=1}^{\infty} \frac{1}{n^3 - 5n}$은 수렴한다. ■

따름정리 다항식 판정법

$P(n)$, $Q(n)$이 각각 차수가 p, q인 다항식일 때, 급수 $\sum_{n=1}^{\infty} \frac{P(n)}{Q(n)}$에 대해서

(1) $q > p+1$이면, $\sum_{n=1}^{\infty} \frac{P(n)}{Q(n)}$은 수렴한다.

(2) $q \le p+1$이면, $\sum_{n=1}^{\infty} \frac{P(n)}{Q(n)}$은 발산한다.

③ 비판정법

달랑베르가 만든 다음 **비판정법**(ratio test)은 급수의 수렴 여부를 결정하는 데 매우 유용하다. 비판정법은 급수의 일반항이 지수항 또는 계승(factorial)항을 포함할 때 특히 유용하다.

정리 7 비판정법

양항급수 $\sum_{n=1}^{\infty} a_n$에 대해서, $L = \lim_{n \to \infty} \frac{a_{n+1}}{a_n}$일 때

(1) $L < 1$이면, $\sum_{n=1}^{\infty} a_n$은 수렴한다.

(2) $L > 1$이면, $\sum_{n=1}^{\infty} a_n$은 발산한다.

(3) $L = 1$이면, $\sum_{n=1}^{\infty} a_n$의 수렴 여부를 판정할 수 없다.

예 급수 $\sum_{n=1}^{\infty} \frac{n+1}{2^n}$에 대해서 $a_n = \frac{n+1}{2^n}$, $a_{n+1} = \frac{n+2}{2^{n+1}}$이므로

$$\lim_{n \to \infty} \frac{a_{n+1}}{a_n} = \lim_{n \to \infty} \frac{1}{2} \cdot \frac{n+2}{n+1} = \frac{1}{2} < 1$$

이다. 따라서 비판정법에 의해 급수 $\sum_{n=1}^{\infty} \frac{n+1}{2^n}$은 수렴한다. □

참고 두 급수 $\sum_{n=1}^{\infty} \frac{1}{n}$과 $\sum_{n=1}^{\infty} \frac{1}{n^2}$에 대해서, $L = 1$로 주어진다. 그런데 급수 $\sum_{n=1}^{\infty} \frac{1}{n}$은

발산하고 급수 $\sum_{n=1}^{\infty} \frac{1}{n^2}$은 수렴한다. 따라서 $L=1$일 때 비판정법은 급수의 수렴 여부를 제공하지 못한다. ✠

(2) 교대급수

양의 항과 음의 항이 교대로 반복되는 급수를 **교대급수**(alternating series)라고 한다. 교대급수 $\sum_{n=1}^{\infty} a_n$에 있어서는

$$a_n = (-1)^{n-1} z_n \ (\text{단}, \ z_n > 0)$$

이라 두는 것이 편리하다. 교대급수의 수렴판정은 라이프니츠에 의해 증명된 **교대급수 판정법**(alternating series test)을 이용한다.

정리 8 교대급수 판정법

$\{z_n\}$이 $\lim_{n \to \infty} z_n = 0$ (단, $z_n > 0$)을 만족하는 감소수열이면, $\sum_{n=1}^{\infty} (-1)^{n-1} z_n$은 수렴한다.

증명 $S_{2n} = (z_1 - z_2) + (z_3 - z_4) + \cdots + (z_{2n-1} - z_{2n})$이고 $z_k - z_{k+1} \geq 0$이므로 부분합의 부분수열 $\{S_{2n}\}$은 증가수열이다. 또한

$$S_{2n} = z_1 - (z_2 - z_3) - \cdots - (z_{2n-2} - z_{2n-1}) - z_{2n}$$

이므로, 모든 자연수 $n \in \mathbb{N}$에 대해서 $S_{2n} \leq z_1$이다. 단조수렴정리에 의해 부분수열 $\{S_{2n}\}$은 어떤 실수 $S \in \mathbb{R}$로 수렴한다. $\lim_{n \to \infty} S_{2n} = S$라 하면

$$\begin{aligned} \lim_{n \to \infty} S_{2n+1} &= \lim_{n \to \infty} (S_{2n} + z_{2n+1}) \\ &= \lim_{n \to \infty} S_{2n} + \lim_{n \to \infty} z_{2n+1} = S + 0 = S \end{aligned}$$

이므로, $\lim_{n \to \infty} S_{2n+1} = \lim_{n \to \infty} S_{2n} = S$가 성립한다. 따라서 $\lim_{n \to \infty} S_n = S$를 얻는다. 그러므로 $\sum_{n=1}^{\infty} (-1)^{n-1} z_n$은 S로 수렴한다. ■

예제 교대급수 판정법을 이용하여, 교대조화급수 $\sum_{n=1}^{\infty} \frac{(-1)^{n-1}}{n}$의 수렴 여부를 판정하시오.

풀이 $\frac{1}{n+1} < \frac{1}{n}$이므로 $z_{n+1} < z_n$이고, 또한 $\lim_{n \to \infty} z_n = \lim_{n \to \infty} \frac{1}{n} = 0$이므로, 교대급수 판정법에 의해 급수 $\sum_{n=1}^{\infty} \frac{(-1)^{n-1}}{n}$는 수렴한다. ■

(3) 절대수렴과 조건수렴

이제 양항과 음항을 모두 갖고 있는 급수 $\sum_{n=1}^{\infty} a_n$에 대해서 서술한다. 급수 $\sum_{n=1}^{\infty} a_n$의 절대급수를 $\sum_{n=1}^{\infty} |a_n|$으로 정의한다. 절대급수 $\sum_{n=1}^{\infty} |a_n|$의 수렴 여부를 조사할 때는 각 항이 양수이기 때문에 양항급수의 수렴판정법을 사용한다.

정리 9

$\sum_{n=1}^{\infty} a_n$의 절대급수 $\sum_{n=1}^{\infty} |a_n|$이 수렴하면, 급수 $\sum_{n=1}^{\infty} a_n$은 수렴한다.

참고 [정리 9]의 역은 성립하지 않는다. 예를 들면 $\sum_{n=1}^{\infty} \left| \frac{(-1)^{n-1}}{n} \right| = \sum_{n=1}^{\infty} \frac{1}{n}$은 발산한다. 그러나 교대조화급수 $\sum_{n=1}^{\infty} \frac{(-1)^{n-1}}{n}$은 수렴한다. ✠

정의 10 절대수렴과 조건수렴

절대급수 $\sum_{n=1}^{\infty} |a_n|$이 수렴할 때 $\sum_{n=1}^{\infty} a_n$은 절대수렴한다 (absolutely converge)고 하고, 수렴급수 $\sum_{n=1}^{\infty} a_n$이 절대수렴하지 않을 때 $\sum_{n=1}^{\infty} a_n$은 조건수렴한다 (conditionally converge)고 한다.

예 교대조화급수 $\sum_{n=1}^{\infty} \frac{(-1)^{n-1}}{n}$은 절대수렴하지 않고 조건수렴한다. 이 급수의 합은 $\ln n$이다. □

수렴하는 양항급수는 절대수렴한다. 따라서 급수 $\sum_{n=1}^{\infty} a_n$이 양항급수이면, 절대수렴과 수렴은 같은 개념이다.

① 비교판정법

급수 $\sum_{n=1}^{\infty} a_n$이 음인 항을 포함하면 절대급수 $\sum_{n=1}^{\infty} |a_n|$에 비교판정법을 적용한다.

> **예제** 비교판정법을 이용하여, 다음 급수의 수렴 여부를 판정하시오.
>
> (1) $\sum_{n=1}^{\infty} \frac{\sin n}{n^3}$ (2) $\sum_{n=1}^{\infty} \frac{(-1)^n}{n!}$

풀이 (1) 모든 $n \in \mathbb{N}$에 대해서 $|\sin n| \leq 1$이므로

$$\left| \frac{\sin n}{n^3} \right| = \frac{|\sin n|}{n^3} \leq \frac{1}{n^3}$$

이다. 이때 급수 $\sum_{n=1}^{\infty} \frac{1}{n^3}$이 수렴하기 때문에, 비교판정법에 의해 절대급수 $\sum_{n=1}^{\infty} \left| \frac{\sin n}{n^3} \right|$은 수렴한다. 따라서 $\sum_{n=1}^{\infty} \frac{\sin n}{n^3}$은 수렴한다.

(2) 모든 $n \in \mathbb{N}$에 대해서 $\left| \frac{(-1)^n}{n!} \right| = \frac{1}{n!} \leq \frac{1}{2^{n-1}}$이고 $\sum_{n=1}^{\infty} \frac{1}{2^{n-1}}$은 수렴하기 때문에, 비교판정법에 의해 절대급수 $\sum_{n=1}^{\infty} \left| \frac{(-1)^n}{n!} \right|$은 수렴한다. 따라서 $\sum_{n=1}^{\infty} \frac{(-1)^n}{n!}$은 수렴한다. ■

② 비판정법

비판정법으로는 p-급수의 수렴 여부를 판정할 수 없다. 이 방법은 멱급수 및 광범위한 급수들의 절대수렴 여부를 판정하는 데 매우 유용하다.

정리 11 비판정법

모든 자연수 $n \in \mathbb{N}$에 대해서 $a_n \neq 0$인 급수 $\sum_{n=1}^{\infty} a_n$에 대해서

$$L = \lim_{n \to \infty} \left| \frac{a_{n+1}}{a_n} \right|$$

일 때

(1) $L < 1$이면, $\sum_{n=1}^{\infty} a_n$은 절대수렴한다.

(2) $L > 1$ (또는 ∞)이면, $\sum_{n=1}^{\infty} a_n$은 발산한다.

(3) $L = 1$이면, $\sum_{n=1}^{\infty} a_n$의 수렴 여부를 판정할 수 없다.

참고 두 급수 $\sum_{n=1}^{\infty} \frac{1}{n}$과 $\sum_{n=1}^{\infty} (-1)^{n+1} \frac{1}{n}$은 모두 $L = 1$이지만, $\sum_{n=1}^{\infty} \frac{1}{n}$은 발산하고 $\sum_{n=1}^{\infty} (-1)^{n+1} \frac{1}{n}$은 수렴하므로, $L = 1$일 때 비판정법은 급수의 수렴 여부를 제공하지 못한다. 이 경우 비판정법을 사용할 수 없으므로 다른 판정법을 이용해야 한다. ✠

예제 비판정법을 이용하여, 다음 급수의 수렴 여부를 판정하시오.

(1) $\sum_{n=1}^{\infty} \frac{(-1)^n (n+1)}{2^n}$ (2) $\sum_{n=0}^{\infty} \frac{(-1)^n n!}{e^n}$

풀이 (1) $a_n = \frac{(-1)^n (n+1)}{2^n}$일 때

$$\lim_{n \to \infty} \left| \frac{a_{n+1}}{a_n} \right| = \lim_{n \to \infty} \frac{2^n}{n+1} \frac{n+2}{2^{n+1}} = \lim_{n \to \infty} \frac{1}{2} \frac{n+2}{n+1} = \frac{1}{2} < 1$$

이므로, 비판정법에 의해 절대급수 $\sum_{n=1}^{\infty} \left| \frac{(-1)^n n}{2^n} \right|$은 수렴한다. 따라서 급수 $\sum_{n=1}^{\infty} \frac{(-1)^n (n+1)}{2^n}$은 절대수렴한다.

(2) $a_n = \frac{(-1)^n n!}{e^n}$일 때

$$\lim_{n \to \infty} \left| \frac{a_{n+1}}{a_n} \right| = \lim_{n \to \infty} \frac{(n+1)!}{e^{n+1}} \frac{e^n}{n!} = \frac{1}{e} \lim_{n \to \infty} (n+1) = \infty$$

이므로, 비판정법에 의해 급수 $\sum_{n=1}^{\infty} \frac{(-1)^n n!}{e^n}$은 발산한다. ■

(4) 재배열급수

급수가 수렴하면, 그 급수의 항들을 임의로 결합하여 얻은 새로운 급수는 같은 값으로 수렴한다. 그러나 급수의 항의 순서를 임의로 바꾸어 얻은 새로운 급수인 **재배열급수**(rearrangement series)에서는

(1) 급수 $\sum_{n=1}^{\infty} a_n$이 절대수렴하면, 임의의 재배열도 동일한 값으로 절대수렴한다.

(2) 급수 $\sum_{n=1}^{\infty} a_n$이 조건수렴하면, 재배열급수가 수렴한다고 하더라도 그 합은 일반적으로 일치하지 않는다.

참고 급수 $\sum_{n=1}^{\infty} a_n$이 조건수렴하면, 임의로 정한 수 c에 수렴하는 $\sum_{n=1}^{\infty} a_n$의 재배열급수가 존재함을 리만이 발견하였다. 또한 급수 $\sum_{n=1}^{\infty} a_n$이 조건수렴하면, 발산하는 $\sum_{n=1}^{\infty} a_n$의 재배열급수를 만들 수 있다는 사실도 알려져 있다. ✠

3. 멱급수

급수가 특히

$$\sum_{n=0}^{\infty} a_n x^n = a_0 + a_1 x + \cdots + a_n x^n + \cdots \quad (\text{단, } a_i\text{는 상수})$$

형태로 주어질 때 $\sum_{n=0}^{\infty} a_n x^n$을 x에 대한 **멱급수**(power series)라 하고, 상수 a_n을 **멱급수의 계수**(coefficient of power series)라고 한다. 일반적으로

$$\sum_{n=0}^{\infty} a_n (x-c)^n = a_0 + a_1 (x-c) + a_2 (x-c)^2 + \cdots \quad (\text{단, } a_i\text{는 상수})$$

형태의 급수를 $x-c$에 관한 멱급수라고 한다.

정의 12 수렴구간

멱급수가 수렴하는 모든 실수 $x \in \mathbb{R}$의 값으로 구성된 구간을 **수렴구간**(interval of convergence)이라고 한다.

멱급수의 수렴구간은 비판정법으로 구하고, 수렴구간은 항상 $x=0$을 포함한다. 멱급수 $\sum_{n=0}^{\infty} a_n x^n$과 $\sum_{n=0}^{\infty} a_n (x-c)^n$으로 주어진 함수의 정의역은 급수가 수렴하는 모든 x의 집합이다.

정의 13 수렴반지름

멱급수 $\sum_{n=0}^{\infty} a_n (x-c)^n$에서 적당한 양수 R이 존재하여, $|x-c| < R$이면 수렴하고 $|x-c| > R$이면 발산할 경우, R (단, $R > 0$)을 주어진 멱급수의 **수렴반지름**(radius of convergence)이라고 한다.

참고 멱급수 $\sum_{n=0}^{\infty} a_n (x-c)^n$은 반드시 다음 세 가지

(1) $x=c$에서만 수렴한다.

(2) 모든 실수 $x \in \mathbb{R}$에서 수렴한다.

(3) $|x-c| < R$이면 수렴하고, $|x-c| > R$이면 발산하는 양수 R이 존재한다.

중 하나만 만족한다. 이때 수렴반지름은 각각 (1)의 경우는 $R=0$, (2)의 경우는 $R=\infty$, (3)의 경우는 $0 < R < \infty$로 주어진다. ✠

예 멱급수 $\sum_{n=0}^{\infty} \frac{(-1)^n x^n}{n!}$에 대해서, $u_n = \frac{(-1)^n x^n}{n!}$이라 놓으면

$$\lim_{n \to \infty} \left| \frac{u_{n+1}}{u_n} \right| = \lim_{n \to \infty} \frac{|x|}{n+1} = 0$$

이므로, 주어진 급수는 모든 실수 $x \in \mathbb{R}$에서 수렴한다. □

예제 비판정법을 이용하여, 멱급수 $\sum_{n=1}^{\infty} n!x^n$은 $x=0$일 때만 수렴함을 보이시오.

증명 주어진 급수의 n번째 항을 $a_n = n!x^n$으로 놓으면, $x \neq 0$일 때

$$\lim_{n \to \infty} \left| \frac{a_{n+1}}{a_n} \right| = \lim_{n \to \infty} \left| \frac{(n+1)!\, x^{n+1}}{n!x^n} \right| = |x| \lim_{n \to \infty} (n+1) = \infty$$

이므로 주어진 급수는 발산한다. 따라서 주어진 급수는 $x=0$일 때만 수렴하게 된다. ■

멱급수는 끝점 모두에서 수렴하거나, 끝점 중의 어느 한 점에서만 수렴할 수도 있고 두 점 모두에서 발산할 수도 있다. 특히 R이 멱급수 $\sum_{n=0}^{\infty} a_n x^n$의 수렴반지름이면, 그 급수는 $|x| < R$인 모든 $x \in \mathbb{R}$에서 절대수렴한다.

예제 멱급수 $\sum_{n=0}^{\infty} \frac{(n+1)x^n}{3^n}$의 수렴반지름과 수렴구간을 구하시오.

풀이 $u_n = \frac{(n+1)x^n}{3^n}$이라 놓으면, $\lim_{n \to \infty} \left| \frac{u_{n+1}}{u_n} \right| = \frac{|x|}{3}$가 된다. 비판정법에 의해, 주어진 급수는 $|x| < 3$일 때 수렴하고, $|x| > 3$일 때 발산한다. 그러므로 수렴반지름은 3이다. 한편 $x = \pm 3$일 때는 비판정법을 사용할 수 없다. 그런데 $x = -3$일 때 주어진 멱급수는

$$\sum_{n=0}^{\infty} \frac{(n+1)(-3)^n}{3^n} = \sum_{n=0}^{\infty} (-1)^n (n+1)$$

이고, $x=3$일 때 주어진 급수는

$$\sum_{n=0}^{\infty} \frac{(n+1)3^n}{3^n} = \sum_{n=0}^{\infty} (n+1)$$

이므로, 각각 발산판정법에 의해 발산함을 알 수 있다. 따라서 주어진 급수의 수렴구간은 $(-3, 3)$이다. ■

멱급수에서는, 멱급수의 각 항들을 개별적으로 미분하거나 적분함으로써 멱급수의

미분과 적분을 시행할 수 있다. 이러한 방법을 **항별미분**(term by term differentiation)과 **항별적분**(term by term integration)이라고 한다.

정리 14 멱급수의 미분과 적분

멱급수 $\sum_{n=0}^{\infty} a_n (x-c)^n$의 수렴반지름을 R (단, $R > 0$)이라고 하자. 이때 $f(x) = \sum_{n=0}^{\infty} a_n (x-c)^n$이면

(1) 열린구간 $(c-R, c+R)$에서 $f'(x) = \sum_{n=0}^{\infty} n a_n (x-c)^{n-1}$

(2) 열린구간 $(c-R, c+R)$에 포함된 임의의 닫힌구간에서

$$\int f(x)\,dx = \sum_{n=0}^{\infty} \frac{a_n}{n+1}(x-c)^{n+1} + K$$

멱급수를 미분하거나 적분해도 수렴반지름은 변하지 않는다. 그러나 수렴구간은 변할 수 있다. 실제로 원래의 멱급수는 수렴구간의 양 끝점 중에서 수렴하지만, 미분을 시행한 멱급수는 발산하는 경우가 있다.

예 급수 $\sum_{n=0}^{\infty} \frac{x^n}{n^2}$은 끝점 $x = -1$, $x = 1$에서 모두 수렴한다. 그러나 미분된 급수

$$\sum_{n=1}^{\infty} \frac{x^{n-1}}{n} = \sum_{m=0}^{\infty} \frac{x^m}{m+1}$$

은 $x = -1$에서 수렴하지만, $x = 1$에서는 발산한다. □

[정리 14]는 멱급수에서만 성립하고 일반적인 함수항급수에서는 성립하지 않는다. (연습문제 6 참조)

참고 $A \subset \mathbb{R}$와 각 자연수 $n \in \mathbb{N}$에 대해서 함수 $f_n : A \to \mathbb{R}$이 존재할 때, $\{f_n\}_{n=1}^{\infty}$를 A에서 $\mathbb{R}$로의 **함수열**(sequence of functions)이라 하고, $\{f_n\}$이 $A \subset \mathbb{R}$에서 정의된 함수열일 때 $\sum_{n=1}^{\infty} f_n$을 A에서 정의된 **함수항급수**(series of functions)라고 한다. ✠

함수 $f(x)$의 수렴하는 멱급수가 주어질 때, 대입이나 항별미분 또는 항별적분을 이용하여, $f(x)$ 이외의 다른 함수에 대한 멱급수를 구할 수 있다.

예제 멱급수

$$\frac{1}{1+x} = \sum_{n=0}^{\infty} (-1)^n x^n \ (\text{단}, -1 < x < 1) \qquad (*)$$

을 이용하여, $\tan^{-1}x$의 멱급수를 구하시오.

풀이 $(*)$에서 x 대신 x^2을 대입하면 $-1 < x < 1$일 때

$$\frac{1}{1+x^2} = \sum_{n=0}^{\infty} (-1)^n (x^2)^n = \sum_{n=0}^{\infty} (-1)^n x^{2n}$$

이므로, 양변을 적분하여

$$\int \frac{1}{1+x^2}\, dx = \sum_{n=0}^{\infty} \frac{(-1)^n x^{2n+1}}{2n+1} + C$$

를 얻는다. 이때 좌변은 $\tan^{-1}x$이다. 따라서 $\tan^{-1}x$의 멱급수는 $-1 < x < 1$일 때

$$\tan^{-1}x = \sum_{n=0}^{\infty} \frac{(-1)^n x^{2n+1}}{2n+1} + C$$

이고, C를 결정하기 위해 $x=0$을 대입하면 $C=0$이 된다. 즉 $\tan^{-1}x$의 멱급수는 $-1 < x < 1$일 때

$$\tan^{-1}x = \sum_{n=0}^{\infty} \frac{(-1)^n x^{2n+1}}{2n+1} = x - \frac{1}{3}x^3 + \frac{1}{5}x^5 - \frac{1}{7}x^7 + \cdots$$

로 주어진다. ■

4. 함수의 전개

(1) 테일러 급수

함수 $f(x)$가 $x=c$에서 n번 미분가능할 때, 다항식

$$T_n(x) = \sum_{k=0}^{n} \frac{f^{(k)}(c)}{k!}(x-c)^k$$

을 $x=c$에서 $f(x)$의 n차 **테일러 다항식**이라고 한다. 특히 $c=0$에서의 함수 $f(x)$의 n차 테일러 다항식을 $f(x)$에 대한 n차 **매클로린 다항식**이라고 한다.

정리 15 테일러 정리

함수 $f(x)$가 한 점 c를 포함하는 열린구간 I에서 $n+1$번 미분가능하면, 구간 I의 임의의 x에 대해서 다음 테일러 공식

$$f(x) = \sum_{k=0}^{n} \frac{f^{(k)}(c)}{k!}(x-c)^k + R_n(x)$$

$$\left(\text{단, } R_n(x) = \frac{f^{(n+1)}(x_0)}{(n+1)!}(x-c)^{n+1}\right)$$

이 성립하는 x_0 (단, $x < x_0 < c$)가 존재한다.

참고 테일러 공식에서 $R_n(x)$를 **라그랑주의 나머지식** (Lagrange's remainder form)이라고 한다. 나머지식은 여러 형태의 표현 형식을 갖는다. ✠

정의 16 테일러 급수와 매클로린 급수

$f(x)$가 한 점 c를 포함하는 열린구간에서 무한 번 미분가능한 함수일 때

$$\sum_{n=0}^{\infty} \frac{f^{(n)}(c)}{n!}(x-c)^n$$

을 $x=c$에서 $f(x)$의 **테일러 급수** (Taylor series)라고 한다. 특히 $c=0$일 때 $f(x)$의 테일러 급수 $\sum_{n=0}^{\infty} \frac{f^{(n)}(0)}{n!}x^n$을 **매클로린 급수** (Maclaurin series)라고 한다.

참고 함수 $f(x)$가 $x=c$에서 멱급수로 전개되면, 즉

$$f(x) = \sum_{n=0}^{\infty} a_n (x-c)^n \ (\text{단 } |x-c| < R)$$

이면, 주어진 멱급수의 계수는 $a_n = \dfrac{f^{(n)}(c)}{n!}$ 이다. ✠

예제 함수 $f(x) = e^x$의 $x = 0$에서의 테일러 급수를 구하시오.

풀이 $f^{(n)}(x) = e^x$ (단, $n = 0, 1, 2, \cdots$)이므로, $x = 0$에서의 테일러 급수는

$$\sum_{n=0}^{\infty} \frac{f^{(n)}(0)}{n!} x^n = \sum_{n=0}^{\infty} \frac{x^n}{n!}$$

이 된다. ■

함수 $f(x)$가 한 점 $c \in \mathbb{R}$에서 모든 계수의 도함수를 갖는다면, 자연수 $n \in \mathbb{N}$에 대해서 **테일러 계수** $a_n = f^{(n)}(c)/n!$를 구할 수 있고, 또한 이들 계수를 갖는 멱급수를 얻을 수 있다. 그러나 이렇게 구한 멱급수가 일반적으로 함수 $f(x)$로 수렴하는 것은 아니다. 멱급수의 합이 존재하는지의 여부와, 또 존재한다 하더라도 $f(x)$와 같은 것인가를 반드시 확인하여야 한다. 특히

$$f(x) = \sum_{n=0}^{\infty} \frac{f^{(n)}(c)}{n!} (x-c)^n \text{ (단, } |x-c| < R)$$

을 만족하면, 테일러 급수를 $x = c$에서 함수 $f(x)$의 **테일러 급수 전개식**, 또는 간단히 **테일러 전개식**(Taylor's expansion)이라고 한다.

참고 함수 $f(x)$가 한 점 c 근방에서 정의된 실함수일 때, $x = c$에서의 테일러 급수가 c 근방의 모든 x에 대해서 $f(x)$에 수렴하면, 즉 $f(x)$를 테일러 급수의 합으로 나타낼 수 있다면, 함수 $f(x)$를 $x = c$에서 **해석적**(analytic)이라고 한다. ✠

함수 $f(x)$가 $x = c$에서 해석적이면 $f(x)$는 무한 번 미분가능하지만, 무한 번 미분가능한 함수일지라도 해석적이 아닐 수 있다.

정리 17

구간 I에서 정의된 함수 $f(x)$가 무한 번 미분가능하고 $c \in I$일 때, 모든 $x \in I$에 대해서

$$f(x) = \sum_{n=0}^{\infty} \frac{f^{(n)}(c)}{n!}(x-c)^n$$

이 성립할 필요충분조건은 모든 $x \in I$에 대해서, $\lim_{n \to \infty} R_n(x) = 0$이 성립하는 것이다.

예제 함수 $f(x) = e^x$의 매클로린 전개식은 모든 $x \in \mathbb{R}$에 대해서

$$e^x = \sum_{n=0}^{\infty} \frac{x^n}{n!} = 1 + \frac{x}{1!} + \frac{x^2}{2!} + \frac{x^3}{3!} + \cdots$$

로 주어짐을 보이시오.

증명 $f^{(n)}(x) = e^x$이므로, 모든 자연수 $n \in \mathbb{N}$에 대해서 $f^{(n)}(0) = 1$을 얻는다. 그러므로 $f(x)$의 매클로린 급수를 구하면

$$1 + \frac{x}{1!} + \frac{x^2}{2!} + \frac{x^3}{3!} + \cdots = \sum_{n=0}^{\infty} \frac{x^n}{n!}$$

이 된다. 이제 $u_n = \frac{x^n}{n!}$이라 놓자. 그러면

$$\lim_{n \to \infty} \left| \frac{u_{n+1}}{u_n} \right| = 0 < 1$$

이므로, 비판정법에 의해 주어진 급수는 모든 실수 $x \in \mathbb{R}$에서 수렴한다. 따라서 수렴반지름은 $R = \infty$이다.

한편 나머지식은 두 점 x와 0 사이의 적당한 점 x_0에 대해서

$$R_n(x) = \frac{f^{(n+1)}(x_0)}{(n+1)!} x^{n+1} = \frac{e^{x_0}}{(n+1)!} x^{n+1}$$

으로 주어진다. 따라서 $M = \max\{e^x, 1\}$이라 하면 임의의 실수 $x \in \mathbb{R}$와 자연수 $n \in \mathbb{N}$에 대해서 $e^{x_0} \le M$이 된다. 그러므로

$$|R_n(x)| = \frac{e^{x_0}}{(n+1)!} |x|^{n+1} \le M \frac{|x|^{n+1}}{(n+1)!}$$

이다. 그런데 비판정법에 의해 모든 실수 $x \in \mathbb{R}$에 대해서 $\sum_{n=0}^{\infty} \frac{|x|^{n+1}}{(n+1)!}$이

수렴하므로 $\lim_{n\to\infty}\frac{|x|^{n+1}}{(n+1)!}=0$이다. 결국 모든 실수 $x\in\mathbb{R}$에 대해서 $\lim_{n\to\infty}R_n(x)=0$이다. 그러므로 모든 실수 $x\in\mathbb{R}$에 대해서 e^x의 매클로린 급수는 e^x에 수렴한다. 따라서 함수 $f(x)=e^x$의 매클로린 전개식은 모든 $x\in\mathbb{R}$에 대해서

$$e^x=\sum_{n=0}^{\infty}\frac{x^n}{n!}=1+\frac{x}{1!}+\frac{x^2}{2!}+\frac{x^3}{3!}+\cdots$$

로 주어진다. ■

참고 **(오일러 공식)**: 함수 $f(x)=e^x$의 매클로린 전개식에서, x 대신에 ix(단, $i=\sqrt{-1}$)를 대입하여 계산하면

$$\begin{aligned}e^{ix}&=1+ix+\frac{(ix)^2}{2!}+\frac{(ix)^3}{3!}+\frac{(ix)^4}{4!}+\cdots\\&=\left(1-\frac{x^2}{2!}+\frac{x^4}{4!}+\cdots\right)+i\left(x-\frac{x^3}{3!}+\frac{x^5}{5!}+\cdots\right)\\&=\cos x+i\sin x\end{aligned}$$

가 되고, 같은 방법으로 $e^{-ix}=\cos x-i\sin x$를 얻는다. ✠

매클로린 전개식을 구할 때는 치환을 이용하거나, 항별미분 또는 항별적분을 이용할 수 있다.

정리 18 매클로린 전개식

(1) $e^x=\sum_{n=0}^{\infty}\frac{x^n}{n!}=1+\frac{x}{1!}+\frac{x^2}{2!}+\frac{x^3}{3!}+\cdots$ (단, $x\in\mathbb{R}$)

(2) $\sin x=\sum_{n=0}^{\infty}(-1)^n\frac{x^{2n+1}}{(2n+1)!}=x-\frac{x^3}{3!}+\frac{x^5}{5!}-\frac{x^7}{7!}+\cdots$ (단, $x\in\mathbb{R}$)

(3) $\cos x=\sum_{n=0}^{\infty}(-1)^n\frac{x^{2n}}{(2n)!}=1-\frac{x^2}{2!}+\frac{x^4}{4!}-\frac{x^6}{6!}+\cdots$ (단, $x\in\mathbb{R}$)

(4) $\tan^{-1}x=\sum_{n=0}^{\infty}(-1)^n\frac{x^{2n+1}}{2n+1}$

$$=x-\frac{x^3}{3}+\frac{x^5}{5}-\frac{x^7}{7}+\cdots\quad(\text{단, } -1\le x\le 1)$$

(5) $\ln(x+1) = \sum_{n=0}^{\infty} (-1)^n \frac{x^{n+1}}{n+1}$

$$= x - \frac{x^2}{2} + \frac{x^3}{3} - \frac{x^4}{4} + \cdots \quad (\text{단, } -1 < x \leq 1)$$

(2) 테일러 급수의 응용

참고 매클로린 전개식은 여러 분야에 응용된다. 극한을 구하거나, 적분할 수 없는 함수를 적분할 때 특히 유용하다. ✠

멱급수의 곱과 나눗셈도 다항식들의 곱과 나눗셈과 마찬가지로 할 수 있다.

예제 함수 $e^x \sin x$의 매클로린 전개식을 셋째 항까지 구하시오.

풀이

$$e^x \sin x = \left(1 + \frac{x}{1!} + \frac{x^2}{2!} + \frac{x^3}{3!} + \cdots\right)\left(x - \frac{x^3}{3!} + \cdots\right)$$

$$= x + x^2 + \frac{1}{3}x^3 + \cdots$$ ■

쉽게 구할 수 없는 극한을 구하기 위해 멱급수를 이용할 수 있다.

예제 매클로린 전개식을 이용하여, 극한 $\lim_{x \to 0} \frac{\sin x^3 - x^3}{x^9}$을 구하시오.

풀이 $\sin x^3$의 매클로린 급수 전개식은

$$\sin x^3 = x^3 - \frac{x^9}{3!} + \frac{x^{15}}{5!} - \cdots + \frac{(-1)^n}{(2n+1)!}(x^3)^{2n+1} + \cdots$$

이고, 이 급수의 수렴구간은 $(-\infty, \infty)$이다. 따라서

$$\frac{\sin x^3 - x^3}{x^9} = \frac{\left(x^3 - \frac{x^9}{3!} + \frac{x^{15}}{5!} - \cdots\right) - x^3}{x^9} = -\frac{1}{3!} + \frac{x^6}{5!} + \cdots$$

이므로

$$\lim_{x \to 0} \frac{\sin x^3 - x^3}{x^9} = \lim_{x \to 0} \frac{\left(x^3 - \frac{x^9}{3!} + \frac{x^{15}}{5!} - \cdots\right) - x^3}{x^9}$$

$$= \lim_{x \to 0}\left(-\frac{1}{3!} + \frac{x^6}{5!} - \cdots\right) = -\frac{1}{3!} = -\frac{1}{6}$$ ■

멱급수를 이용하면, 적분할 수 없는 함수를 적분할 수 있다.

예제 5차 매클로린 다항식을 이용하여, $\int_{-1}^{1} \frac{\sin x}{x}\, dx$의 근삿값을 구하시오.

풀이 $f(x) = \sin x$의 5차 매클로린 다항식이

$$\sin x \approx x - \frac{x^3}{3!} + \frac{x^5}{5!}$$

으로 주어지므로, $\frac{\sin x}{x} \approx 1 - \frac{x^2}{3!} + \frac{x^4}{5!}$을 얻는다. 따라서

$$\int_{-1}^{1} \frac{\sin x}{x}\, dx \approx \int_{-1}^{1}\left(1 - \frac{x^2}{3!} + \frac{x^4}{5!}\right) dx$$

$$= \left[x - \frac{x^3}{18} + \frac{x^5}{600}\right]_{x=-1}^{x=1}$$

$$= \frac{1703}{900} \approx 1.89222$$ ■

연습문제 4.2 EXERCISES EXERCISES EXERCISES EXERCISES EXERCISES EXERCISES EXERCISES

01 다음 급수의 합을 구하시오.

(1) $\sum_{n=1}^{\infty} \frac{1}{n(n+1)}$

(2) $\sum_{n=1}^{\infty} (\sqrt{n+1} - \sqrt{n})$

(3) $\sum_{n=1}^{\infty} \left(\frac{1}{n(n+1)} + \frac{2}{3^n}\right)$

(4) $\sum_{n=1}^{\infty} \frac{1+2^n}{4^n}$

02 주어진 판정법을 이용하여, 다음 급수의 수렴 여부를 판정하시오.

(1) $\sum_{n=1}^{\infty} \frac{\ln n}{n}$ (적분판정법) (2) $\sum_{n=3}^{\infty} \frac{1}{n(n^2-5)}$ (극한비교판정법)

03 절대급수 $\sum_{n=1}^{\infty} |a_n|$이 수렴하면, $\sum_{n=1}^{\infty} a_n$은 수렴함을 보이시오.

04 다음 멱급수의 수렴반지름과 수렴구간을 구하시오.

(1) $\sum_{n=1}^{\infty} \frac{x^n}{n4^n}$ (2) $\sum_{n=0}^{\infty} n!(x-5)^n$

05 함수 $f(x) = \frac{1}{x+2}$을 멱급수의 합으로 나타내고, 수렴구간을 구하시오.

06 급수 $\sum_{n=1}^{\infty} \frac{\sin(n^3 x)}{n^2}$는 모든 실수 $x \in \mathbb{R}$에서 수렴하지만, $\sum_{n=1}^{\infty} \frac{\sin(n^3 x)}{n^2}$를 항별로 미분하여 얻은 급수는 발산함을 보이시오.

07 다음 물음에 답하시오.

(1) 매클로린 급수 전개식을 이용하여, $\int_0^1 e^{-x^2} dx$의 근삿값을 소수점 아래 넷째 자리까지 구하시오.

(2) 8차 매클로린 다항식을 이용하여, $\int_{-1}^{1} \cos(x^2)\, dx$의 근삿값을 구하시오.

제 5 장

적분법

5.1 부정적분

1. 부정적분

뉴턴과 라이프니츠는 "연속함수 $f(x)$와 x축 그리고 $x=a$, $x=x$로 둘러싸인 부분의 넓이를 $A(x)$라 할 때

$$\frac{d}{dx}A(x)=f(x)$$

가 성립한다."는 사실을 독립적으로 밝혔다.

정의 1 부정적분

구간 I에서 정의된 함수 $f(x)$의 **원시함수**(primitive function) 또는 **역도함수**(anti-derivative)를

$$\text{모든 } x\in I \text{에 대해서, } F'(x)=f(x)$$

를 만족하는 함수 $F(x)$로 정의한다. $F(x)$가 $f(x)$의 원시함수일 때, $f(x)$의 **부정적분**(indefinite integral)은

$$\int f(x)\,dx=F(x)+C\,(\text{단, } C\text{는 임의 상수})$$

로 정의한다. 즉 부정적분은 "원시함수의 집합"이다. 이때 dx는 x가 적분변수임을 의미하고, $f(x)$를 **피적분함수**(integrand), C를 **적분상수**(integral constant)라고 한다. 함수 $f(x)$의 부정적분을 구하는 것을 $f(x)$를 **적분한다**(integrate)고 하고, 적분을 구하는 과정을 **적분법**(integration)이라고 한다.

$F(x)$와 $G(x)$가 임의의 구간 I에서 $f(x)$의 원시함수이면, 적당한 상수 C에 대해서

$$G(x)=F(x)+C$$

가 성립한다.

예 부정적분과 도함수의 관계는 다음과 같다.

$$\int \left\{ \frac{d}{dx} f(x) \right\} dx = f(x) + C, \quad \frac{d}{dx} \left\{ \int f(x)\, dx \right\} = f(x) \qquad \square$$

그리스 시대에 아르키메데스는 '평형법' 즉 구가 무한히 얇은 원판으로 이루어져 있다고 보고, 그것을 무한히 합한다고 생각하여 구의 부피를 구하였다. 이러한 발상은 17세기에 뉴턴과 라이프니츠에 의해 적분법으로 발전하였다.

참고 '적분법'이란 용어는 베르누이 (Bernoulli)가 최초로 사용하였고, 적분기호 '$\int$'은 1675년 라이프니츠에 의해 처음으로 사용되었다. 이것은 '합'을 의미하는 라틴어 'summa'의 머리 글자 s에서 유래하였다. ✠

정리 2 선형성

두 함수 $f(x)$, $g(x)$가 원시함수를 가질 때, 임의의 상수 k에 대해서

(1) $\int kf(x)\, dx = k \int f(x)\, dx$

(2) $\int \{f(x) + g(x)\} dx = \int f(x)\, dx + \int g(x)\, dx$

증명 여기서는 (1)만 증명하고, 나머지는 독자에게 남긴다.

$$\frac{d}{dx}\left[\int f(x)\, dx\right] = f(x)$$

이므로, $\frac{d}{dx}\left[k\int f(x)\, dx\right] = kf(x)$이다. 따라서

$$\int kf(x)\, dx = k\int f(x)\, dx$$

가 성립한다. ■

(1) 기본공식

일반적으로 함수의 부정적분을 구하는 것은 결코 쉬운 일이 아니다. 다음은 초보적인 과정에서 부정적분을 구할 때 자주 이용되는 기본공식이다.

(1) $\int x^{\alpha}\, dx = \frac{x^{\alpha+1}}{\alpha+1} + C$ (단, $\alpha \neq -1$) (2) $\int \frac{1}{x}\, dx = \ln|x| + C$ (단, $x \neq 0$)

(3) $\int e^x\,dx = e^x + C$　　(4) $\int a^x\,dx = \dfrac{a^x}{\ln a} + C$ (단, $a > 0,\ a \neq 1$)

(5) $\int \sin x\,dx = -\cos x + C$　　(6) $\int \cos x\,dx = \sin x + C$

(7) $\int \tan x\,dx = \ln|\sec x| + C$　　(8) $\int \cot x\,dx = \ln|\sin x| + C$

(9) $\int \sec^2 x\,dx = \tan x + C$　　(10) $\int \csc^2 x\,dx = -\cot x + c$

(11) $\int \sec x \tan x\,dx = \sec x + C$　　(12) $\int \csc x \cot x\,dx = -\csc x + C$

(13) $\int \sec x\,dx = \ln|\sec x + \tan x| + C$

(14) $\int \csc x\,dx = \ln|\csc x - \cot x| + C$

(15) $\int \dfrac{1}{x^2 - a^2}\,dx = \dfrac{1}{2a}\ln\left|\dfrac{x-a}{x+a}\right| + C$ (단, $a \neq 0$)

(16) $\int \dfrac{1}{a^2 - x^2}\,dx = \dfrac{1}{2a}\ln\left|\dfrac{x+a}{x-a}\right| + C$ (단, $a \neq 0$)

(17) $\int \dfrac{1}{x^2 + a^2}\,dx = \dfrac{1}{a}\tan^{-1}\dfrac{x}{a} + C$ (단, $a \neq 0$)

(18) $\int \dfrac{1}{\sqrt{a^2 - x^2}}\,dx = \sin^{-1}\dfrac{x}{a} + C$ (단, $a > 0$)

(19) $\int \dfrac{1}{\sqrt{x^2 \pm a^2}}\,dx = \ln\left|x + \sqrt{x^2 \pm a^2}\right| + C$ (단, $a \neq 0$)

(20) $\int \dfrac{1}{|x|\sqrt{x^2 - a^2}}\,dx = \dfrac{1}{a}\sec^{-1}\dfrac{x}{a} + C$ (단, $a \neq 0$)

(21) $\int \sqrt{a^2 - x^2}\,dx = \dfrac{x}{2}\sqrt{a^2 - x^2} + \dfrac{a^2}{2}\sin^{-1}\dfrac{x}{a} + C$ (단, $a > 0$)

(22) $\int \sqrt{x^2 \pm a^2}\,dx = \dfrac{x}{2}\sqrt{x^2 \pm a^2} \pm \dfrac{a^2}{2}\ln\left|x + \sqrt{x^2 \pm a^2}\right| + C$ (단, $a \neq 0$)

이들 각 공식은 각 식의 우변에 있는 함수를 미분함으로써 증명한다.

예 $(\ln|x|)' = \dfrac{1}{x}$이므로, $\int \dfrac{1}{x}\,dx = \ln|x| + C$가 된다. 단, $\dfrac{1}{x}$은 $x = 0$에서 정의되지 않으므로, 이 공식은 $x = 0$을 포함하지 않는 구간에서 성립한다. □

예제 점 (x, y)에서 접선의 기울기가 $4x^3$이고, 한 점 $(1, 1)$을 지나는 곡선의 방정식을 구하시오.

풀이 구하는 곡선을 $y = f(x)$라 하면, $f'(x) = 4x^3$이다. 이 식을 적분하면 $y = f(x) = x^4 + C$이므로, $x = y = 1$을 대입하여 $C = 0$을 얻는다. 따라서 구하는 곡선은 $y = f(x) = x^4$이다. ■

참고 함수의 부정적분을 구할 때 기본공식을 직접 적용할 수 없을 경우는 몇 가지 계산 법칙을 이용하여 기본공식을 적용할 수 있는 형태로 변환시키는 방법을 이용한다. ✠

예제 다음 부정적분을 구하시오.

(1) $\int (x^2 - x)\,dx$ (2) $\int \frac{x^3 + 2\sqrt{x} + 1}{x\sqrt{x}}\,dx$

(3) $\int \tan^2 x\,dx$ (4) $\int (x^4 + 2\sec^2 x)\,dx$

풀이 (1) $\int (x^2 - x)\,dx = \int x^2\,dx - \int x\,dx = \frac{1}{3}x^3 - \frac{1}{2}x^2 + C$

(2)
$$\begin{aligned}\int \frac{x^3 + 2\sqrt{x} + 1}{x\sqrt{x}}\,dx &= \int \left(x\sqrt{x} + \frac{2}{x} + \frac{1}{x\sqrt{x}}\right)dx \\ &= \int \left(x^{\frac{3}{2}} + \frac{2}{x} + x^{-\frac{3}{2}}\right)dx \\ &= \frac{2}{5}x^{\frac{5}{2}} + 2\ln|x| + \left(-2x^{-\frac{1}{2}}\right) + C \\ &= \frac{2}{5}x^2\sqrt{x} + 2\ln|x| - \frac{2}{\sqrt{x}} + C\end{aligned}$$

(3)
$$\begin{aligned}\int \tan^2 x\,dx &= \int (\sec^2 x - 1)\,dx = \int \sec^2 x\,dx - \int dx \\ &= \tan x - x + C\end{aligned}$$

(4)
$$\begin{aligned}\int (x^4 + 2\sec^2 x)\,dx &= \int x^4\,dx + 2\int \sec^2 x\,dx \\ &= \frac{1}{5}x^5 + 2\tan x + C\end{aligned}$$
■

(2) 치환적분법

① $\int f(g(x))g'(x)\,dx$ 형태의 부정적분

적분변수를 변환하여 부정적분을 구하는 **치환적분법**(integration by substitution)은 미분법에 대한 연쇄법칙을 이용하여 증명한다.

정리 3 치환적분법

함수 $u=g(x)$가 미분가능하고 그 치역이 구간 I이며, 함수 $f(u)$가 I에서 연속일 때

$$\int f(u)\,du = \int f(g(x))g'(x)\,dx$$

증명 연쇄법칙에 의해 $\frac{d}{dx}[F(g(x))] = F'(g(x))g'(x)$이므로

$$\int F'(g(x))g'(x)\,dx = F(g(x)) + C$$

가 된다. 이제 변수변환 $u=g(x)$를 이용하면

$$\int F'(g(x))g'(x)\,dx = F(u) + C = \int F'(u)\,du$$

가 성립한다. 이때 $F'=f$로 놓음으로써 다음을 얻는다.

$$\int f(u)\,du = \int f(g(x))g'(x)\,dx$$ ■

예제 다음 부정적분을 구하시오.

(1) $\int \cos^2 x \sin x\,dx$ (2) $\int x\sin(x^2)\,dx$ (3) $\int \frac{x}{\sqrt{1-x^2}}\,dx$

풀이 (1) $u=\cos x$로 치환하면, $du=-\sin x\,dx$이므로

$$\int \cos^2 x \sin x\,dx = -\int u^2\,du = -\frac{1}{3}u^3 + C = -\frac{1}{3}\cos^3 x + C$$

(2) $u=x^2$으로 치환하면, $du=2x\,dx$, 즉 $x\,dx = \frac{1}{2}du$이므로

$$\int x\sin(x^2)\,dx = \frac{1}{2}\int \sin u\,du = -\frac{1}{2}\cos u + C = -\frac{1}{2}\cos(x^2) + C$$

(3) $u=1-x^2$으로 치환하면, $du=-2x\,dx$, 즉 $x\,dx=-\frac{1}{2}du$이므로

$$\int \frac{x}{\sqrt{1-x^2}}\,dx=-\frac{1}{2}\int \frac{1}{\sqrt{u}}\,du=-\sqrt{u}+C=-\sqrt{1-x^2}+C \qquad ■$$

② $\int \frac{f'(x)}{f(x)}\,dx$ 형태의 부정적분

임의의 연속함수 $f(x)$에 대해서 $f(x)\neq 0$이면, $\int \frac{f'(x)}{f(x)}\,dx=\ln|f(x)|+C$가 된다. 왜냐하면 $f(x)=u$라 두면, $f'(x)\,dx=du$이므로

$$\int \frac{f'(x)}{f(x)}\,dx=\int \frac{du}{u}=\ln|u|+C=\ln|f(x)|+C$$

가 성립하기 때문이다.

예 $\int \tan x\,dx$를 구해보자. 이때

$$\int \tan x\,dx=\int \frac{\sin x}{\cos x}\,dx=-\int \frac{1}{\cos x}(-\sin x)\,dx$$

이다. 이제 $\cos x=u$로 치환하면, $-\sin x\,dx=du$이므로

$$\int \tan x\,dx=-\int \frac{1}{u}\,du=-\ln|x|+C=-\ln|\cos x|+C \qquad □$$

예제 부정적분 $\int \sec x\,dx$를 구하시오.

풀이 **[방법 1]** $\int \sec x\,dx=\int \frac{1}{\cos x}\,dx=\int \frac{\cos x}{\cos^2 x}\,dx=\int \frac{\cos x}{1-\sin^2 x}\,dx$로 변형한다. 이제 $\sin x=u$로 치환하면 $\cos x\,dx=du$이므로

$$\int \sec x\,dx=\int \frac{1}{1-u^2}du=\frac{1}{2}\ln\left|\frac{u+1}{u-1}\right|+C$$

$$=\frac{1}{2}\ln\left|\frac{1+\sin x}{1-\sin x}\right|+C=\ln\left|\frac{1+\sin x}{\cos x}\right|+C$$

$$=\ln|\sec x+\tan x|+C$$

[방법 2] $\int \sec x\, dx = \int \sec x \left(\frac{\sec x + \tan x}{\sec x + \tan x} \right) dx$

$$= \int \frac{\sec^2 x + \sec x \tan x}{\sec x + \tan x} dx$$

$$= \ln|\sec x + \tan x| + C$$

■

참고 (역삼각함수의 부정적분)

(1) $\int \frac{1}{\sqrt{1-x^2}} dx = \sin^{-1}x + C$

(2) $\int \frac{1}{\sqrt{1-x^2}} dx = -\cos^{-1}x + C$

(3) $\int \frac{1}{1+x^2} dx = \tan^{-1}x + C$

(4) $\int \frac{1}{1+x^2} dx = -\cot^{-1}x + C$

(5) $\int \frac{1}{x\sqrt{x^2-1}} dx = \sec^{-1}x + C$

(6) $\int \frac{1}{x\sqrt{x^2-1}} dx = -\csc^{-1}x + C$ ✠

예제 다음 부정적분을 구하시오

(1) $\int \frac{1}{a^2+x^2} dx$ (단, $a \neq 0$) (2) $\int \frac{4x+1}{2x^2+4x+10} dx$

풀이 (1) $\int \frac{1}{1+\left(\frac{1}{a}x\right)^2} \left(\frac{1}{a^2} dx\right)$로 놓고, $\frac{1}{a}x = u$로 치환하면 $\frac{1}{a}dx = du$이므로

$$\int \frac{1}{a^2+x^2} dx = \frac{1}{a}\int \frac{1}{1+u^2} du = \frac{1}{a}\tan^{-1}u + C = \frac{1}{a}\tan^{-1}\frac{x}{a} + C$$

(2) $\int \frac{4x+1}{2x^2+4x+10} dx = \int \frac{4x+1}{2(x+1)^2+8} dx = \frac{1}{8}\int \frac{4x+1}{\left(\frac{x+1}{2}\right)^2+1} dx$

가 된다. 여기서 $u = \frac{x+1}{2}$로 치환하면, $du = \frac{1}{2}dx$이므로

$$\begin{aligned}\int \frac{4x+1}{2x^2+4x+10}\,dx &= \frac{1}{4}\int \frac{4(2u-1)+1}{u^2+1}\,du = \frac{1}{4}\int \frac{8u-3}{u^2+1}\,du \\ &= \int \frac{2u}{u^2+1}du - \frac{3}{4}\int \frac{1}{u^2+1}\,du \\ &= \ln(u^2+1) - \frac{3}{4}\tan^{-1}u + C \\ &= \ln\left[\left(\frac{x+1}{2}\right)^2+1\right] - \frac{3}{4}\tan^{-1}\left(\frac{x+1}{2}\right) + C \end{aligned}$$ ■

(3) 부분적분법

피적분함수가 두 함수의 곱으로 주어진 경우에 부정적분은 쉽게 구해지지 않고, 치환적분으로도 풀리지 않는 경우가 있다. 이런 형태의 부정적분을 구하는 데 부분적분법이 사용된다.

정리 4 부분적분법(integration by parts)

두 함수 $f(x)$와 $g(x)$가 연속인 도함수를 가지면

$$\int f(x)g'(x)\,dx = f(x)g(x) - \int f'(x)g(x)\,dx \qquad \text{(부분적분식)}$$

증명 두 함수 $f(x)$와 $g(x)$가 연속인 도함수를 가지면

$$\frac{d}{dx}[f(x)\,g(x)] = f'(x)g(x) + f(x)g'(x)$$

로부터, $\int [f'(x)g(x) + f(x)g'(x)]\,dx = f(x)g(x)$를 얻는다. 따라서

$$\int f(x)g'(x)\,dx = f(x)g(x) - \int f'(x)g(x)\,dx$$ ■

참고 부분적분법을 이용할 때, $f(x)$는 로그함수, 다항함수와 같이 미분하기 쉬운 것으로, $g(x)$는 삼각함수나 지수함수처럼 적분하기 쉬운 것으로 선택한다. ✠

예제 다음 부정적분을 구하시오.

(1) $\int \ln x\,dx$ (2) $\int x e^x\,dx$

풀이 (1) $f(x)=\ln x$, $g'(x)=1$로 두면, $f'(x)=\dfrac{1}{x}$, $g(x)=x$이므로 부분적분법에 의해

$$\int \ln x\,dx = x\ln x - \int x\frac{dx}{x} = x\ln x - x + C$$

(2) $f(x)=x$, $g'(x)=e^x$으로 두면, $f'(x)=1$, $g(x)=e^x$이므로 부분적분법에 의해

$$\int x e^x\,dx = x e^x - \int e^x\,dx = e^x(x-1)+C$$

■

참고 일반적으로 함수 $f(x)$가 연속인 도함수를 가지면

$$\int f(x)\,dx = x f(x) - \int x f'(x)\,dx$$

✠

때로는 부분적분법을 한 번 적용하여 원하는 결과를 얻을 수 없는 경우도 있다. 이 경우는 부분적분법을 반복 적용하여 구한다.

예제 $I_n=\int \sin^n x\,dx$ (단, $n \geq 2$인 자연수)에 대해서, 다음 점화식이 성립함을 보이시오.

$$I_n = -\frac{1}{n}\sin^{n-1}x\cos x + \frac{n-1}{n}I_{n-2}$$

증명

$$\begin{aligned} I_n &= \sin^{n-1}x\,(-\cos x) - \int(-\cos x)(n-1)\sin^{n-2}x\cos x\,dx \\ &= -\sin^{n-1}x\cos x + (n-1)\int \sin^{n-2}x\cos^2 x\,dx \\ &= -\sin^{n-1}x\cos x + (n-1)\int \sin^{n-2}x\,dx - (n-1)\int \sin^n x\,dx \\ &= -\sin^{n-1}x\cos x + (n-1)I_{n-2} - (n-1)I_n \end{aligned}$$

이므로

$$I_n = -\frac{1}{n}\sin^{n-1}x\cos x + \frac{n-1}{n}I_{n-2}$$

■

참고 부분적분법을 다른 형식으로 표현하면

$$u = f(x),\ v = g(x),\ du = f'(x)\,dx,\ dv = g'(x)\,dx$$

이므로, $\int u\,dv = uv - \int v\,du$가 된다. 여기서 u와 dv를 선택하는 것이 매우 중요하다. 이 부분적분법은 다항식과 지수함수, 로그함수, 삼각함수 등을 각각 곱한 것을 적분할 때 유용하다. ✠

예 부정적분 $\int \ln x\,dx$를 구하기 위해 $u = \ln x$, $dv = dx$라 하자. 그러면 $du = \dfrac{1}{x}dx$, $v = x$이므로, 부분적분법에 의해

$$\int \ln x\,dx = x\ln x - \int x\frac{dx}{x} = x\ln x - x + C$$ □

예제 부정적분 $\int x\sin x\,dx$를 구하시오.

풀이 $u = x$, $dv = \sin x\,dx$라 놓으면 $du = dx$, $v = -\cos x$이므로, 부분적분법에 의해

$$\int x\sin x\,dx = -x\cos x - \int(-\cos x)\,dx = -x\cos x + \sin x + C$$ ■

2. 적분의 기법

이제 기본적인 적분공식을 이용하여 복잡한 함수의 부정적분을 구하는 방법을 알아본다.

(1) 유리함수의 적분

임의의 유리함수의 적분은 부분분수의 합, 즉 부분분수로 분해한 후에 다음 공식을 이용하여 구한다.

① $\int \dfrac{f'(x)}{f(x)}\,dx = \ln|f(x)| + C$

② $\int (ax+b)^n\,dx = \dfrac{1}{a(n+1)}(ax+b)^{n+1} + C$ (단, $a \neq 0$, $n \neq -1$)

③ $\int \dfrac{1}{ax+b}\,dx = \dfrac{1}{a}\ln|ax+b| + C$ (단, $a \neq 0$)

예제 다음 부정적분을 구하시오.

(1) $\int \dfrac{dx}{x^2-a^2}$ (단, $a \neq 0$) (2) $\int \dfrac{x^3+x+2}{x(x^2+1)^2}\,dx$ (단, $x > 0$)

풀이 (1) $\dfrac{1}{x^2-a^2} = \dfrac{1}{2a}\left(\dfrac{1}{x-a} - \dfrac{1}{x+a}\right)$이므로

$$\begin{aligned}\int \frac{dx}{x^2-a^2} &= \frac{1}{2a}\int\left[\frac{1}{x-a} - \frac{1}{x+a}\right]dx \\ &= \frac{1}{2a}[\ln|x-a| - \ln|x+a|] + C \\ &= \frac{1}{2a}\ln\left|\frac{x-a}{x+a}\right| + C\end{aligned}$$

(2) $\dfrac{x^3+x+2}{x(x^2+1)^2} = \dfrac{2}{x} - \dfrac{2x-1}{x^2+1} - \dfrac{2x}{(x^2+1)^2}$이므로

$$\begin{aligned}\int \frac{x^3+x+2}{x(x^2+1)^2}\,dx &= 2\int\frac{dx}{x} - \int\frac{2x}{x^2+1}\,dx + \int\frac{dx}{x^2+1} - \int\frac{2x}{(x^2+1)^2}\,dx \\ &= 2\ln x - \ln(x^2+1) + \tan^{-1}x + \frac{1}{x^2+1} + C\end{aligned}$$ ■

유리함수를 적분할 때 반드시 **부분분수분해**(partial fraction decomposition, 부분분수 전개)를 이용할 필요는 없다.

예 부정적분 $\int \dfrac{x+1}{x(x+2)}\,dx$를 구할 때 부분분수분해를 이용할 수도 있지만, $u = x^2+2x$로 놓으면 $du = (2x+2)\,dx$이므로

$$\int \frac{x+1}{x(x+2)}\,dx = \frac{1}{2}\ln|x^2+2x| + C$$ □

(2) 삼각함수의 적분

피적분함수가 하나 이상의 삼각함수의 거듭제곱을 포함할 때, 적분을 계산하기 위해서는 적절한 치환이 필요하다.

① $\int \sin^m x \cos^n x \, dx$ (단, $m, n \in \mathbb{N}$) 형태의 적분

(ⅰ) **m 또는 n이 양의 홀수인 경우** :

m이 홀수인 경우, 먼저 $\sin x$를 하나 분리한 후 나머지는 $\sin^2 x$를 $1-\cos^2 x$로 바꾸고 $u=\cos x$로 치환한다. 마찬가지로 n이 홀수인 경우는, $\cos x$를 하나 분리한 후 나머지는 $\cos^2 x$를 $1-\sin^2 x$로 바꾸고 $u=\sin x$로 치환한다.

(ⅱ) **m과 n이 모두 양의 짝수인 경우** :

$$\sin^2 x = \frac{1}{2}(1-\cos 2x), \ \cos^2 x = \frac{1}{2}(1+\cos 2x), \ \sin x \cos x = \frac{1}{2}\sin 2x$$

를 이용한다.

예제 다음 부정적분을 구하시오.

(1) $\int \sin^2 x \cos^3 x \, dx$ (2) $\int \sin^2 2x \cos^2 2x \, dx$

풀이 (1) $u=\sin x$로 치환하면 $du=\cos x \, dx$이므로

$$\begin{aligned}\int \sin^2 x \cos^3 x \, dx &= \int \sin^2 x \cos^2 x \cos x \, dx \\ &= \int \sin^2 x \,(1-\sin^2 x)\cos x \, dx \\ &= \int u^2(1-u^2)\,du = \int (-u^4+u^2)\,du \\ &= \left(-\frac{u^5}{5}+\frac{u^3}{3}\right)+C \\ &= -\frac{1}{5}\sin^5 x + \frac{1}{3}\sin^3 x + C\end{aligned}$$

(2) $\sin 2x \cos 2x = \frac{1}{2}\sin 4x$이므로

$$\begin{aligned}\int \sin^2 2x \cos^2 2x\, dx &= \frac{1}{4}\int \sin^2 4x\, dx \\ &= \frac{1}{8}\int (1-\cos 8x)\, dx \\ &= \frac{1}{8}x - \frac{1}{64}\sin 8x + C\end{aligned}$$ ■

② $\int \tan^m x \sec^n x\, dx$ (단, $m, n \in \mathbb{N}$) **형태의 적분**

(i) m**이 양의 홀수인 경우** :

먼저 $\sec x \tan x$를 하나 분리한 후, 다음에 $\tan^2 x$를 $\sec^2 x - 1$로 바꾸고 $u = \sec x$로 치환한다.

(ii) n**이 양의 짝수인 경우** :

먼저 $\sec^2 x$를 하나 분리한 후, 다음에 $\sec^2 x$를 $1 + \tan^2 x$로 바꾸고 $u = \tan x$로 치환한다.

(iii) n**이 양의 홀수이고** m**이 양의 짝수인 경우** :

$\tan^2 x$를 $\sec^2 x - 1$로 바꾸어 $\int \sec^n x\, dx$ 형태로 변형하여 구한다. 그러나 $n = 1$ 또는 $n = 3$인 경우조차 적분을 구하기가 쉽지 않다.

예제 다음 부정적분을 구하시오

(1) $\int \tan^3 x \sec^3 x\, dx$ (2) $\int \tan^2 x \sec^4 x\, dx$

풀이 (1) $$\begin{aligned}\int \tan^3 x \sec^3 x\, dx &= \int \tan^2 x \sec^2 x\, (\sec x \tan x)\, dx \\ &= \int (\sec^2 x - 1)\sec^2 x\, (\sec x \tan x)\, dx\end{aligned}$$

가 된다. 이제 $u = \sec x$로 치환하면, $du = \sec x \tan x\, dx$이므로

$$\begin{aligned}\int \tan^3 x \sec^3 x\, dx &= \int (u^2 - 1)u^2\, du = \int (u^4 - u^2)\, du \\ &= \frac{1}{5}u^5 - \frac{1}{3}u^3 + C = \frac{1}{5}\sec^5 x - \frac{1}{3}\sec^3 x + C\end{aligned}$$

(2) $\displaystyle\int \tan^2 x \sec^4 x\, dx = \int \tan^2 x \sec^2 x \sec^2 x\, dx$

$$= \int \tan^2 x\,(1+\tan^2 x)\sec^2 x\, dx$$

가 된다. 이제 $u = \tan x$로 치환하면, $du = \sec^2 x\, dx$이므로

$$\int \tan^2 x \sec^4 x\, dx = \int u^2(1+u^2)\, du = \int (u^2+u^4)\, du$$

$$= \frac{1}{3}u^3 + \frac{1}{5}u^5 + C = \frac{1}{3}\tan^3 x + \frac{1}{5}\tan^5 x + C$$ ■

참고 $\sec^n x$ (단, $n \in \mathbb{N}$, $n > 1$)항만 있는 경우는 $\sec^2 x = 1+\tan^2 x$ 또는 부분적분법을 이용하고, $\tan^m x$항만 있는 경우는 $\tan^2 x = \sec^2 x - 1$을 이용한다. ✠

예 부정적분 $\displaystyle\int \sec^3 x\, dx$를 구해보자. $u = \sec x$, $dv = \sec^2 x\, dx$라 놓으면

$$du = \sec x \tan x\, dx,\ v = \tan x$$

이므로, 부분적분법에 의해

$$\int \sec^3 x\, dx = \sec x \tan x - \int \sec x \tan^2 x\, dx$$

$$= \sec x \tan x - \int \sec x\,(\sec^2 x - 1)\, dx$$

$$= \sec x \tan x - \int \sec^3 x\, dx + \int \sec x\, dx$$

가 된다. 그런데 $\displaystyle\int \sec x\, dx = \ln|\sec x + \tan x| + C$이므로

$$\int \sec^3 x\, dx = \frac{1}{2}(\sec x \tan x + \ln|\sec x + \tan x|) + C$$

이다. □

예제 다음 부정적분을 구하시오

(1) $\displaystyle\int \tan^3 x\, dx$ (2) $\displaystyle\int \sec^4 x\, dx$

풀이 (1) $\displaystyle\int \tan^3 x\, dx = \int \tan x\,(\sec^2 x - 1)\, dx = \frac{1}{2}\tan^2 x - \ln|\sec x| + C$

(2) $\int \sec^4 x\, dx = \int (1+\tan^2 x)\sec^2 x\, dx = \tan x + \frac{1}{3}\tan^3 x + C$ ■

③ $\int \cot^m x \csc^n x\, dx$ 형태의 적분

$1+\cot^2 x = \csc^2 x$를 이용한다.

④ $\int \sin mx \cos nx\, dx, \int \sin mx \sin nx\, dx, \int \cos mx \cos nx\, dx$ 형태의 적분

다음 공식을 이용한다.

$$\sin A \cos B = \frac{1}{2}[\sin(A-B) + \sin(A+B)]$$

$$\sin A \sin B = \frac{1}{2}[\cos(A-B) - \cos(A+B)]$$

$$\cos A \cos B = \frac{1}{2}[\cos(A-B) + \cos(A+B)]$$

예제 부정적분 $\int \cos 3x \cos 2x\, dx$를 구하시오.

풀이 $\int \cos 3x \cos 2x\, dx = \frac{1}{2}\int (\cos x + \cos 5x)\, dx$

$= \frac{1}{2}\sin x + \frac{1}{10}\sin 5x + C$ ■

참고 삼각함수의 적분법에서 사용된 방법들은 지수가 자연수가 아닌 경우에도 적용될 수 있다. ✠

예 부정적분 $\int \cos^{\frac{1}{2}} x \sin x\, dx$를 구해보자. $u = \cos x$로 치환하면, $du = -\sin x\, dx$이므로

$$\int \cos^{\frac{1}{2}} x \sin x\, dx = -\int u^{\frac{1}{2}}\, du = -\frac{2}{3}u^{\frac{3}{2}} + C = -\frac{2}{3}\cos^{\frac{3}{2}} x + C$$ □

(3) 삼각치환법

삼각함수를 포함하는 변수의 변환을 **삼각치환**이라고 한다. 피적분함수가 $a > 0$일 때

$$\sqrt{a^2 - x^2},\ \sqrt{a^2 + x^2},\ \sqrt{x^2 - a^2}$$

형태의 근호를 포함하고 있으면, 삼각치환을 사용하여 각 근호를 삼각함수에 관한 유리식으로 고칠 수 있다. 이것을 **삼각치환법**(trigonometric substitutions)이라고 한다. 이때 주어진 근호 표현에 대한 효과적인 삼각함수로의 치환을 위한 θ의 제한은 치환함수의 역함수의 존재성을 보장한다.

① $\sqrt{a^2 - x^2}$ (단, $a > 0$)을 포함하는 적분

$\sqrt{a^2 - x^2}$을 포함하는 적분은 $x = a\sin\theta$ (단, $-\pi/2 \le \theta \le \pi/2$)로 치환함으로써 근호를 없앨 수 있다. 즉

$$\sqrt{a^2 - x^2} = \sqrt{a^2 - a^2\sin^2\theta} = \sqrt{a^2(1 - \sin^2\theta)} = a\cos\theta$$

가 된다.

예제 부정적분 $\int \sqrt{9 - x^2}\, dx$를 구하시오.

풀이 $x = 3\sin\theta$ (단, $-\pi/2 \le \theta \le \pi/2$)라 하자. 그러면 $\sqrt{9 - x^2} = 3\cos\theta$이고, $dx = 3\cos\theta\, d\theta$이다. 따라서

$$\begin{aligned}\int \sqrt{9 - x^2}\, dx &= \int 3\cos\theta\, 3\cos\theta\, d\theta \\ &= \int 9\cos^2\theta\, d\theta = 9\int \frac{\cos 2\theta + 1}{2}\, d\theta \\ &= \frac{9}{2}\left(\frac{\sin 2\theta}{2} + \theta\right) + C\end{aligned}$$

가 된다. 그런데 $\sin\theta = \dfrac{x}{3}$이므로, $\theta = \sin^{-1}\dfrac{x}{3}$이다. 그러므로

$$\int \sqrt{9 - x^2}\, dx = \frac{9}{2}\sin\theta\cos\theta + \frac{9}{2}\sin^{-1}\frac{x}{3} + C$$

$$= \frac{9}{2} \cdot \frac{x}{3} \cdot \frac{\sqrt{9-x^2}}{3} + \frac{9}{2}\sin^{-1}\frac{x}{3} + C$$

$$= \frac{x}{2}\sqrt{9-x^2} + \frac{9}{2}\sin^{-1}\frac{x}{3} + C$$ ■

② $\sqrt{x^2+a^2}$ (단, $a > 0$)을 포함하는 적분

$\sqrt{x^2+a^2}$ 을 포함하는 적분은 $x = a\tan\theta$ (단, $-\pi/2 < \theta < \pi/2$)로 치환함으로써 근호를 없앨 수 있다. 즉

$$\sqrt{x^2+a^2} = \sqrt{a^2(\tan^2\theta+1)} = a\sec\theta$$

가 된다.

③ $\sqrt{x^2-a^2}$ (단, $a > 0$)을 포함하는 적분

$\sqrt{x^2-a^2}$ 을 포함하는 적분은 $x = a\sec\theta$ (단, $0 \le \theta < \pi/2$ 또는 $\pi \le \theta < 3\pi/2$)로 치환함으로써 근호를 없앨 수 있다. 즉

$$\sqrt{x^2-a^2} = \sqrt{a^2(\sec^2\theta-1)} = \sqrt{a^2\tan^2\theta} = a\,|\tan x\,|$$
$$= \begin{cases} a\tan\theta &, \ 0 \le \theta < \pi/2 \\ -a\tan\theta, & \pi < \theta \le 3\pi/2 \end{cases}$$

로 주어진다. 여기서 $x \ge 0$이면 $0 \le \theta < \pi/2$ 이므로 $\sqrt{x^2-a^2} = a\tan\theta$가 되고, $x < 0$이면 $\pi \le \theta < 3\pi/2$이므로 $\sqrt{x^2-a^2} = -a\tan\theta$가 된다.

④ $\sqrt{bx^2+cx+d}$ (단, $b \ne 0$, $c \ne 0$)을 포함하는 적분

적당한 $a > 0$에 대해서 $\sqrt{a^2-x^2}$, $\sqrt{a^2+x^2}$, $\sqrt{x^2-a^2}$ 의 형태로 만든 후 삼각함수로의 치환을 이용하여 근호를 없앤다.

예제 부정적분 $\displaystyle\int \frac{dx}{\sqrt{x^2+2x+2}}$ 를 구하시오.

풀이 $\sqrt{x^2+2x+2} = \sqrt{(x+1)^2+1}$ 로 변형하여, $x+1 = \tan\theta$로 치환하면

$dx = \sec^2\theta\, d\theta$가 된다. 그런데

$$\sqrt{(x+1)^2+1} = \sqrt{\tan^2\theta+1} = \sec\theta$$

이므로

$$\begin{aligned}\int \frac{dx}{\sqrt{x^2+2x+2}} &= \int \frac{1}{\sec\theta}\sec^2\theta\, d\theta \\ &= \int \sec\theta\, d\theta = \ln|\sec\theta + \tan\theta| + C \\ &= \ln\left|\sqrt{x^2+2x+2} + x + 1\right| + C\end{aligned}$$

■

(4) 유리화 치환

무리함수나 초월함수의 부정적분을 구할 때는, 피적분함수를 적절한 치환에 의해 유리함수로 변형하고, 부분분수분해에 의한 적분을 이용한다.

① 피적분함수가 x와 $\sqrt[n]{g(x)}$의 유리함수 형태인 경우

$u = \sqrt[n]{g(x)}$ 또는 $u = g(x)$의 치환이 효과적이다.

예제 다음 부정적분을 구하시오.

(1) $\displaystyle\int \frac{dx}{\sqrt{x} + \sqrt[4]{x}}$ (2) $\displaystyle\int x\sqrt{x-1}\, dx$

풀이 (1) $u = \sqrt[4]{x}$, 즉 $x = u^4$이라 하자. 그러면 $dx = 4u^3\, du$이고 $\sqrt{x} = u^2$이므로

$$\begin{aligned}\int \frac{dx}{\sqrt{x}+\sqrt[4]{x}} &= \int \frac{4u^3}{u^2+u}du = 4\int \frac{u^2}{u+1}du \\ &= 4\int\left(u - \frac{1}{u+1}\right)du = 2u^2 - 4\ln|u+1| + C \\ &= 2\sqrt{x} - 4\ln\left|1+\sqrt[4]{x}\right| + C\end{aligned}$$

(2) $u^2 = x-1$이라 하자. 그러면 $dx = 2u\,du$이고 $x = u^2+1$이므로

$$\begin{aligned}\int x\sqrt{x-1}\, dx &= \int (2u^4+2u^2)\, du = 2\left(\frac{u^5}{5} + \frac{u^3}{3}\right) + C \\ &= 2\left\{\frac{(x-1)^{5/2}}{5} + \frac{(x-1)^{3/2}}{3}\right\} + C\end{aligned}$$

■

② 피적분함수가 x와 $\sqrt{ax^2+bx+c}$의 유리함수 형태인 경우

(i) $a > 0$이면, $\sqrt{ax^2+bx+c} = t - \sqrt{a}\,x$로 치환한다.

(ii) $a < 0$이고 $ax^2+bx+c=0$의 두 실근 α, β (단, $\alpha < \beta$)가 존재하면,

$\sqrt{\dfrac{x-\alpha}{\beta-x}} = t$로 치환한다.

예제 부정적분 $\displaystyle\int \frac{dx}{x\sqrt{3-2x-x^2}}$를 구하시오.

풀이 x^2의 계수가 음이고 $3-2x-x^2=(x+3)(1-x)$이므로, $\sqrt{\dfrac{1-x}{x+3}}=t$로 치환한다. 그러면

$$x=\frac{1-3t^2}{1+t^2},\ dx=\frac{-8t}{(1+t^2)^2}dt,\ \sqrt{3-2x-x^2}=\frac{4t}{1+t^2}$$

이므로

$$\begin{aligned}\int\frac{dx}{x\sqrt{3-2x-x^2}} &= \int\frac{1+t^2}{1-3t^2}\frac{1+t^2}{4t}\frac{-8t}{(1+t^2)^2}dt \\ &= -\frac{2}{3}\int\frac{1}{\frac{1}{3}-t^2}dt = -\frac{\sqrt{3}}{3}\ln\left|\frac{t+\frac{1}{\sqrt{3}}}{t-\frac{1}{\sqrt{3}}}\right|+C \\ &= -\frac{\sqrt{3}}{3}\ln\left|\frac{\sqrt{3-3x}+\sqrt{x+3}}{\sqrt{3-3x}-\sqrt{x+3}}\right|+C\end{aligned}$$

■

③ 피적분함수가 삼각함수로 구성된 유리함수 형태인 경우

피적분함수가 삼각함수 $\sin x$와 $\cos x$로 구성된 유리함수 형태인 경우

$$\tan\frac{x}{2}=t\ (\text{단, } -\pi < x < \pi)$$

로 치환함으로써 피적분함수를 t에 대한 유리함수 형태로 변형할 수 있다. 이 경우 $x=2\tan^{-1}t$이므로, $dx=\dfrac{2}{1+t^2}dt$이고

$$\sin x = 2\sin\frac{x}{2}\cos\frac{x}{2} = 2\tan\frac{x}{2}\cdot\cos^2\frac{x}{2} = \frac{2\tan\frac{x}{2}}{1+\tan^2\frac{x}{2}} = \frac{t}{1+t^2}$$

$$\cos x = \cos^2\frac{x}{2} - \sin^2\frac{x}{2} = \left(1-\frac{\sin^2 x/2}{\cos^2 x/2}\right)\cos^2\frac{x}{2} = \frac{1-t^2}{1+t^2}$$

이 된다.

(5) 역치환법

적분하는 데 도움이 되는 또 다른 치환은

$$x = \frac{1}{t}, \quad dx = -\frac{1}{t^2}\,dt$$

이다. 이 치환을 역치환이라고 한다.

예제 부정적분 $\int \frac{\sqrt{x-x^2}}{x^4}\,dx$를 구하시오.

풀이 $x = \frac{1}{t}$로 치환하면, $dx = -\frac{1}{t^2}\,dt$이고 $\sqrt{x-x^2} = \frac{\sqrt{t-1}}{t}$이므로

$$\int \frac{\sqrt{x-x^2}}{x^4}\,dx = \int \frac{\frac{\sqrt{t-1}}{t}\left(-\frac{dt}{t^2}\right)}{1/t^4} = -\int t\sqrt{t-1}\,dt$$

$$= -2\left\{\frac{(t-1)^{5/2}}{5} + \frac{(t-1)^{3/2}}{3}\right\} + C$$

$$= -2\left\{\frac{(1-x)^{5/2}}{5x^{5/2}} + \frac{(1-x)^{3/2}}{3x^{3/2}}\right\} + C$$ ■

3. 적분표의 이용

지금까지 서술된 적분법으로 주어진 적분을 계산하기 어려운 경우는, 일반적으로 더 확장된 적분공식인 **적분표**를 사용한다. 그러나 적분들은 적분표에 있는 형태로만 나타나지 않는다. 따라서 적분을 적분표에 있는 형태로 변형하여야 한다. 이때 치환적분법

또는 부분적분법이 이용된다.

참고 연속함수의 적분이라도 모두 구할 수는 없다. 예를 들면 $\int e^{x^2}dx$는 함수의 항으로 구할 수 없다. 단지 무한급수로 표현할 수 있을 뿐이다. ✠

예제 적분표를 이용하여, 부정적분 $\int \frac{\sqrt{3+4x^2}}{x}\,dx$를 구하시오.

풀이 적분표에서

$$\int \frac{\sqrt{a^2+u^2}}{u}\,du = \sqrt{a^2+u^2} - a\ln\left|\frac{a+\sqrt{a^2+u^2}}{u}\right| + C$$

를 이용한다. $u = 2x$로 치환하면

$$\begin{aligned}\int \frac{\sqrt{3+4x^2}}{x}\,dx &= \int \frac{\sqrt{3+(2x)^2}}{2x}(2)\,dx = \int \frac{\sqrt{3+u^2}}{u}\,du \\ &= \sqrt{3+u^2} - \sqrt{3}\ln\left|\frac{\sqrt{3}+\sqrt{3+u^2}}{u}\right| + C \\ &= \sqrt{3+4x^2} - \sqrt{3}\ln\left|\frac{\sqrt{3}+\sqrt{3+4x^2}}{2x}\right| + C\end{aligned}$$ ■

연습문제 5.1 EXERCISES EXERCISES EXERCISES EXERCISES EXERCISES EXERCISES EXERCISES

01 다음 두 조건을 만족하는 함수 $f(x)$를 구하시오.

$$f'(x) = x^2 + 4x - 5, \quad f(3) = 15$$

02 $\int (x-2)f(x)\,dx = 2x^3 - 24x$를 만족하는 함수 $f(x)$를 구하시오.

03 다음 부정적분을 구하시오.

(1) $\int x^2\sqrt{x^3+1}\,dx$ (2) $\int x^2 e^{x^3}\,dx$

(3) $\int \frac{\ln x}{x}\, dx$

(4) $\int \frac{1}{x^2+x-2}\, dx$

(5) $\int \frac{dx}{\sqrt{x} + \sqrt[4]{x^3}}$

(6) $\int \frac{dx}{x\sqrt{2x-x^2}}$

04 다음 부정적분을 구하시오.

(1) $\int \frac{dx}{\sqrt{9x^2+6x+2}}$

(2) $\int \frac{1}{\sqrt{-5+6x-x^2}}\, dx$

(3) $\int \frac{dx}{x\sqrt{3x-2-x^2}}$

05 부정적분 $I = \int e^x \sin x\, dx$를 구하시오.

06 적분표를 이용하여, 다음 부정적분을 구하시오.

(1) $\int x^3 \sin 2x\, dx$

(2) $\int \frac{\sin 2x}{\sqrt{4\cos x - 1}}\, dx$

5.2 정적분

1. 평면영역의 면적

$\mathbb{R}^2$에서 도형의 넓이나 $\mathbb{R}^3$에서 입체의 부피를 구할 때, 주어진 도형을 작은 기본도형 (사각형이나 육면체)으로 세분하여 세분된 기본도형의 넓이나 부피의 합으로 근삿값을 구한 다음, 그 근삿값의 극한으로 주어진 도형의 넓이나 부피를 구하는 방법을 **구분구적법** (measuration by parts)이라고 한다.

예 포물선 $y=x^2$과 x축, 그리고 직선 $x=1$로 둘러싸인 영역의 넓이 A를 구분구적법으로 구해보자. 닫힌구간 $[0, 1]$을 길이가 같은 n개의 부분구간

$$[x_0, x_1],\ [x_1, x_2],\ \cdots,\ [x_{n-1}, x_n]$$

으로 나누는 분할을 택하여, 밑변을 부분구간으로 하고 높이를 이 부분구간의 오른쪽 끝점에서의 함숫값으로 하는 n개의 직사각형을 생각한다. 이때 n개의 직사각형의 넓이의 합을 S_n이라고 하면

$$\begin{aligned} S_n &= \frac{1}{n}\left(\frac{1}{n}\right)^2 + \frac{1}{n}\left(\frac{2}{n}\right)^2 + \frac{1}{n}\left(\frac{3}{n}\right)^2 + \cdots + \frac{1}{n}\left(\frac{n}{n}\right)^2 \\ &= \frac{1}{n}\frac{1}{n^2}\left(1^2+2^2+3^2+\cdots+n^n\right) = \frac{1}{n^3}\sum_{i=1}^{n} i^2 \end{aligned}$$

즉 $S_n = \dfrac{1}{n^3}\dfrac{n(n+1)(2n+1)}{6} = \dfrac{(n+1)(2n+1)}{6n^2}$이 된다. 따라서 넓이 A는

$$A = \lim_{n\to\infty} S_n = \lim_{n\to\infty}\frac{(n+1)(2n+1)}{6n^2} = \frac{1}{3} \qquad \square$$

극한을 이용하여 넓이를 구하는 문제로부터 적분의 개념을 형식화한다.

2. 정적분의 정의

정의 1 정적분의 정의

함수 $f(x)$를 닫힌구간 $[a, b]$에서 정의된 연속함수라고 하자. 먼저 닫힌구간 $[a, b]$를 동일한 폭 $\Delta x = \dfrac{b-a}{n}$로 나눈 부분구간의 끝점, 즉 분할점 $x_0, x_1, \cdots, x_n$에 의해

$$a = x_0 < x_1 < x_2 < \cdots < x_{n-1} < x_n = b$$

가 되도록 n개의 부분구간 $[x_0, x_1], [x_1, x_2], \cdots, [x_{n-1}, x_n]$으로 나눈다. 이를 닫힌구간 $[a, b]$의 **균등분할**(regular partition) 또는 **정규분할**이라고 한다. 그리고 x_i^*를 i번째 부분구간 $[x_{i-1}, x_i]$ (단, $i = 1, 2, \cdots, n$)의 임의의 점이라고 하자. 그러면 극한 $\lim_{n \to \infty} \sum_{i=1}^{n} f(x_i^*) \Delta x$는 항상 존재한다. 이 극한을 a에서 b까지 $f(x)$의 **정적분**(definite integral)이라 하고, 기호로 $\int_a^b f(x)\,dx$ 또는 간단히 $\int_a^b f$로 나타낸다. 즉

$$\int_a^b f(x)\,dx = \lim_{n \to \infty} \sum_{i=1}^{n} f(x_i^*) \Delta x$$

이다. 이때 함수 $f(x)$는 닫힌구간 $[a, b]$에서 **적분가능**(integrable)하다고 한다.

참고 [정의 1]에서 $f(x)$는 닫힌구간 $[a, b]$에서 연속함수로 가정하였다. 이것은 $\lim_{n \to \infty} \sum_{i=1}^{n} f(x_i^*) \Delta x$의 존재성을 보장한다. 한편 정적분 $\int_a^b f(x)\,dx$의 값은 적분변수 x와 무관하므로, 정적분에서 사용되는 변수를 무효변수(dummy variable)라고 한다. ✠

닫힌구간 $[a, b]$에서 연속함수 $f(x)$가 $f(x) \geq 0$이면, 정적분 $\int_a^b f(x)\,dx$는 함수 $f(x)$와 x축, 그리고 두 직선 $x = a$, $x = b$로 둘러싸인 영역의 넓이를 의미한다.

참고 정적분을 계산할 때

(1) x_i^*의 선택은, 닫힌구간 $[a, b]$의 임의의 점을 의미한다. 즉 극한의 정의는 x_i^*를 $[a, b]$상의 어떤 점으로 선택하든지 극한이 같은 값으로 존재한다는 것을 의미한다. 고등학교 교과에서는 $x_i^* = x_i$로 두어

$$\int_a^b f(x)\,dx = \lim_{n \to \infty} \sum_{i=1}^{n} f(x_i)\,\Delta x$$

로 정의한다.

(2) 닫힌구간 $[a, b]$를 n개의 부분구간 $[x_{i-1}, x_i]$ (단, $i = 1, 2, \cdots, n$)으로 나눌 때, 점들 사이의 간격이 같을 필요도 없다. 이러한 부분구간들의 모임을 닫힌구간 $[a, b]$의 **비균등분할**(irregular partition) 또는 **비정규분할**이라고 한다. ✠

예 연속함수 $y = f(x)$ (단, $f(x) \geq 0$)와 x축, 그리고 두 직선 $x = a$, $x = b$로 둘러싸인 영역 S의 넓이 A를 구해보자. 먼저 닫힌구간 $[a, b]$를 분할점 $x_0, x_1, \cdots, x_n$에 의해

$$a = x_0 < x_1 < \cdots < x_{n-1} < x_n = b$$

가 되도록 n개의 부분구간 $[x_0, x_1], [x_1, x_2], \cdots, [x_{n-1}, x_n]$으로 나눈다. 여기서 모든 부분구간의 간격이 같을 필요는 없다. 이때 i번째 부분구간 $[x_{i-1}, x_i]$의 길이를 $\Delta x_i = x_i - x_{i-1}$이라 할 때, $P = \{x_0, x_1, \cdots, x_n\}$의 노름을

$$\| P \| = \max\{\Delta x_1, \Delta x_2, \cdots, \Delta x_n\}$$

으로 정의한다. 이제 각 부분구간 $[x_{i-1}, x_i]$에서 한 점 x_i^*를 택하면 i 번째 직사각형 R_i의 넓이 A_i는 $A_i = f(x_i^*)\Delta x_i$이므로, S의 넓이 A의 근삿값은 $\sum_{i=1}^{n} f(x_i^*)\Delta x_i$가 된다. 그런데 근사직사각형의 넓이의 극한값이 존재한다. 따라서 S의 넓이 A는

$$A = \lim_{\| P \| \to 0} \sum_{i=1}^{n} f(x_i^*)\,\Delta x_i$$

로 주어진다.

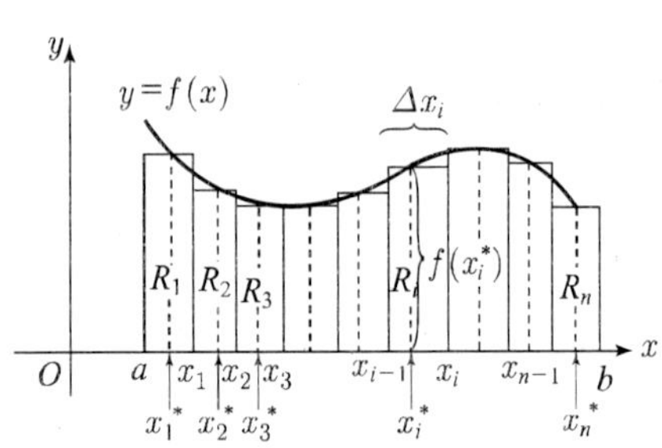

그림 5.2.1

□

예제 닫힌구간 $[0, 1]$에서

$$f(x) = \begin{cases} 1, & x \in [0, 1] \cap \mathbb{Q} \\ 0, & x \in [0, 1] \cap \mathbb{Q}^c \end{cases}$$

로 정의된 함수 $f : [0, 1] \to \mathbb{R}$는 적분가능하지 않음을 보이시오.

증명 모든 분할에서 x_i^*를 유리수로 잡을 경우 $f(x_i^*) = 1$이 되고, x_i^*를 무리수로 잡을 경우 $f(x_i^*) = 0$이므로, 어떤 분할에 대해서도

$$\lim_{\| P \| \to 0} \sum_{i=1}^{n} f(x_i^*) \Delta x_i$$

가 존재하지 않는다. 따라서 함수 $f : [0, 1] \to \mathbb{R}$는 적분가능하지 않다. ■

참고 (1) 정적분 $\int_a^b f(x)\, dx$에서 a와 b를 **적분한계**(limit of integration)라 하고, 닫힌구간 $[a, b]$를 **적분구간**이라고 한다. 이때 a와 b를 각각 정적분의 아래 끝(lower limit), 위 끝(upper limit)이라 하고, $\int_a^b f(x)\, dx$의 값을 구하는 것을 $f(x)$를 a에서 b까지 적분한다고 한다.

(2) 독일의 수학자 리만(Riemann)의 이름을 따서 $\sum_{i=1}^{n} f(x_i^*) \Delta x_i$를 **리만 합**(Riemann sum)이라 하고, $\lim_{\| P \| \to 0} \sum_{i=1}^{n} f(x_i^*) \Delta x_i$가 존재할 때 이 극한으로 정의되는 정적분 $\int_a^b f(x)\, dx$를 **리만 적분**(Riemann integral)이라고 한다. ✠

함수 $f(x)$가 닫힌구간 $[a, b]$에서 연속이면, $[a, b]$를 소구간 $[x_{i-1}, x_i]$로 분할하는 방법이나 부분구간 $[x_{i-1}, x_i]$에서 점 x_i^*를 선택하는 방법에 관계없이 리만 합은 $\int_a^b f(x)\, dx$로 근사된다. 그러므로

(1) 함수 $f(x)$가 닫힌구간 $[a, b]$에서 연속일 경우, 실제로 정적분의 값을 계산하는 데는 정규분할 P를 선택하는 것이 편리하다.

(2) 정적분을 계산할 때는 보통 x_i^*를 i번째 부분구간 $[x_{i-1}, x_i]$의 오른쪽 끝점으로 선택한다. 그러나 적분의 근삿값을 구할 때는 x_i^*를 i번째 부분구간의 중점으로

택하는 것이 보다 효과적이다.

정리 2

함수 $f(x)$가 닫힌구간 $[a, b]$에서 연속이면

$$\int_a^b f(x)\,dx = \lim_{n\to\infty}\sum_{k=1}^{n} f(x_k)\,\Delta x = \lim_{n\to\infty}\sum_{k=0}^{n-1} f(x_k)\,\Delta x$$

$$\left(\text{단, } \Delta x = \frac{b-a}{n},\ \ x_k = a + k\,\Delta x\right)$$

참고 **(무한급수의 정적분 표시 공식)**

$$\text{(1)}\ \lim_{n\to\infty}\sum_{k=1}^{n} f\left(\frac{a}{n}k\right)\frac{a}{n} = \lim_{n\to\infty}\sum_{k=0}^{n-1} f\left(\frac{a}{n}k\right)\frac{a}{n} = \int_0^a f(x)\,dx$$

$$\text{(2)}\ \lim_{n\to\infty}\sum_{k=1}^{n} f\left(a+\frac{p}{n}k\right)\frac{p}{n} = \int_a^{a+p} f(x)\,dx = \int_0^p f(a+x)\,dx$$ ✠

예 극한 $\lim_{n\to\infty}(1+2+\cdots+n)/n^2$은 $\lim_{n\to\infty}\frac{1}{n}\sum_{i=i}^{n}\frac{i}{n}$로 변형되므로, 정적분으로 표시하면 $\int_0^1 x\,dx$가 된다. □

예제 정적분의 정의를 이용하여, $\int_1^2 x^2\,dx$를 구하시오.

풀이 $f(x) = x^2$은 닫힌구간 $[1, 2]$에서 연속이므로 적분가능하다. 이때 $a=1$이고 $b=2$이므로

$$\begin{aligned}\int_1^2 x^2\,dx &= \lim_{n\to\infty}\frac{1}{n}\sum_{i=1}^{n} f\left(1+\frac{i}{n}\right)\\ &= \lim_{n\to\infty}\frac{1}{n}\sum_{i=1}^{n}\left[\left(1+\frac{i}{n}\right)^2\right]\\ &= \lim_{n\to\infty}\frac{1}{n}\sum_{i=1}^{n}\left(1+\frac{2i}{n}+\frac{i^2}{n^2}\right)\end{aligned}$$

$$= \lim_{n \to \infty} \left[\frac{1}{n} \sum_{i=1}^{n} 1 + \frac{2}{n^2} \sum_{i=1}^{n} i + \frac{1}{n^3} \sum_{i=1}^{n} i^2 \right]$$

$$= \lim_{n \to \infty} \left[1 + \frac{n(n+1)}{n^2} + \frac{n(n+1)(2n+1)}{6n^3} \right]$$

$$= \frac{7}{3}$$

■

참고 일반적으로 정적분의 정의에서는 연속함수로 가정하지 않고, 닫힌구간 $[a, b]$에서 정의된 **유계함수**를 다룬다. 닫힌구간 $[a, b]$를 n개의 부분구간

$$[x_{i-1}, x_i] \text{ (단, } i = 1, 2, \cdots, n)$$

으로 분할할 때, 점들 사이의 간격이 같을 필요는 없다. 단지 i번째 부분구간 $[x_{i-1}, x_i]$의 길이를 $\Delta x_i = x_i - x_{i-1}$이라 하고 x_i^*를 i번째 부분구간 $[x_{i-1}, x_i]$의 임의의 점이라 할 때, $\sum_{i=1}^{n} f(x_i^*) \Delta x_i$의 극한이 존재하면 그 값을 a에서 b까지 $f(x)$의 정적분으로 정의한다. 이때 유계함수 $f(x)$는 닫힌구간 $[a, b]$에서 **적분가능**하다고 한다. ✠

적분가능한 함수의 존재성에 대한 부분적인 결과가 다음 정리에 의해 주어진다.

정리 3

함수 $f(x)$가 닫힌구간 $[a, b]$에서 연속이거나 유계인 단조함수이면, $f(x)$는 $[a, b]$에서 적분가능하다.

참고 함수 $f(x)$가 닫힌구간 $[a, b]$에서 유한개의 불연속점을 가지며, 이들이 모두 도약불연속점일 때, $f(x)$는 적분가능하다. 이때 함수 $f(x)$를 **부분연속**(piecewise continuous function) 또는 **구분연속**이라고 한다. ✠

예 닫힌구간 $[-1, 1]$에서

$$f(x) = \begin{cases} \dfrac{|x|}{x}, & x \neq 0 \\ 0, & x = 0 \end{cases}$$

으로 정의된 $f : [-1, 1] \to \mathbb{R}$는 $x=0$에서 불연속이지만, 닫힌구간 $[-1, 1]$에서 유계인 증가함수이므로 적분가능하다. □

3. 정적분의 기본성질

정적분 $\int_a^b f(x)\,dx$는 닫힌구간 $[a, b]$에서 정의되기 때문에 $a < b$를 가정하고 있다. 그러나 $\int_a^b f(x)\,dx$의 정의를

$$\int_a^b f(x)\,dx = -\int_b^a f(x)\,dx\,,\ \int_a^a f(x)\,dx = 0$$

으로 확장하는 것이 유용하다.

정리 4 정적분의 기본성질

두 함수 $f(x)$, $g(x)$가 닫힌구간 $[a, b]$에서 연속이고, k가 임의의 상수일 때

(1) $\int_a^b \{f(x) \pm g(x)\}\,dx = \int_a^b f(x)\,dx \pm \int_a^b g(x)\,dx$

(2) $\int_a^b kf(x)\,dx = k\int_a^b f(x)\,dx$

(3) $\int_a^b f(x)\,dx = \int_a^c f(x)\,dx + \int_c^b f(x)\,dx$ (적분 구간의 가법성)

증명 여기서는 (1)만 증명하고, 나머지는 독자에게 남긴다. 정규분할과 $x_i^* = x_i$를 택하면

$$\begin{aligned}\int_a^b \{f(x) \pm g(x)\}\,dx &= \lim_{n\to\infty}\sum_{i=1}^{n}\{f(x_i) \pm g(x_i)\}\Delta x \\ &= \lim_{n\to\infty}\left[\sum_{i=1}^{n} f(x_i)\Delta x \pm \sum_{i=1}^{n} g(x_i)\Delta x\right] \\ &= \lim_{n\to\infty}\sum_{i=1}^{n} f(x_i)\Delta x \pm \lim_{n\to\infty}\sum_{i=1}^{n} g(x_i)\Delta x \\ &= \int_a^b f(x)\,dx \pm \int_a^b g(x)\,dx\end{aligned}$$

■

정적분의 기본성질 [정리 4]은 $a < b$, $a = b$, $a > b$인 모든 경우에 성립한다. 또한 '적분 구간의 가법성'은 a, b, c의 대소에 관계없이 성립한다.

정리 5 적분의 대소 관계

두 함수 $f(x)$, $g(x)$가 닫힌구간 $[a, b]$에서 연속이면, $a \le b$일 때

(1) $f(x) \ge 0$이면, $\int_a^b f(x)\,dx \ge 0$

(2) $m \le f(x) \le M$이면, $m(b-a) \le \int_a^b f(x)\,dx \le M(b-a)$

(3) $\left|\int_a^b f(x)\,dx\right| \le \int_a^b |f(x)|\,dx$

증명 여기서는 (1)과 (3)만 증명하고, 나머지는 독자에게 남긴다.

(1) 정규분할과 $x_i^* = x_i$를 택하면, $f(x_i) \ge 0$이고 $\Delta x_i \ge 0$이므로 $\sum_{i=1}^{n} f(x_i)\Delta x_i \ge 0$이 된다. 따라서

$$\int_a^b f(x)\,dx = \lim_{n \to \infty} \sum_{i=1}^{n} f(x_i)\Delta x \ge 0$$

(3) $-|f(x)| \le f(x) \le |f(x)|$이므로

$$-\int_a^b |f(x)|\,dx \le \int_a^b f(x)\,dx \le \int_a^b |f(x)|\,dx$$

를 얻는다. 따라서

$$\left|\int_a^b f(x)\,dx\right| \le \int_a^b |f(x)|\,dx$$ ■

예 닫힌구간 $[a, b]$에서 연속인 두 함수 $f(x)$, $g(x)$에 대해서, $a \le b$일 때

$$f(x) \ge g(x)\text{이면, } \int_a^b f(x)\,dx \ge \int_a^b g(x)\,dx$$

가 성립한다. □

예제 정적분 $\int_0^1 \sqrt{x^2+1}\,dx$의 값은 1과 $\sqrt{2}$ 사이에 존재함을 보이시오.

증명 $f(x)=\sqrt{x^2+1}$ 이 증가함수이므로, 닫힌구간 $[0, 1]$에서 $f(x)$의 최솟값은 $m=f(0)=1$이고 $f(x)$의 최댓값은 $M=f(1)=\sqrt{2}$ 이다. 그러므로

$$1 \cdot (1-0) \le \int_0^1 \sqrt{x^2+1}\, dx \le \sqrt{2} \cdot (1-0)$$

이다. 따라서 $1 \le \int_0^1 \sqrt{x^2+1}\, dx \le \sqrt{2}$ 이므로, 적분값은 1과 $\sqrt{2}$ 사이에 존재한다. ■

닫힌구간 $[a, b]$에서 연속인 함수 $f(x)$의 평균값은

$$f_{\text{ave}} = \frac{1}{b-a}\int_a^b f(x)\, dx$$

로 정의한다.

예 닫힌구간 $[0, \pi]$에서 $f(x)=\sin x$의 평균값은

$$f_{\text{ave}} = \frac{1}{\pi-0}\int_0^{\pi} \sin x\, dx$$

가 된다. 이 적분값은 임의의 리만 합을 계산하여 근삿값으로 얻을 수 있다. 이때 근사 평균값은 $f_{\text{ave}} \approx 0.6366198$로 주어진다. □

다음 **적분의 평균값정리**(mean-value theorem for integral)는 닫힌구간 $[a, b]$에서 정의된 연속함수 $f(x)$에 대해서 "$f(x)$의 값과 그 함수의 평균값이 같아지는 점이 존재한다."는 것을 보여주고 있다.

정리 6 적분의 평균값정리

함수 $f(x)$가 닫힌구간 $[a, b]$에서 연속이면

$$\int_a^b f(x)\, dx = f(c)(b-a)$$

를 만족하는 $x=c$ (단, $a<c<b$)가 존재한다.

증명 닫힌구간 $[a, b]$에서 함수 $f(x)$의 최솟값을 m, 최댓값을 M이라 하면

$$m(b-a) \le \int_a^b f(x)\,dx \le M(b-a)$$

가 된다. 이제 $\dfrac{1}{b-a}\displaystyle\int_a^b f(x)\,dx = K$라 놓으면 $m \le K \le M$이므로, 중간값정리 [1.2절 정리 5]에 의해

$$K = f(c) = \frac{1}{b-a}\int_a^b f(x)\,dx$$

를 만족하는 $x = c$ (단, $a < c < b$)가 존재한다. ■

참고 함수 $f(x)$가 닫힌구간 $[a, b]$에서 연속일 때, 함수 $g(x)$가 $[a, b]$에서 적분가능하고 $g(x) \ge 0$이면

$$\int_a^b f(x)\,g(x)\,dx = f(c)\int_a^b g(x)\,dx$$

를 만족하는 c (단, $a < c < b$)가 존재한다. ✠

4. 미분적분학의 기본정리

미분적분학의 기본정리는 정적분을 계산할 때 보다 간단한 방법을 제시한다. 뉴턴과 라이프니츠는 적분의 계산을 합의 극한으로 구하지 않고 **미분적분학의 기본정리**(fundamental theorem of calculus)를 이용하여 쉽게 구할 수 있음을 보였다.

참고 뉴턴은 1660대 후반에 미분적분학을 개발하였다. 그러나 라이프니츠는 같은 결과를 1670년대 중반에 발견하였지만, 뉴턴보다 먼저 1684년에 출판하였다. 오늘날 미분적분학에서는 라이프니츠가 개발한 대부분의 기호와 용어가 사용되고 있다. ✠

정리 7 미분정리

함수 $f(x)$가 닫힌구간 $[a, b]$에서 연속이면

$$F(x) = \int_a^x f(t)\,dt \quad (\text{단, } a \le x \le b)$$

로 정의된 함수 $F(x)$는 열린구간 (a, b)에서 미분가능하고

$$F'(x)=f(x),\ 즉\ \frac{d}{dx}\int_a^x f(t)\,dt=f(x)$$

를 만족한다.

증명 x와 $x+h$가 닫힌구간 $[a, b]$에 속하면

$$F(x+h)-F(x)=\int_x^{x+h} f(t)\,dt$$

가 된다. 이때 함수 $f(x)$가 닫힌구간 $[a, b]$에서 연속이므로, 적분의 평균값 정리에 의해

$$\int_x^{x+h} f(t)\,dt=f(c)h$$

를 만족하는 c (단, $x<c<x+h$ 또는 $x-h<c<x$)가 존재한다. 따라서 $h\to 0$이면, $c\to x$이므로

$$F'(x)=\lim_{h\to 0}\frac{F(x+h)-F(x)}{h}=f(x)$$

가 성립한다. ■

예 $\frac{d}{dx}\int_0^{x^2} f(t)\,dt$를 구해보자. 이때 $f(x)$의 원시함수를 $F(x)$라 하면

$$\frac{d}{dx}\int_0^{x^2} f(t)\,dt=\frac{d}{dx}\{F(x^2)-F(0)\}=\frac{d}{dx}F(x^2)=2xf(x^2)$$

으로 주어진다. □

예제 다음 물음에 답하시오.

(1) $F(x)=\int_2^{x^2}\cos t\,dt$일 때, $F'(x)$를 구하시오.

(2) 함수 $F(x)=\int_4^{x^2}\ln(t^3+4)\,dt$에 대해서, $x=2$에서 접선의 방정식을 구하시오.

풀이 (1) $u(x)=x^2$이라고 하면 $F(x)=\int_2^{u(x)}\cos t\,dt$이므로, 연쇄법칙으로부터

$$F'(x)=\cos u(x)\frac{du}{dx}=\cos u(x)(2x)=2x\cos x^2$$

(2) $F'(x) = \ln[(x^2)^3 + 4]\dfrac{d}{dx}(x^2) = 2x\ln(x^6+4)$이므로, $x=2$에서의 기울기는 $F'(2) = 4\ln 68$이다. 그런데 접선은 $x=2$와 $y=F(2)=0$을 지나므로 접선의 방정식은

$$y = 4\ln 68\,(x-2)$$

로 주어진다. ■

(1) 미분적분학의 기본정리

미분학과 적분학 사이에는 '미분적분학의 기본정리'라고 일컫는 상호연관성이 있다. 미분적분학의 기본정리에 의해, 적분문제는 부정적분을 구하는 문제로 전환된다.

정리 8 미분적분학의 기본정리

닫힌구간 $[a, b]$에서 연속인 함수 $f(x)$가 $F'(x) = f(x)$를 만족하면, 즉 $F(x)$가 $f(x)$의 역도함수이면

$$\int_a^b f(x)\,dx = F(b) - F(a)$$

이다. 이때 $[F(x)]_a^b = F(b) - F(a)$로 표기한다.

증명 $G(x) = \int_a^x f(t)\,dt$는 $f(x)$의 원시함수이다, 만일 $F(x)$를 닫힌구간 $[a, b]$에서 $G(x)$와 다른 임의의 원시함수라고 하면

$$F(x) = G(x) + C\ (\text{단},\ a < x < b)$$

를 얻는다. 그러나 $F(x)$와 $G(x)$가 모두 닫힌구간 $[a, b]$에서 연속이기 때문에, 양변에 극한 $x \to a+0$와 $x \to b-0$를 취하면, $x=a$와 $x=b$일 때도 $F(x) = G(x) + C$가 된다. 이제 $G(x) = \int_a^x f(t)\,dt$에 $x=a$를 대입하면, $G(a) = 0$이므로

$$\begin{aligned} F(b) - F(a) &= [G(b) + C] - [G(a) + C] \\ &= G(b) - G(a) = G(b) = \int_a^b f(x)\,dx \end{aligned}$$

를 얻는다. ■

참고 때때로 $[F(x)]_a^b$ 대신에 $F(x)|_a^b = F(b) - F(a)$를 사용한다. ✠

정적분을 구할 때 미분적분학의 기본정리는 매우 효율적이다. 닫힌구간 $[a, b]$에서 연속함수 $f(x)$의 원시함수가 $F(x)$일 때, 단지 두 끝점 a와 b에서 $F(x)$의 값을 구함으로써 정적분 $\int_a^b f$를 구할 수 있다는 것이다. 이 기본정리가 발견되기 전에 넓이, 부피, 곡선의 길이를 구하는 문제들은 매우 풀기 힘든 것이었다. 그러나 이 정리의 효율성은 함수의 원시함수를 어떻게 제공해 줄 수 있느냐에 달렸다.

예 정적분 $\int_1^2 x^3\,dx$를 구해보자. $f(x) = x^3$은 닫힌구간 $[1, 2]$에서 연속이고 $f(x)$의 원시함수가 $F(x) = \frac{1}{4}x^4$이므로, 미분적분학의 기본정리로부터

$$\int_1^2 x^3\,dx = F(2) - F(1) = \frac{15}{4}$$ □

예제 다음 정적분을 구하시오.

(1) $\int_0^2 (x^3 + 3x)\,dx$ (2) $\int_0^{\frac{\pi}{2}} \sin x\,dx$ (3) $\int_0^2 |x^2 - x|\,dx$

풀이 (1) $\int_0^2 (x^3 + 3x)\,dx = \left[\frac{1}{4}x^4 + \frac{3}{2}x^2\right]_0^2 = \frac{16}{4} + \frac{12}{2} = 10$

(2) $\int_0^{\frac{\pi}{2}} \sin x\,dx = [-\cos x]_0^{\frac{\pi}{2}} = -\cos\frac{\pi}{2} + \cos 0 = 1$

(3) 절댓값의 성질에 의해

$$|x^2 - x| = \begin{cases} -x^2 + x, & 0 \le x \le 1 \\ x^2 - x, & 1 \le x \le 2 \end{cases}$$

이므로

$$\int_0^2 |x^2 - 2x|\,dx = \int_0^1 (-x^2 + x)\,dx + \int_1^2 (x^2 - x)\,dx$$
$$= \left[-\frac{1}{3}x^3 + \frac{1}{2}x^2\right]_0^1 + \left[\frac{1}{3}x^3 - \frac{1}{2}x^2\right]_1^2 = 1$$ ■

예제

타원 $\dfrac{x^2}{a^2}+\dfrac{y^2}{b^2}=1$에 의해 둘러싸인 넓이 A를 구하시오.

풀이 타원의 방정식으로부터 $y=\pm\dfrac{b}{a}\sqrt{a^2-x^2}$ 을 얻는다. 이때 타원의 넓이 A는 제1사분면에 놓인 부분의 4배이다. 따라서

[방법 1] 기본공식 (5.1절 참조)

$$\int\sqrt{a^2-x^2}\,dx=\frac{x}{2}\sqrt{a^2-x^2}+\frac{a^2}{2}\sin^{-1}\frac{x}{a}\ (\text{단, } a>0)$$

를 이용하여 구하면

$$A=4\int_0^a\frac{b}{a}\sqrt{a^2-x^2}\,dx=\frac{2b}{a}\left[x\sqrt{a^2-x^2}+a^2\sin^{-1}\frac{x}{a}\right]_0^a=ab\pi$$

[방법 2] $x=a\sin\theta$로 놓으면, $dx=a\cos\theta\,d\theta$, $\sqrt{a^2-x^2}=a\cos\theta$이므로, 월리스 공식 [적분표 133]을 이용하면

$$A=4\int_0^a\frac{b}{a}\sqrt{a^2-x^2}\,dx=\frac{4b}{a}\int_0^a\sqrt{a^2-x^2}\,dx$$

$$=\frac{4b}{a}\int_0^{\frac{\pi}{2}}a^2\cos^2\theta\,d\theta=\frac{4b}{a}\cdot a^2\cdot\frac{1}{2}\cdot\frac{\pi}{2}=\pi ab$$

■

$a=b=r$로 놓음으로써, 반지름이 r인 원의 면적은 πr^2이 된다.

참고 미분정리 [정리 7]와 미분적분학의 기본정리 [정리 8]

$$\frac{d}{dx}\int_a^x f(t)\,dt=f(x),\quad \int_a^b F'(x)\,dx=F(b)-F(a)$$

는 같은 이론을 서로 다르게 표현한 것이다. ✠

미분적분학의 기본정리를 적용하기 위해서는 함수 $f(x)$가 반드시 닫힌구간 $[a, b]$에서 연속이어야 한다.

예 정적분

$$\int_{-1}^{1} \frac{1}{x^4}\, dx = \left[-\frac{1}{3x^3}\right]_{-1}^{1} = -\frac{2}{3}$$

는 오류이다. 왜냐하면 피적분함수는 항상 양인데 적분값이 음수이기 때문이다. 이 문제에서는 피적분함수 $f(x) = \dfrac{1}{x^4}$이 닫힌구간 $[-1, 1]$에서 연속이 아니므로, 미분적분학의 기본정리를 적용할 수 없다. □

(2) 부분적분법과 치환적분법

정적분을 구할 때, 부분적분법과 치환적분법을 이용하면 편리하다.

① 정적분에서의 부분적분법

닫힌구간 $[a, b]$에서 두 함수 $f(x)$, $g(x)$가 연속인 도함수를 가지면, 부분적분식 [5.1절 정리 4]에 미분적분학의 기본정리를 적용하여 정적분을 구할 수 있다. 즉

$$\int_a^b f(x)g'(x)\, dx = [f(x)g(x)]_a^b - \int_a^b f'(x)g(x)\, dx$$

가 된다. 특히 $g(x) = 1$일 때, $\int_a^b f(x)\, dx = [xf(x)]_a^b - \int_a^b xf'(x)\, dx$가 성립한다.

예 $\int_0^2 xe^x\, dx = [xe^x]_0^2 - \int_0^1 e^x\, dx = [xe^x]_0^2 - [e^x]_0^2 = 2e^2 - (e^2 - 1) = e^2 + 1$ □

② 정적분에서의 치환적분법

정리 9

함수 $f(x)$가 닫힌구간 $[a, b]$에서 연속이고 $x = \varphi(t)$가 $[\alpha, \beta]$에서 연속인 도함수를 가질 때, $a = \varphi(\alpha)$, $b = \varphi(\beta)$이면

$$\int_a^b f(x)\, dx = \int_\alpha^\beta f(\varphi(t))\varphi'(t)\, dt$$

증명 $f(x)$의 원시함수를 $F(x)$라 하면

$$\int_a^b f(x)\,dx = F(b) - F(a) = F(\varphi(\beta)) - F(\varphi(\alpha))$$

$$= \int_\alpha^\beta f(\varphi(t))\varphi'(t)\,dt \qquad \blacksquare$$

치환적분법에 의해 정적분을 구할 때는 두 가지 방법이 있다. 한 방법은, 먼저 부정적분을 구한 다음에 미분적분학의 기본정리를 이용하는 것이다. 예를 들면

$$\int_0^{1/2} \frac{x}{\sqrt{1-x^2}}\,dx = \left[-\sqrt{1-x^2}\,\right]_0^{1/2} = -\frac{\sqrt{3}}{2} + 1$$

을 얻는다. 또 다른 방법은, 적분의 한계를 변수의 변환에 대응되도록 함께 바꾸는 것이다. 이러한 과정에 의해 정적분을 구하면, 적분을 본래의 적분변수로 바꿀 필요가 없게 된다.

예제 다음 정적분을 구하시오.

(1) $\int_0^2 x\sqrt{x^2+9}\,dx$　　(2) $\int_1^2 x^3\sqrt{x^4+5}\,dx$

풀이 (1) $\sqrt{x^2+9} = u$, 즉 $x^2+9 = u^2$으로 놓으면, $x\,dx = u\,du$이다. 적분의 새로운 한계를 구하면, $x=0$일 때 $u=3$이고 $x=2$일 때 $u=\sqrt{13}$이므로

$$\int_0^4 x\sqrt{x^2+9}\,dx = \int_3^{\sqrt{13}} u^2\,du = \left[\frac{1}{3}u^3\right]_3^{\sqrt{13}} = \frac{13\sqrt{13}}{3} - 9$$

(2) $u = x^4+5$로 치환하면 $du = 4x^3\,dx$이다. 이때 적분한계는 $x=1$일 때 $u=6$이고, $x=2$일 때 $u=21$이므로

$$\int_1^2 x^3\sqrt{x^4+5}\,dx = \frac{1}{4}\int_1^2 \sqrt{x^4+5}\,(4x^3)\,dx = \frac{1}{4}\int_6^{21} \sqrt{u}\,du$$

$$= \frac{1}{4}\left[\frac{u^{3/2}}{(3/2)}\right]_6^{21} = \left(\frac{1}{4}\right)\left(\frac{2}{3}\right)(21^{3/2} - 6^{3/2})$$

$$= \frac{1}{6}(21^{3/2} - 6^{3/2}) \qquad \blacksquare$$

(3) 대칭함수의 적분

다음 정리는 대칭함수(symmetric function)의 정적분을 쉽게 구할 수 있도록 한다.

정리 10 대칭함수의 적분

함수 $f(x)$가 닫힌구간 $[-a, a]$에서 연속일 때

(1) $f(x)$가 우함수이면, $\int_{-a}^{a} f(x)\,dx = 2\int_{0}^{a} f(x)\,dx$

(2) $f(x)$가 기함수이면, $\int_{-a}^{a} f(x)\,dx = 0$

증명

$$\begin{aligned}\int_{-a}^{a} f(x)\,dx &= \int_{-a}^{0} f(x)\,dx + \int_{0}^{a} f(x)\,dx \\ &= -\int_{0}^{-a} f(x)\,dx + \int_{0}^{a} f(x)\,dx\end{aligned}$$

이고, $u = -x$를 이용하면 $-\int_{0}^{-a} f(x)\,dx = \int_{0}^{a} f(-u)\,du$가 된다.

(1) 함수 $f(x)$가 우함수이면

$$\begin{aligned}\int_{-a}^{a} f(x)\,dx &= \int_{0}^{a} f(-u)\,du + \int_{0}^{a} f(x)\,dx \\ &= \int_{0}^{a} f(u)\,du + \int_{0}^{a} f(x)\,dx = 2\int_{0}^{a} f(x)\,dx\end{aligned}$$

(2) 함수 $f(x)$가 기함수이면

$$\begin{aligned}\int_{-a}^{a} f(x)\,dx &= \int_{0}^{a} f(-u)\,du + \int_{0}^{a} f(x)\,dx \\ &= -\int_{0}^{a} f(u)\,du + \int_{0}^{a} f(x)\,dx = 0\end{aligned}$$

■

예제 다음 정적분을 구하시오.

(1) $\int_{-1}^{1} \frac{\sin x}{1+x^4}\,dx$ (2) $\int_{-1}^{1} (1+x^6)\,dx$

풀이 (1) 함수 $f(x)=\dfrac{\sin x}{1+x^4}$는 $f(-x)=-f(x)$를 만족하므로 기함수이다. 따라서 $\displaystyle\int_{-1}^{1}\frac{\sin x}{1+x^4}\,dx=0$이다.

(2) 함수 $f(x)=1+x^6$은 $f(-x)=f(x)$를 만족하므로 우함수이다. 따라서

$$\int_{-1}^{1}(1+x^6)\,dx=2\int_{0}^{1}(1+x^6)\,dx=2\left[x+\frac{x^7}{7}\right]_0^1=\frac{16}{7}$$ ■

5. 이상적분

지금까지 정적분 $\int_a^b f(x)\,dx$를 정의할 때 적분한계 a, b는 유한이고, 피적분함수 $f(x)$는 연속이라고 가정하였다. 이제 적분한계 a, b가 유한이 아니거나, 피적분함수 $f(x)$가 닫힌구간 $[a, b]$에서 불연속점을 가질 경우로 정적분의 개념을 확장한다.

(1) 피적분함수가 불연속인 이상적분

정의 11 피적분함수가 불연속인 이상적분

함수 $f(x)$가 구간 $[a, b)$에서 연속이고, $x=b$에서 연속이 아니라고 하자. 이때 극한 $\displaystyle\lim_{\varepsilon\to+0}\int_a^{b-\varepsilon}f(x)\,dx$가 존재하면, 닫힌구간 $[a, b]$에서 함수 $f(x)$의 **이상적분**(improper integral)을

$$\int_a^b f(x)\,dx=\lim_{\varepsilon\to+0}\int_a^{b-\varepsilon}f(x)\,dx$$

로 정의한다. 이때 함수 $f(x)$의 이상적분은 수렴한다고 하고, 수렴하지 않을 때 이상적분은 발산한다고 한다. 이상적분을 **특이적분**이라고도 한다.

마찬가지로 왼쪽 끝점에서도 유사한 방법을 적용한다. 또한 함수 $f(x)$가 닫힌구간 $[a, b]$의 내점 $x=c$에서 연속이 아닐 때, $[a, b]$에서의 $f(x)$의 이상적분이 존재한다는 것은 두 구간 $[a, c)$와 $(c, b]$에서 $f(x)$의 이상적분이 존재하는 것과 동치이고, 이 경우 $[a, b]$에서의 $f(x)$의 이상적분을

$$\int_a^b f(x)\,dx = \int_a^c f(x)\,dx + \int_c^b f(x)\,dx$$

로 정의한다. 일반적으로 닫힌구간 $[a, b]$의 유한개의 내점에서 연속이 아닐 때도 유사한 방법이 적용된다.

참고 함수 $f(x)$가

$$f(x) = \begin{cases} \dfrac{1}{x^2}, & x \in (0, 1] \\ 0, & x \in [-1, 0] \end{cases}$$

으로 주어질 때, 이상적분 $\int_{-1}^{1} f(x)\,dx$는 존재하지 않는다. 왜냐하면 $(0, 1]$에서 함수 $f(x)$의 이상적분이 존재하지 않기 때문이다. ✠

예제 다음 이상적분을 구하시오.

(1) $\displaystyle\int_0^1 \ln x\,dx$ (2) $\displaystyle\int_0^1 \frac{1}{\sqrt{1-x}}\,dx$

풀이 (1) 부분적분법과 로피탈 정리를 이용하면

$$\int_0^1 \ln x\,dx = \lim_{\varepsilon \to +0} \int_\varepsilon^1 \ln x\,dx = \lim_{\varepsilon \to +0} (-\varepsilon \ln \varepsilon - 1 + \varepsilon) = -1$$

(2) $\displaystyle\int_0^1 \frac{1}{\sqrt{1-x}}\,dx = \lim_{\varepsilon \to +0} \int_0^{1-\varepsilon} \frac{1}{\sqrt{1-x}}\,dx = 2$ ■

참고 이상적분으로 정적분을 구해야 하는 경우인 데도 불구하고 일반적인 정적분으로 계산하면 오류가 발생함에 유의한다. 따라서 적분을 구할 때마다 이상적분 여부를 판단해야 한다. ✠

(2) 적분한계가 무한인 이상적분

정의 12 적분한계가 무한인 이상적분

$c > a$를 만족하는 모든 실수 $c \in \mathbb{R}$에 대해서 극한 $\displaystyle\lim_{c \to \infty} \int_a^c f(x)\,dx$가 존재할 때, $[a, \infty)$에서 정의된 연속함수 $f(x)$의 이상적분을

$$\int_a^\infty f(x)\,dx = \lim_{c\to\infty}\int_a^c f(x)\,dx$$

로 정의한다. 이때 함수 $f(x)$의 이상적분은 $[a, \infty)$에서 수렴한다고 하고, 수렴하지 않을 때 이상적분은 발산한다고 한다.

무한구간 $(-\infty, b]$에서 이상적분도 유사한 방법을 적용한다. 또한 무한구간 $(-\infty, \infty)$에서 정의된 함수 $f(x)$의 이상적분은, 임의의 $b \in \mathbb{R}$에 대해서 두 무한구간 $(-\infty, b]$와 $[b, \infty)$에서 $f(x)$의 이상적분이 존재할 때

$$\int_{-\infty}^\infty f(x)\,dx = \int_{-\infty}^b f(x)\,dx + \int_b^\infty f(x)\,dx$$

로 정의한다.

예 이상적분 $\int_1^\infty \frac{1}{x}\,dx$는 발산한다. 왜냐하면

$$\int_1^\infty \frac{1}{x}\,dx = \lim_{c\to\infty}\int_1^c \frac{1}{x}\,dx = \lim_{c\to\infty}[\ln|x|]_1^c = \lim_{c\to\infty}\ln c = \infty$$

이기 때문이다. □

예제 다음 이상적분을 구하시오.

(1) $\int_1^\infty \frac{1}{x^2}\,dx$ (2) $\int_{-\infty}^0 x e^x\,dx$

풀이 (1) $\int_1^\infty \frac{1}{x^2}\,dx = \lim_{c\to\infty}\int_1^c \frac{1}{x^2}\,dx = \lim_{c\to\infty}\left[-\frac{1}{x}\right]_1^c = 1$

(2) 부분적분법과 로피탈 정리를 이용하면

$$\int_{-\infty}^0 x e^x\,dx = \lim_{c\to-\infty}\int_c^0 x e^x\,dx = \lim_{c\to-\infty}(-ce^c - 1 + e^c) = -1$$ ■

예제 이상적분 $\int_1^\infty \frac{1}{x^p}\,dx$가 수렴하기 위한 p의 값을 구하시오.

풀이 $p=1$일 때 적분이 발산하므로, $p \neq 1$이라고 가정하자. 그러면

$$\int_1^\infty \frac{1}{x^p}\,dx = \lim_{c\to\infty}\int_1^c \frac{1}{x^p}\,dx = \lim_{c\to\infty}\left[\frac{x^{-p+1}}{-p+1}\right]_{x=1}^{x=c}$$

$$= \frac{1}{1-p}\lim_{c\to\infty}\left[\frac{1}{c^{p-1}}-1\right]$$

이 된다.

(1) $p>1$이면 $p-1>0$이므로, $c\to\infty$일 때 $\dfrac{1}{c^{p-1}}\to 0$이 된다. 따라서 $\displaystyle\int_1^\infty \frac{1}{x^p}\,dx = \frac{1}{p-1}$이므로, 이상적분은 수렴한다.

(2) $p<1$이면 $c\to\infty$일 때 $\dfrac{1}{c^{p-1}}=c^{1-p}\to\infty$가 된다. 따라서 이상적분은 발산한다.

그러므로 $p>1$일 때, 이상적분 $\displaystyle\int_1^\infty \frac{1}{x^p}\,dx$는 수렴한다. ■

참고 $\Gamma(s)=\displaystyle\int_0^\infty x^{s-1}e^{-x}\,dx$ (단, $s>0$)라 두면, $\Gamma(s)=(s-1)\Gamma(s-1)$이 성립한다. 특히 $s\in\mathbb{N}$에 대해서, $\Gamma(s)=(s-1)!$이 된다. $\Gamma(s)$는 통계학에서 널리 이용되는 **감마함수** (Gamma function)이다. ✠

연습문제 5.2 EXERCISES EXERCISES EXERCISES EXERCISES EXERCISES EXERCISES EXERCISES

01 정적분의 정의를 이용하여, 다음 정적분을 구하시오.

(1) $\displaystyle\int_0^1 x\,dx$ (2) $\displaystyle\int_1^2 (x^2-5x)\,dx$ (3) $\displaystyle\int_a^b k\,dx$ (단, k는 상수)

02 정적분을 이용하여, 다음 극한을 구하시오.

(1) $\displaystyle\lim_{n\to\infty}\frac{\sqrt{n+1}+\sqrt{n+2}+\cdots+\sqrt{2n}}{\sqrt{1}+\sqrt{2}+\cdots+\sqrt{n}}$

(2) $\displaystyle\lim_{n\to\infty}(1+\sqrt{2}+\cdots+\sqrt{n})/n\sqrt{n}$

03 다음 정적분을 구하시오.

(1) $\displaystyle\int_{-1}^{2} |x|\, dx$

(2) $\displaystyle\int_{0}^{\pi} \sin^2 x\, dx$

(3) $\displaystyle\int_{0}^{\pi} \sqrt{1-\sin^2\theta}\, d\theta$

(4) $\displaystyle\int_{0}^{\pi} |\cos x|\, dx$

(5) $\displaystyle\int_{1}^{2} x^2 \ln x\, dx$

04 함수 $y=f(x)$가 닫힌구간 $[a, b]$에서 연속일 때

$$\lim_{x\to a}\frac{1}{x-a}\int_{a}^{x} f(t)\, dt = f(a)\ (\text{단},\ a \le x \le b)$$

가 성립함을 보이시오.

05 다음 물음에 답하시오

(1) $\displaystyle\frac{d}{dx}\int_{0}^{x}\sqrt{1+t^2}\, dt$ (단, $x \ge 0$)의 값을 구하시오.

(2) $\displaystyle f(x)=\frac{d}{dx}\int_{0}^{x^2}\frac{1}{t}\, dt$일 때, 함수 $f(x)$를 구하시오.

제6장

정적분의 응용

6.1 호의 길이와 두 곡선 사이의 넓이

1. 호의 길이

(1) 곡선이 직교방정식으로 주어진 경우

호의 길이를 구하는 기본적인 개념은 곡선을 잘게 쪼갠 다음, 인접한 두 점을 잇는 선분들의 길이의 합에 대한 극한으로서 정의한다. 즉 호의 길이는 **다각선분**(polygonal line)의 길이를 근삿값으로 구한 후, 극한을 취함으로써 얻어진다.

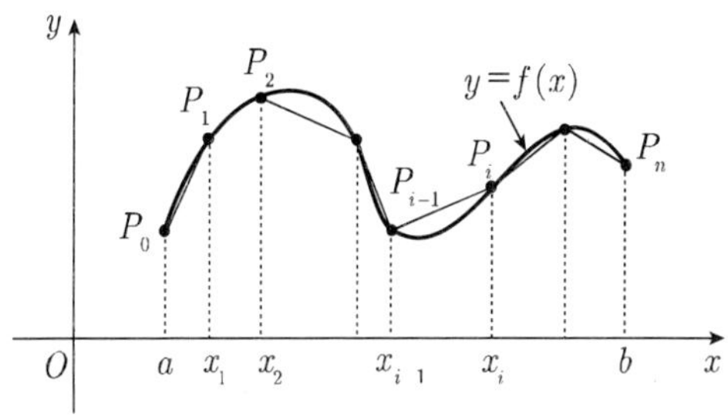

그림 6.1.1

정리 1 호의 길이

함수 $f(x)$가 닫힌구간 $[a, b]$에서 연속인 도함수를 가질 때, $y = f(x)$ (단, $a \le x \le b$)로 주어진 호의 길이 s는

$$s = \int_a^b \sqrt{1 + [f'(x)]^2}\, dx$$

로 주어진다.

라이프니츠 기호로 표현하면 호의 길이 s는

$$s = \int_a^b \sqrt{1 + \left(\frac{dy}{dx}\right)^2}\, dx$$

가 된다. 연속인 도함수를 갖는 함수 $f(x)$에 의해 주어진 곡선 C를 **매끄러운 곡선**(smooth curve) 또는 **원활한 곡선**이라고 한다.

예제 다음 곡선에 대해서, 호의 길이 s를 구하시오.

(1) $y = 2x^{3/2}$ (단, $0 \le x \le 1$) (2) $4x^3 = 9y^2$ (단, $0 \le x \le 1$)

풀이 (1) $\dfrac{dy}{dx} = 3x^{1/2}$이므로

$$s = \int_0^1 \sqrt{1 + \left(\frac{dy}{dx}\right)^2}\, dx = \int_0^1 \sqrt{1 + 9x}\, dx$$

이다. 이때 $u = 1 + 9x$라 놓으면, $du = 9\,dx$이므로

$$s = \int_1^{10} \frac{1}{9}\sqrt{u}\, du = \left[\frac{2}{3} \cdot \frac{1}{9} u^{3/2}\right]_1^{10} = \frac{2}{27}(10\sqrt{10} - 1)$$

(2) $4x^3 = 9y^2$의 도함수를 구하면, $\dfrac{dy}{dx} = \sqrt{x}$이므로

$$s = \int_0^1 \sqrt{1 + (\sqrt{x}\,)^2}\, dx = \int_0^1 \sqrt{1 + x}\, dx$$

이다. 이때 $u = \sqrt{1 + x}$라 놓으면, $2u\,du = dx$이므로

$$s = \int_1^{\sqrt{2}} u\,(2u\,du) = 2\int_1^{\sqrt{2}} u^2\, du$$

$$= 2\left[\frac{1}{3}u^3\right]_1^{\sqrt{2}} = \frac{4\sqrt{2} - 1}{3}$$

■

함수 $x = g(y)$ (단, $c \le y \le d$)로 주어진 매끄러운 곡선의 길이 s는

$$s = \int_c^d \sqrt{1 + [g'(y)]^2}\, dy = \int_c^d \sqrt{1 + \left(\frac{dx}{dy}\right)^2}\, dy$$

로 주어진다.

참고 호의 길이를 구할 때, 근호 때문에 계산이 어렵거나 불가능할 경우는 계산기나 컴퓨터를 사용하여 **수치적분** (정적분의 근사계산)을 취한다. ✠

예 구간 $0 \le x \le \pi$에서 곡선 $y = \sin x$의 길이는 $s = \displaystyle\int_0^{\pi} \sqrt{1 + \cos^2 x}\, dx$로 주어진다. 그러나 피적분함수의 원시함수를 찾는 일이 쉽지 않으므로, 수치적분법을 사용하면

$$s=\int_0^{\pi}\sqrt{1+\cos^2 x}\ dx\approx 3.8202$$

를 구할 수 있다. □

정의 2 호의 길이함수

함수 $y=f(x)$ (단, $a\le x\le b$)로 주어진 매끄러운 곡선 C에 대해서 $s(x)$를 $P(a, f(a))$에서 출발하여 $Q(x, f(x))$까지 C를 따라 움직인 거리라고 할 때, $s(x)$를 호의 길이함수(arc length function)라고 한다. 이때

$$s(x)=\int_a^x\sqrt{1+[f'(t)]^2}\ dt$$

로 주어진다.

참고 피적분함수가 연속이므로

$$\frac{ds}{dx}=\sqrt{1+[f'(x)]^2}=\sqrt{1+\left(\frac{dy}{dx}\right)^2}$$

을 얻는다. 따라서 호의 길이함수의 미분은

$$ds=\sqrt{1+\left(\frac{dy}{dx}\right)^2}\ dx=\sqrt{(dx)^2+(dy)^2}$$

이 된다. ✠

(2) 곡선이 매개변수방정식으로 주어진 경우

곡선 C가 $x=f(t)$, $y=g(t)$ (단, $\alpha\le t\le\beta$)로 주어지고, $f'(t)$, $g'(t)$가 닫힌구간 $[\alpha, \beta]$에서 연속이면, 호의 길이함수의 미분은

$$ds=\sqrt{(dx)^2+(dy)^2}=\sqrt{\{f'(t)\}^2+\{g'(t)\}^2}$$

으로 주어진다. 따라서 다음이 성립한다.

정리 3

매개변수방정식 $x=f(t)$, $y=g(t)$ (단, $\alpha\le t\le\beta$)로 주어진 곡선 C에 대해서, $f'(t)$, $g'(t)$가 닫힌구간 $[\alpha, \beta]$에서 연속이고 t가 α에서 β로 증가할 때 C가 한

번 회전하면, 곡선 C의 길이 s는

$$s = \int_{\alpha}^{\beta} \sqrt{\left(\frac{dx}{dt}\right)^2 + \left(\frac{dy}{dt}\right)^2}\, dt$$

로 주어진다.

예제 다음 매개변수방정식으로 주어진 곡선에 대해서, 호의 길이 s를 구하시오.

(1) $x = \cos t,\ y = \sin t$ (단, $0 \le t \le 2\pi$)

(2) $x = r(\theta - \sin\theta),\ y = r(1 - \cos\theta)$ (단, $0 \le \theta \le 2\pi$)

풀이 (1) 주어진 단위원의 길이는 $s = \int_0^{2\pi} \sqrt{\left(\frac{dx}{dt}\right)^2 + \left(\frac{dy}{dt}\right)^2}\, dt = \int_0^{2\pi} dt = 2\pi$

(2) $\frac{dx}{d\theta} = r(1 - \cos\theta),\ \frac{dy}{d\theta} = r\sin\theta$이므로, 호의 길이 s는

$$\begin{aligned} s &= \int_0^{2\pi} \sqrt{\left(\frac{dx}{d\theta}\right)^2 + \left(\frac{dy}{d\theta}\right)^2}\, d\theta \\ &= \int_0^{2\pi} \sqrt{r^2(1-\cos\theta)^2 + r^2\sin^2\theta}\, d\theta \\ &= r\int_0^{2\pi} \sqrt{2(1-\cos\theta)}\, d\theta \\ &= 2r\int_0^{2\pi} \sin\left(\frac{\theta}{2}\right) d\theta = 2r\left[-2\cos\left(\frac{\theta}{2}\right)\right]_0^{2\pi} = 8r \end{aligned}$$

■

(3) 곡선이 극방정식으로 주어진 경우

연속인 도함수를 갖는 극방정식 $r = f(\theta)$ (단, $a \le \theta \le b$)로 주어진 호의 길이를 구하기 위해서는, 먼저 θ를 매개변수로 하여

$$x = r\cos\theta = f(\theta)\cos\theta, \quad y = r\sin\theta = f(\theta)\sin\theta$$

로 변형한다. 그러면

$$\frac{dx}{d\theta} = \frac{dr}{d\theta}\cos\theta - r\sin\theta, \quad \frac{dy}{d\theta} = \frac{dr}{d\theta}\sin\theta + r\cos\theta$$

이므로, $\left(\frac{dx}{d\theta}\right)^2 + \left(\frac{dy}{d\theta}\right)^2 = \left(\frac{dr}{d\theta}\right)^2 + r^2$이 된다. 이때 $f'(\theta)$가 연속이므로, 극방정식

$r=f(\theta)$ (단, $a \le \theta \le b$)로 주어진 호의 길이 s는

$$s=\int_a^b \sqrt{\left(\frac{dx}{d\theta}\right)^2+\left(\frac{dy}{d\theta}\right)^2}\,d\theta,\text{ 즉 } s=\int_a^b \sqrt{r^2+\left(\frac{dr}{d\theta}\right)^2}\,d\theta$$

이다.

예제 다음 극방정식으로 주어진 곡선에 대해서, 호의 길이 s를 구하시오.

(1) $r=\cos^2\frac{1}{2}\theta$ (단, $0 \le \theta \le 2\pi$)

(2) $r=1-\cos\theta$ (단, $0 \le \theta \le 2\pi$)

풀이 (1) $\dfrac{dr}{d\theta} = -\sin\frac{1}{2}\theta\cos\frac{1}{2}\theta$이므로

$$s=\int_0^{2\pi}\sqrt{r^2+\left(\frac{dr}{d\theta}\right)^2}\,d\theta=\int_0^{2\pi}\sqrt{\cos^2\frac{1}{2}\theta}\,d\theta$$

$$=\int_0^{\pi}\cos\frac{1}{2}\theta\,d\theta+\int_{\pi}^{2\pi}\left(-\cos\frac{1}{2}\theta\right)d\theta=4$$

(2)

$$s=\int_0^{2\pi}\sqrt{r^2+\left(\frac{dr}{d\theta}\right)^2}\,d\theta=\int_0^{2\pi}\sqrt{2(1-\cos\theta)}\,d\theta$$

$$=\int_0^{2\pi}2\sin\frac{1}{2}\theta\,d\theta=4\left[-\cos\frac{1}{2}\theta\right]_0^{2\pi}=8$$

■

2. 두 곡선 사이의 넓이

이탈리아의 수학자 카발리에리(Cavalieri)는 넓이는 "폭이 없는 선의 모임"이고, 부피는 "두께가 없는 면의 모임"이라고 생각하였다.

(1) 곡선이 직교방정식으로 주어진 경우

정리 4 곡선과 x축 사이의 넓이

함수 $f(x)$가 닫힌구간 $[a, b]$에서 연속이고 $f(x) \ge 0$일 때, 곡선 $y=f(x)$와 x축, 그리고 두 직선 $x=a$, $x=b$로 둘러싸인 영역 S의 넓이 A는

$$A = \int_a^b f(x)\,dx$$

로 주어진다.

특히 $f(x)$가 닫힌구간 $[a, b]$ 내에서 부호를 바꾸는 경우, 예를 들면 닫힌구간 $[a, c]$에서 $f(x) \geq 0$, 닫힌구간 $[c, b]$에서 $f(x) \leq 0$인 경우는

$$A = \int_a^c f(x)\,dx - \int_c^b f(x)\,dx$$

로 주어진다.

예제 곡선 $y = x^2 - 2x$와 x축, 그리고 두 직선 $x = 0$, $x = 4$로 둘러싸인 영역의 넓이 A를 구하시오.

풀이 닫힌구간 $[0, 2]$에서 $y \leq 0$이고 $[2, 4]$에서 $y \geq 0$이므로, 구하는 넓이는

$$\begin{aligned} A &= -\int_0^2 (x^2 - 2x)\,dx + \int_2^4 (x^2 - 2x)\,dx \\ &= \frac{4}{3} + \left(\frac{56}{3} - 12\right) = 8 \end{aligned}$$

■

일반적으로 함수 $f(x)$가 닫힌구간 $[a, b]$에서 연속일 때, 곡선 $y = f(x)$와 x축, 그리고 두 직선 $x = a$, $x = b$로 둘러싸인 영역의 넓이는

$$\int_a^b |f(x)|\,dx$$

로 주어진다.

정리 5 두 곡선 사이의 넓이

두 함수 $f(x)$와 $g(x)$가 닫힌구간 $[a, b]$에서 연속이고

$$f(x) \geq g(x) \ (\text{단, } a \leq x \leq b)$$

일 때, 두 곡선 $y = f(x)$, $y = g(x)$와 두 직선 $x = a$, $x = b$로 둘러싸인 영역의 넓이 A는

$$A=\int_a^b \{f(x)-g(x)\}\,dx$$

로 주어진다.

예제 다음 주어진 곡선으로 둘러싸인 영역의 넓이를 구하시오.

(1) $y=x^2$, $y=2-x^2$, $x=0$, $x=2$

(2) $y=\sin x$, $y=\cos x$, $x=0$, $x=\frac{\pi}{2}$

풀이 (1) 교점은 $(1, 1)$이다. 이때 닫힌구간 $[0, 1]$에서는 $2-x^2 \geq x^2$이고, 닫힌구간 $[1, 2]$에서는 $x^2 \geq 2-x^2$이므로 구하는 넓이는 A는

$$A=\int_0^1 [(2-x^2)-x^2]\,dx+\int_1^2 [x^2-(2-x^2)]\,dx$$
$$=\int_0^1 (2-2x^2)\,dx+\int_1^2 (2x^2-2)\,dx=4$$

(2) 곡선은 교점 $\left(\frac{\pi}{4}, \frac{1}{\sqrt{2}}\right)$을 갖고, $0 \leq x \leq \frac{\pi}{4}$일 때 $\cos x \geq \sin x$이고 $\frac{\pi}{4} \leq x \leq \frac{\pi}{2}$일 때 $\cos x \leq \sin x$이다. 따라서 구하는 넓이 A는

$$A=\int_0^{\frac{\pi}{2}} |\cos x-\sin x|\,dx$$
$$=\int_0^{\frac{\pi}{4}} (\cos x-\sin x)\,dx+\int_{\frac{\pi}{4}}^{\frac{\pi}{2}} (\sin x-\cos x)\,dx$$
$$=2\sqrt{2}-2$$

■

일반적으로 닫힌구간 $[a, b]$에서 연속함수 $y=f(x)$, $y=g(x)$로 주어진 두 곡선과 두 직선 $x=a$, $x=b$로 둘러싸인 영역의 넓이는

$$A=\int_a^b |f(x)-g(x)|\,dx$$

로 주어진다.

정리 6 곡선과 y축 사이의 넓이

함수 $g(y)$가 닫힌구간 $[c, d]$에서 연속일 때, 곡선 $x=g(y)$와 y축, 그리고 두 직선 $y=c$, $y=d$로 둘러싸인 영역의 넓이 A는

$$A=\int_c^d |g(y)|\, dy$$

로 주어진다.

예제 곡선 $y=\ln x$와 y축, 그리고 두 직선 $y=0$과 $y=2$로 둘러싸인 영역의 넓이를 구하시오.

풀이 $y=\ln x$는 $x=e^y$이고, $e^y>0$이므로, 구하는 넓이 A는

$$A=\int_0^2 e^y\, dy=\left[e^y\right]_0^2=e^2-1$$ ■

닫힌구간 $[c, d]$에서 연속인 두 곡선 $x=\varphi(y)$, $x=\psi(y)$ (단, $\varphi(y) \geq \psi(y)$)와 직선 $y=c$, $y=d$로 둘러싸인 영역의 넓이는

$$\int_c^d \{\varphi(y)-\psi(y)\}\, dy$$

가 된다.

예제 두 곡선 $x=y^2$과 $x=2-y^2$으로 둘러싸인 영역의 넓이를 구하시오.

풀이 두 곡선은 교점 $(1, -1)$, $(1, 1)$을 갖고 $-1 \leq y \leq 1$일 때 $y^2 \leq 2-y^2$이므로, 구하는 넓이 A는

$$A=\int_{-1}^1 [(2-y^2)-y^2]\, dy=\int_{-1}^1 (2-2y^2)\, dy$$

$$=\left[2y-\frac{2}{3}y^3\right]_{-1}^1=\frac{8}{3}$$ ■

(2) 곡선이 매개변수방정식으로 주어진 경우

매개변수방정식으로 표현된 넓이의 계산은 이미 알고 있는 적분의 확장에 불과하다. 닫힌구간 $[a, b]$에서 정의된 연속함수 $y = F(x)$에 대해서 $F(x) \geq 0$이면 a에서 b까지의 곡선 $y = F(x)$ 아래에 있는 부분의 넓이는

$$A = \int_a^b F(x)\, dx = \int_a^b y\, dx$$

가 된다. 이때 곡선 $y = F(x)$가 매개변수방정식

$$x = f(t),\ y = g(t)\ (\text{단, } \alpha \leq t \leq \beta)$$

로 주어지고, $\alpha \leq t \leq \beta$에 대해 한 번 그려진다면 넓이는 정적분에 대한 치환법을 이용하여

$$A = \int_a^b y\, dx = \int_\alpha^\beta y(t)\, x'(t)\, dt$$

로 변형시킬 수 있다.

정리 7

곡선 $y = F(x)$가 매개변수방정식

$$x = f(t),\ y = g(t)\ (\text{단, } \alpha \leq t \leq \beta) \qquad (*)$$

로 주어지면 (단, t가 α에서 β로 증가하는 동안 $(*)$는 시계방향으로 정확하게 한 번 그려지는 곡선을 나타내며, 곡선은 시점과 종점이 같고 그 자신과 교차하는 점이 없다고 한다), 곡선으로 둘러싸인 넓이 A는

$$A = \int_\alpha^\beta g(t) f'(t)\, dt = -\int_\alpha^\beta f(t) g'(t)\, dt$$

로 주어진다.

참고 곡선이 시계반대방향으로 그려지면, 곡선으로 둘러싸인 넓이는

$$A = -\int_\alpha^\beta g(t) f'(t)\, dt = \int_\alpha^\beta f(t) g'(t)\, dt$$

로 주어진다. ✠

다음 예에서 타원의 넓이를 구할 때 매개변수방정식을 이용하는 것이 직교방정식을 이용하는 것보다 훨씬 쉬움을 알 수 있다.

예 타원 $\dfrac{x^2}{a^2}+\dfrac{y^2}{b^2}=1$로 둘러싸인 부분의 넓이 A를 구해보자. 이때 타원은 매개변수방정식

$$x=a\cos t,\ \ y=b\sin t\ (\text{단, } 0\le t\le 2\pi)$$

로 표현된다. 이 타원은 $0\le t\le 2\pi$에서 반시계방향으로 한 번 그려지므로

$$\begin{aligned}A&=-\int_0^{2\pi} y(t)\,x'(t)\,dt=-\int_0^{2\pi}(b\sin t)(-a\sin t)\,dt\\&=ab\int_0^{2\pi}\sin^2 t\,dt=ab\pi\end{aligned}$$

가 된다. 이때 적분은 반각공식 $\sin^2 t=\dfrac{1-\cos 2t}{2}$를 이용하여 계산한다. □

예제 스크램블러의 경로 $x=2\cos t+\sin 2t,\ y=2\sin t+\cos 2t$로 둘러싸인 넓이 A를 구하시오.

풀이 곡선은 $0\le t\le 2\pi$에서 반시계방향으로 한 번 그려진다. 그러므로

$$\begin{aligned}A&=\int_0^{2\pi}x(t)y'(t)\,dt=\int_0^{2\pi}(2\cos t+\sin 2t)(2\cos t-2\sin 2t)\,dt\\&=\int_0^{2\pi}(4\cos^2 t-2\cos t\sin 2t-2\sin^2 2t)\,dt=2\pi\end{aligned}$$

■

(3) 곡선이 극방정식으로 주어진 경우

극방정식 $r=f(\theta)$가 $a\le\theta\le b$ (단, $0<b-a\le 2\pi$)에서 정의된 양의 연속함수일 때, 곡선 $r=f(\theta)$와 두 직선 $\theta=a,\ \theta=b$로 둘러싸인 영역 R의 넓이 A를 구해보자.

닫힌구간 $[a,b]$의 분할 $P=\{\theta_0,\theta_1,\cdots,\theta_n\}$을 $a=\theta_0<\theta_1<\cdots<\theta_n=b$라 하면, $\theta=\theta_i$는 R을 n개의 작은 영역으로 나누고, 중심각은 $\Delta\theta_i=\theta_i-\theta_{i-1}$이 된다. 따라서 i번째 부분구간 $[\theta_{i-1},\theta_i]$에서 θ_i^*를 취하면, 넓이 ΔA_i는 중심각이 $\Delta\theta_i$이고 반지름이 $f(\theta_i^*)$인 부채꼴의 넓이 $\dfrac{1}{2}[f(\theta_i^*)]^2\Delta\theta_i$로 근사된다.

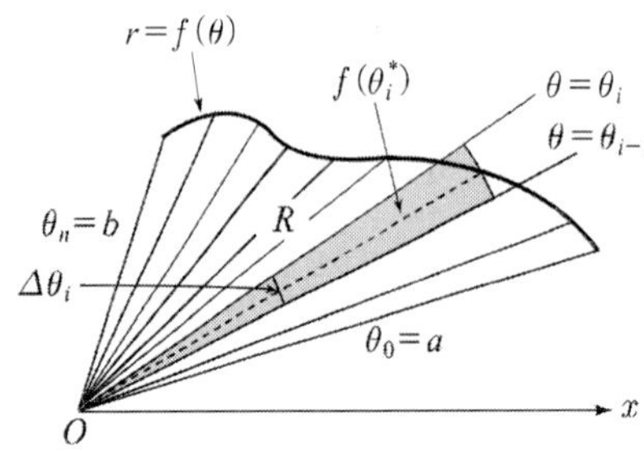

그림 6.1.2

따라서 R의 전체 넓이 A에 대한 근사값은 $\sum_{i=1}^{n} \frac{1}{2}[f(\theta_i^*)]^2 \Delta\theta_i$이므로, 영역 R의 넓이 A는

$$A = \lim_{\|P\| \to 0} \sum_{i=1}^{n} \frac{1}{2}[f(\theta_i^*)]^2 \Delta\theta_i = \frac{1}{2}\int_a^b [f(\theta)]^2\, d\theta$$

로 주어진다.

정리 8

$f(\theta)$가 닫힌구간 $[a, b]$ (단, $0 < b-a \leq 2\pi$)에서 주어진 양의 연속함수일 때, 곡선 $r=f(\theta)$와 반직선 $\theta=a$, $\theta=b$로 둘러싸인 닫힌영역 R의 넓이 A는

$$A = \frac{1}{2}\int_a^b [f(\theta)]^2\, d\theta$$

예제 세 잎 장미형 $r=\sin 3\theta$의 한 잎의 넓이 A를 구하시오.

풀이 한 잎은 $\theta=0$에서 $\theta=\frac{\pi}{3}$로 둘러싸인 영역이다. 따라서

$$A = \frac{1}{2}\int_0^{\frac{\pi}{3}} \sin^2 3\theta\, d\theta$$

$$= \frac{1}{4}\int_0^{\frac{\pi}{3}} (1-\cos 6\theta)\, d\theta = \frac{\pi}{12}$$

■

일반적으로 R을 극방정식

$$r = f(\theta),\ r = g(\theta)\ (\text{단},\ \theta = a,\ \theta = b,\ f(\theta) \geq g(\theta),\ 0 < b - a \leq 2\pi)$$

로 둘러싸인 영역이라 할 때, R의 넓이 A는

$$A = \int_a^b \frac{1}{2}\{f(\theta)\}^2\, d\theta - \int_a^b \frac{1}{2}\{g(\theta)\}^2\, d\theta$$
$$= \frac{1}{2}\int_a^b [\{f(\theta)\}^2 - \{g(\theta)\}^2]\, d\theta$$

로 주어진다.

예제 심장형 $r = 4 + 4\cos\theta$의 내부와, 원 $r = 6$의 외부에 공통인 부분의 넓이 A를 구하시오.

풀이 $r = 4 + 4\cos\theta$와 $r = 6$의 교점은 $\theta = \frac{\pi}{3}$와 $\theta = -\frac{\pi}{3}$이고, 주어진 도형은 x축에 관하여 대칭이므로

$$A = 2\int_0^{\frac{\pi}{3}} \frac{1}{2}\{(4 + 4\cos\theta)^2 - 36\}\, d\theta$$
$$= 2(9\sqrt{3} - 2\pi) = 18\sqrt{3} - 4\pi$$

■

연습문제 6.1 EXERCISES EXERCISES EXERCISES EXERCISES EXERCISES EXERCISES EXERCISES

01 $y = \frac{2}{3}x^{3/2}$ (단, $0 \leq x \leq 3$)으로 주어진 호의 길이 s를 구하시오.

02 다음 곡선에 대해서, 호의 길이를 구하시오.

(1) $x = \cos 2t,\ y = \sin 2t$ (단, $0 \leq t \leq 2\pi$)

(2) 심장형 곡선 $r = 2 - 2\cos\theta$의 전체 길이

03 다음으로 주어진 영역의 넓이를 구하시오.

(1) $y=2x+x^2-x^3$으로 주어진 곡선과 x축, 두 직선 $x=-1$, $x=1$로 둘러싸인 영역

(2) 곡선 $y=\cos x$와 x축, 그리고 두 직선 $x=0$, $x=\pi$로 둘러싸인 영역

04 다음으로 주어진 영역의 넓이를 구하시오.

(1) 두 곡선 $y=x+6$과 $y=x^2$으로 둘러싸인 영역

(2) 두 곡선 $y=2-x^2$과 $y=x^2$으로 둘러싸인 영역

05 포물선 $y=x^2-x-2$와 직선 $y=ax$로 둘러싸인 영역의 넓이가 최소가 되는 a의 값과 그때의 넓이의 최솟값을 구하시오.

06 다음으로 주어진 영역의 넓이를 구하시오.

(1) 포물선 $y^2=4x$와 직선 $2x-y=12$로 둘러싸인 영역

(2) 곡선 $x=y^2$과 직선 $x=y+2$로 둘러싸인 영역

07 $x=r(\theta-\sin\theta)$, $y=r(1-\cos\theta)$로 주어진 사이클로이드의 한 반원형 아래의 넓이를 구하시오.

6.2 입체의 부피와 겉넓이

1. 입체의 부피

입체의 부피를 구할 때는 절단면을 이용하거나 원판법을 이용한다.

(1) 곡선이 직교방정식으로 주어진 경우

① 절단면을 이용하여 부피 구하기

정리 1 절단면을 이용하여 부피 구하기

S가 평면 P_a와 P_b 사이에 놓인 입체일 때, 평면 P_x에 놓인 S의 절단면의 넓이 $A(x)$가 닫힌구간 $[a, b]$에서 연속함수이면, 입체도형 S의 부피 V는

$$V = \int_a^b A(x)\,dx$$

로 주어진다. 여기서 P_x는 x축에 수직이며, 닫힌구간 $[a, b]$에 있는 임의의 x를 지나는 평면을 의미한다.

예 절단면을 이용하여, 반지름이 r인 구의 부피를 구해보자. 구의 중심이 원점이 되게 택하면, 평면 P_x에 의해 절단된 구의 절단면은 반지름이 y인 원판이 되고, $y = \sqrt{r^2 - x^2}$ 이다. 따라서 절단면의 넓이가 $A(x) = \pi y^2 = \pi(r^2 - x^2)$이므로, 반지름이 r인 구의 부피 V는

$$\begin{aligned} V &= \int_{-r}^{r} A(x)\,dx = \int_{-r}^{r} \pi(r^2 - x^2)\,dx \\ &= 2\pi\int_0^r (r^2 - x^2)\,dx = \frac{4}{3}\pi r^3 \end{aligned}$$

으로 주어진다. □

y축의 구간 $[c, d]$의 임의의 점 y에서 y축에 수직인 평면으로 자른 단면의 넓이가

$A(y)$인 입체의 부피는 $\int_c^d A(y)\,dy$가 된다.

② 원판법으로 부피 구하기

구는 원의 지름을 회전축으로 회전하여 얻을 수 있기 때문에 회전체의 한 예가 된다. 회전체의 부피는 먼저 절단면의 넓이를 구한 후, 정적분을 이용하면 쉽게 구할 수 있다.

정리 2 원판법으로 부피 구하기

함수 $f(x)$가 닫힌구간 $[a, b]$에서 연속일 때, 곡선 $y = f(x)$와 x축, 그리고 두 직선 $x = a$, $x = b$로 둘러싸인 영역을 x축 둘레로 회전하여 만든 회전체(solid of revolution) S의 부피 V는

$$V = \int_a^b \pi \{f(x)\}^2\,dx$$

로 주어진다.

증명 점 x를 지나면서 x축에 수직인 절단면은 반지름이 $|y| = |f(x)|$인 원판(disk)이므로, 절단면의 넓이는 $A(x) = \pi y^2 = \pi\{f(x)\}^2$이 된다. 따라서 S의 부피 V는

$$V = \int_a^b A(x)\,dx = \int_a^b \pi\{f(x)\}^2\,dx$$

로 주어진다. 모든 회전체의 단면은 원형판이 되므로, 이러한 방법을 **원판법**(method of disks)이라고 한다.

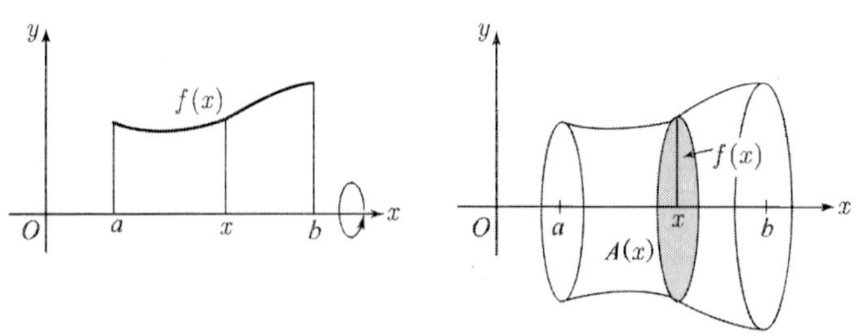

그림 6.2.1 ■

예제 다음 물음에 답하시오.

(1) 원판법을 이용하여, 반지름이 r인 구의 부피를 구하시오

(2) 닫힌구간 $[0, 1]$에서 $f(x) = 5x$와 $g(x) = x^2$으로 둘러싸인 영역을 x축 둘레로 회전하여 생기는 회전체의 부피를 구하시오.

풀이 (1) 반지름이 r인 구는 닫힌구간 $[-r, r]$과 $y = \sqrt{r^2 - x^2}$으로 둘러싸인 영역을 x축 둘레로 회전하여 생기는 회전체이므로, 반지름이 r인 구의 부피 V는

$$V = \pi \int_{-r}^{r} y^2\, dx = \pi \int_{-r}^{r} (r^2 - x^2)\, dx$$

$$= \pi \left[r^2 x - \frac{x^3}{3} \right]_{-r}^{r} = \frac{4}{3}\pi r^3$$

(2) 회전체의 부피 V는

$$V = \pi \int_0^1 (25x^2 - x^4)\, dx = \left[\pi \left(\frac{25}{3} x^3 - \frac{1}{5} x^5 \right) \right]_0^1$$

$$= \pi \left(\frac{25}{3} - \frac{1}{5} \right) = \frac{122}{15}\pi$$

■

함수 $x = g(y)$가 닫힌구간 $[c, d]$에서 연속일 때, 곡선 $x = g(y)$와 y축, 그리고 두 직선 $y = c$, $y = d$로 둘러싸인 영역을 y축 둘레로 회전하여 생기는 회전체의 부피는

$$\int_c^d \pi [g(y)]^2\, dy$$

가 된다.

예제 다음 물음에 답하시오.

(1) 직선 $2x + y = 2$와 좌표축으로 둘러싸인 영역을 y축 둘레로 회전하여 생기는 원뿔의 부피를 구하시오.

(2) $x = 0$와 $x = \sqrt{3}$ 사이에서 곡선 $y = 4 - x^2$으로 둘러싸인 영역을 y축에 관하여 회전할 때 생기는 회전체의 부피를 구하시오.

풀이 (1) 원뿔의 부피 V는

$$V=\pi\int_0^2\left(\frac{2-y}{2}\right)^2 dy=\frac{2\pi}{3}$$

(2) 회전체의 절단면은 반지름이 x에 의해 주어진 함수 $x=\sqrt{4-y}$로 주어지고 $y=1$과 $y=4$ 사이에 위치하므로, 회전체의 부피 V는

$$V=\pi\int_1^4(\sqrt{4-y}\,)^2 dy=\pi\left[4y-\frac{y^2}{2}\right]_1^4=\frac{9\pi}{2}$$ ■

정리 3

두 함수 $f(x)$, $g(x)$가 닫힌구간 $[a, b]$에서 연속일 때, 두 곡선 $y=f(x)$, $y=g(x)$ (단, $f(x)\geq g(x)$)와 x축, 그리고 두 직선 $x=a$, $x=b$로 둘러싸인 영역을 x축 둘레로 회전하여 생기는 회전체의 부피 V는

$$V=\pi\int_a^b[\{f(x)\}^2-\{g(x)\}^2]\,dx$$

로 주어진다.

(2) 곡선이 매개변수방정식으로 주어진 경우

매개변수방정식 $x=f(t), y=g(t)$ (단, $\alpha\leq t\leq\beta$)로 주어진 곡선에 대해서, $f'(t)$, $g(t)$가 연속이고 $a=f(\alpha)$, $b=g(\beta)$라고 하자. 이때 주어진 곡선과 x축, 그리고 두 직선 $x=a, x=b$로 둘러싸인 영역을 x축 둘레로 회전하여 생기는 회전체의 부피 V는

$$V=\pi\int_\alpha^\beta[g(t)]^2 f'(t)\,dt$$

로 주어진다.

2. 회전체의 겉넓이

(1) 곡선이 직교방정식으로 주어진 경우

정리 4 회전체의 겉넓이 1

매끄러운 곡선 C가 닫힌구간 $[a, b]$에서 정의된 함수 $y=f(x)$(단, $f(x) \geq 0$)에 의해 주어질 때, $f(x)$를 x축 둘레로 회전하여 생기는 회전체의 겉넓이(회전곡면의 넓이, 곡면적) S는

$$S=2\pi\int_a^b f(x)\sqrt{1+[f'(x)]^2}\,dx$$

로 주어진다.

라이프니츠 기호로 표현하면 회전체의 겉넓이 S는

$$S=2\pi\int_a^b y\sqrt{1+\left(\frac{dy}{dx}\right)^2}\,dx$$

가 된다.

예 반지름이 r인 구의 겉넓이를 구해보자. 원점을 중심으로 반지름이 r인 원을 생각하면, x축 윗부분의 원은 $y=\sqrt{r^2-x^2}$ (단, $-r \leq x \leq r$)으로 주어진다. 따라서

$$y'=-\frac{x}{\sqrt{r^2-x^2}},\quad \sqrt{1+(y')^2}=\frac{r}{\sqrt{r^2-x^2}}$$

이므로, x축 주위로 회전해서 얻어지는 구의 겉넓이 S는

$$S=\int_{-r}^{r} 2\pi\sqrt{r^2-x^2}\,\frac{r}{\sqrt{r^2-x^2}}\,dx=4\pi r^2$$

□

예제 함수 $y=\sin x$ (단, $0 \leq x \leq \pi$)로 주어진 곡선을 x축 둘레로 회전시켰을 때 얻어지는 회전체의 겉넓이를 구하시오.

풀이 $y'=\cos x$이므로, 치환 $\cos x=t$에 의해

$$4\pi\int_0^{\frac{\pi}{2}}\sin x\sqrt{1+\cos^2 x}\ dx = -4\pi\int_1^0\sqrt{1+t^2}\ dt$$
$$= 4\pi\left[\frac{1}{2}t\sqrt{1+t^2}+\frac{1}{2}\ln\left(t+\sqrt{1+t^2}\right)\right]_0^1$$
$$= 2\pi\left[\sqrt{2}+\ln\left(1+\sqrt{2}\right)\right]$$ ■

매끄러운 곡선이 $x = g(y)$ (단, $c \le x \le d$)로 주어지면, y축 둘레로 회전하여 생기는 회전체의 겉넓이 S는

$$S = 2\pi\int_c^d x\sqrt{1+\left(\frac{dx}{dy}\right)^2}\ dy$$

가 된다.

참고 [정리 4]를 이용하여 정확한 회전곡면의 겉넓이를 구할 수 있는 함수는 별로 없다. 그러므로 수치적분법으로 회전곡면의 겉넓이를 구하는 방법을 익혀야 한다. ✠

예 구간 $0 \le x \le 1$에서 곡선 $y = x^4$을 x축으로 회전시켰을 때 생기는 회전곡면의 겉넓이는 $S = \int_0^1 2\pi x^4\sqrt{1+(4x^3)^2}\ dx$로 주어진다. 그러나 피적분함수의 원시함수를 찾는 일이 쉽지 않으므로, 정적분의 근사계산을 사용한다.

$$S = \int_0^1 2\pi x^4\sqrt{1+(4x^3)^2}\ dx$$
$$= \int_0^1 2\pi x^4\sqrt{1+16x^6}\ dx \approx 3.4365$$ □

(2) 곡선이 매개변수방정식으로 주어진 경우

정리 5 회전체의 겉넓이 2

곡선이 매개변수방정식 $x = f(t)$, $y = g(t)$ (단, $\alpha \le t \le \beta$)로 주어지고, $f'(t)$와 $g'(t)$가 연속일 때

(1) 이 곡선을 x축 주위로 회전하여 얻어지는 회전체의 겉넓이 S는

$$S = \int_{\alpha}^{\beta} 2\pi \mid g(t) \mid \sqrt{\left(\frac{dx}{dt}\right)^2 + \left(\frac{dy}{dt}\right)^2}\ dt$$

(2) 이 곡선을 y축 주위로 회전하여 얻어지는 회전체의 겉넓이 S는

$$S = \int_{\alpha}^{\beta} 2\pi \mid f(t) \mid \sqrt{\left(\frac{dx}{dt}\right)^2 + \left(\frac{dy}{dt}\right)^2}\ dt$$

예 반지름이 r인 구의 겉넓이를 구해보자. 구는 반원

$$x = r\cos t,\ y = r\sin t\ (\text{단, } 0 \le t \le \pi)$$

를 x축 둘레로 회전시킴으로써 얻어지므로, 구의 겉넓이 S는

$$S = \int_0^{\pi} 2\pi r \sin t \sqrt{(-r\sin t\,)^2 + (r\cos t\,)^2}\ dt$$

$$= 2\pi r^2 \int_0^{\pi} \sin t\ dt = 4\pi r^2$$

□

참고 곡선이 매개변수방정식 $x = f(t),\ y = g(t)$ (단, $\alpha \le t \le \beta$)로 주어지고 $f'(t)$와 $g'(t)$가 연속이라고 하자. 이때 이 곡선을 직선 $x = c$ 주위로 회전하여 얻어지는 회전체의 겉넓이 S는

$$S = \int_{\alpha}^{\beta} 2\pi \mid g(t) - c \mid \sqrt{\left(\frac{dx}{dt}\right)^2 + \left(\frac{dy}{dt}\right)^2}\ dt$$

이고, 이 곡선을 직선 $y = d$ 주위로 회전하여 얻어지는 회전체의 겉넓이 S는

$$S = \int_{\alpha}^{\beta} 2\pi \mid f(t) - d \mid \sqrt{\left(\frac{dx}{dt}\right)^2 + \left(\frac{dy}{dt}\right)^2}\ dt$$

이다. ✠

연습문제 6.2 EXERCISES EXERCISES EXERCISES EXERCISES EXERCISES EXERCISES EXERCISES

01 다음 물음에 답하시오.

(1) 곡선 $y = \sqrt{x}$와 $x = 4$로 둘러싸인 영역을 x축 둘레로 회전했을 때 생기는 회전체의 부피를 구하시오.

(2) 곡선 $y=x^2$과 직선 $y=x$로 둘러싸인 영역을 x축 둘레로 회전했을 때 생기는 회전체의 부피를 구하시오.

02 구간 $1 \le x \le 2$에서 포물선 $y=x^2$을 y축 주위로 회전시켰을 때 생기는 회전체의 겉넓이 S를 구하시오.

03 사이클로이드 $x=r(\theta-\sin\theta)$, $y=r(\theta-\cos\theta)$의 한 반원형을 x축 주위로 회전시켜 생기는 곡면의 겉넓이 S를 구하시오.

6.3 정적분의 근사계산

일반적으로 대부분의 정적분은 정확히 계산할 수 없다. 이때 수치적으로 근삿값을 구하는 방법이 필요하다. 예를 들면 피적분함수의 원시함수를 구하는 것이 불가능하거나 원시함수를 초등함수로 표시할 수 없는 경우이다. 적분값을 근사시키는 데는 다양한 수치적분법이 있으나, 이 절에서는 연속인 피적분함수에 국한하여 적분의 근삿값을 구하는 초보적인 세 가지 방법에 대해서 서술한다.

(1) 리만 합 근사

닫힌구간 $[a, b]$를 $h=\dfrac{b-a}{n}$에 의해

$$a = x_0 < x_1 < x_2 < \cdots < x_{n-1} < x_n = b$$

로 n등분하고, 각 부분구간 $[x_{i-1}, x_i]$에서 임의의 점 x_i^*를 택하면

$$\int_a^b f(x)\,dx \approx h\left[f(x_1^*)+f(x_2^*)+\cdots+f(x_n^*)\right]$$

가 된다. 특히

$$y_0=f(x_0),\ y_1=f(x_1),\ y_2=f(x_2),\ \cdots,\ y_{n-1}=f(x_{n-1}),\ y_n=f(x_n)$$

일 때

$$\int_a^b f(x)\,dx \approx h\left[y_0+y_1+\cdots+y_{n-1}\right] \qquad \text{(왼쪽 끝점 공식)}$$

$$\int_a^b f(x)\,dx \approx h\left[y_1+y_1+\cdots+y_n\right] \qquad \text{(오른쪽 끝점 공식)}$$

을 얻는다. 위의 두 방법 이외에도 각 구간의 중간값을 이용하여 근삿값을 구할 수 있다. 길이가 $h=\dfrac{b-a}{n}$인 n개의 부분구간으로 이루어진 닫힌구간 $[a, b]$의 분할 $P_n=\{a, a+h, \cdots, a+nh=b\}$을 생각할 때, 닫힌구간 $[a, b]$에서의 리만 합

$$M_n(f) = h\left[f\left(a+\frac{1}{2}h\right) + f\left(a+\frac{3}{2}h\right) + \cdots + f\left(a+\left(n-\frac{1}{2}\right)h\right)\right]$$
$$= h\sum_{k=1}^{n} f\left(a+\left(k-\frac{1}{2}\right)h\right)$$

를 얻는다. 이때 $M_n(f)$를 닫힌구간 $[a, b]$에서 $f(x)$의 **제n중점 근사**(n-th midpoint approximation)라 하고

$$\int_a^b f(x)\,dx \approx h\sum_{k=1}^{n} f\left(a+\left(k-\frac{1}{2}\right)h\right)$$

를 **제n중점 공식**(n-th midpoint rule)이라고 한다.

예제 제n중점 근사 $M_n(f)$를 이용하여, $n=5$일 때 $\int_1^2 \frac{1}{x}\,dx$의 근삿값을 구하시오.

풀이 다섯 개 구간의 중점이 1.1, 1.3, 1.5, 1.7, 1.9이므로

$$\int_1^2 \frac{1}{x}\,dx \approx h[f(1.1)+f(1.3)+f(1.5)+f(1.7)+f(1.9)]$$
$$= \frac{1}{5}\left(\frac{1}{1.1}+\frac{1}{1.3}+\frac{1}{1.5}+\frac{1}{1.7}+\frac{1}{1.9}\right)$$
$$\approx 0.691908$$
■

참고 물론 미분적분학의 기본정리로부터 정확한 적분값은

$$\int_1^2 \frac{1}{x}\,dx = [\ln x]_1^2 = \ln 2 = 0.693147\cdots$$

임을 알 수 있다. ✠

다음 예제에서는 피적분함수의 원시함수를 알지 못하기 때문에 적분의 정확한 값을 구할 수 없다.

예제 제n중점 근사 $M_n(f)$를 이용하여, 소수점 아래 셋째 자리까지 정확하게 적분 $\int_0^2 \sqrt{x^2+1}\,dx$의 근삿값을 구하시오.

풀이 소수점 아래 세 자리가 정확한지를 확인하기 위해서는 소수 셋째 자리가 변하지 않을 때까지 n을 계속해서 증가시켜야 한다. n의 크기는 적분에 따라 다를 것이다. 결과는

n	중점근사
10	2.95639
20	2.95751
30	2.95772
40	2.95779

표 6.3.1

로 주어진다. 따라서 합리적인 근삿값은

$$\int_0^2 \sqrt{x^2+1}\,dx \approx 2.958$$

이다. ■

(2) 사다리꼴 근사

사다리꼴 공식은 부분구간의 사다리꼴 넓이의 리만 합으로 주어진다. $h=\dfrac{b-a}{n}$ (단, $n\in\mathbb{N}$)라 하고, 분할 $P_n=\{x_0, x_1, \cdots, x_n\}$을 생각한다. 각 부분구간 $[x_0, x_1]$, $[x_1, x_2]$, $\cdots$, $[x_{n-1}, x_n]$에 대해서, 함수 $y=f(x)$에 대한 함숫값

$$y_0=f(x_0),\ y_1=f(x_1),\ y_2=f(x_2),\ \cdots,\ y_n=f(x_n)$$

을 구한다. 그러면 $k=1, 2, \cdots, n$일 때, 소구간 $[x_{k-1}, x_k]$에서 사다리꼴 넓이는 $\dfrac{1}{2}h\,[f(x_{k-1})+f(x_k)]$이므로, 닫힌구간 $[a, b]$에서의 리만 합

$$T_n(f)=h\left[\frac{1}{2}f(x_0)+\sum_{k=1}^{n-1}f(x_k)+\frac{1}{2}f(x_n)\right]$$

을 얻는다. 사다리꼴에 의해 $f(x)$를 근사시키는 $T_n(f)$를 닫힌구간 $[a, b]$에서 $f(x)$의 제n사다리꼴 근사(n-th trapezoidal approximation)라 하고

$$\int_a^b f(x)dx \approx h\left[\frac{1}{2}f(x_0)+\sum_{k=1}^{n-1}f(x_k)+\frac{1}{2}f(x_n)\right]$$

을 제n사다리꼴 공식(n-th trapezoidal rule)이라고 한다.

예제 제n사다리꼴 근사 $T_n(f)$를 이용하여, $n=5$일 때 $\int_1^2 \frac{1}{x}\,dx$의 근삿값을 구하시오.

풀이 $n=5,\ a=1,\ b=2$일 때 $h=0.2$이므로, 사다리꼴 근사 $T_n(f)$를 이용하면

$$\begin{aligned}\int_1^2 \frac{1}{x}\,dx &\approx \frac{0.2}{2}[f(1)+2f(1.2)+2f(1.4)+\cdots+f(2)]\\ &=0.1\left[\frac{1}{1}+\frac{2}{1.2}+\frac{2}{1.4}+\frac{2}{1.6}+\frac{2}{1.8}+\frac{1}{2}\right]\\ &\approx 0.695635\end{aligned}$$

■

참고 위 예제에서 중점 근사가 사다리꼴 근사보다 더 정밀하다는 사실을 알 수 있다. ✠

(3) 심프슨 근사

심프슨 공식은 사다리꼴 근사나 중점 근사보다 더욱 정밀한 근삿값을 구하는 방법이다. 심프슨 공식은 그래프를 포물선의 부분들로 이루어진 함수에 의해 근사시킨다.

연속적인 세 점 $(-h, y_0)$, $(0, y_1)$, (h, y_2)를 지나는 포물선 $g(x)=Ax^2+Bx+C$는

$$\int_{-h}^{h} g(x)\,dx=\frac{1}{3}h(y_0+4y_1+y_2)$$

로 주어진다.

이제 닫힌구간 $[a, b]$에서 연속함수 $f(x)$에 대해서, $n\in\mathbb{N}$을 짝수라 가정하고 $h=\dfrac{b-a}{n}$라 하자. 그러면 각 부분구간

$$[x_0, x_2],\ [x_2, x_4],\ \cdots,\ [x_{n-2}, x_n]$$

에 대해서, $y_0 = f(x_0)$, $y_1 = f(x_1)$, $y_2 = f(x_2)$, $\cdots$, $y_n = f(x_n)$에서 $f(x)$와 일치하는 포물선에 의해 $f(x)$를 근사시키면

$$S_n(f) = \frac{1}{3}h\,[f(x_0) + 4f(x_1) + 2f(x_2) + 4f(x_3) + 2f(x_4) + \cdots + 2f(x_{n-2}) + 4f(x_{n-1}) + f(x_n)]$$

을 얻는다. 이때 $S_n(f)$를 닫힌구간 $[a, b]$에서 $f(x)$의 **제n심프슨 근사**(n-th Simpson's approximation)라 하고

$$\int_a^b f(x)\,dx \approx \frac{1}{3}h[f(x_0) + 4f(x_1) + 2f(x_2) + 4f(x_3) + 2f(x_4) + \cdots + 2f(x_{n-2}) + 4f(x_{n-1}) + f(x_n)]$$

을 **제n심프슨 공식**(n-th Simpson's rule)이라 한다. 심프슨 공식은 사다리꼴 근사나 중점 근사보다 더욱 정밀한 근삿값을 구하는 방법이다.

예 $n = 10$, $n = 20$, $n = 50$, $n = 100$ 일 때, 적분 $\int_0^1 \frac{4}{x^2+1}\,dx$의 근삿값을 중점 공식, 사다리꼴 공식, 심프슨 공식을 각각 이용하여 구하면 다음 표와 같다. 이것으로부터 중점 공식이나 사다리꼴 공식보다 심프슨 공식이 훨씬 더 정확하다는 것을 알 수 있다.

n	중점 근사	사다리꼴 근사	심프슨 근사
10	3.142425985	3.139925989	3.141592614
20	3.141800987	3.141175987	3.141592653
50	3.141625987	3.141525987	3.141592654
100	3.141600989	3.141575987	3.141592654

표 6.3.2 □

참고 위 예에서 참값 $\pi \approx 3.141592654$와 비교하면, 중점 근사가 사다리꼴 근사보다 π에 약간 더 근접한다. 그러나 $n = 100$인 중점 근사나 사다리꼴 근사의 어느 값도 $n = 10$인 심프슨 근사의 값만큼 근접하지 않는다. ✠

연습문제 6.3 EXERCISES EXERCISES EXERCISES EXERCISES EXERCISES EXERCISES EXERCISES

01 다음 주어진 공식을 이용하여, $n=4$일 때 정적분 $\int_0^1 3x^2\,dx$의 근삿값을 구하시오. 이때 미분적분학의 기본정리로부터 정확한 적분값은 1임에 유의한다.

(1) 중점 공식 (2) 사다리꼴 공식 (3) 심프슨 공식

02 (1) 사다리꼴 근사 $T_n(f)$ (2) 심프슨 근사 $S_n(f)$를 각각 이용하여, $n=4$일 때 적분 $\int_0^2 \sqrt{1+x^3}\,dx$의 근삿값을 구하시오.

제 7 장

편미분법

7.1 이변수함수의 극한과 연속

D가 $\mathbb{R}^n$의 부분집합일 때, $f : D \to \mathbb{R}^n$를 n**변수 함수**(function of n variables)라고 한다. 통상 $n \geq 2$인 경우를 **다변수함수**(function of several variables)라 하고, 특히 $f : D \to \mathbb{R}$를 정의역 D를 갖는 n변수 실함수라고 한다. 실함수를 종종 스칼라함수라고 부르기도 한다.

1. 이변수함수

(1) 공간좌표계

$\mathbb{R}^3$에서의 임의의 점은 세 실수의 순서쌍 (a, b, c)로 나타낸다. 원점 O에서 서로 수직으로 만나는 세 좌표축 x축, y축, z축을 택하면(단, z축의 방향은 오른손법칙에 의해 정함), 세 좌표축은 세 좌표평면 xy평면, yz평면과 xz평면을 결정한다. 이 세 좌표평면은 팔분공간이라 부르는 8개의 공간으로 나눈다.

일반적으로 n개의 성분을 갖는 순서쌍 전체의 집합을 n차원 공간이라 하고, $\mathbb{R}^n$으로 표시한다. 이것을 n차원 직교좌표계라고 한다. 이차원공간에서 x와 y를 포함하는 식의 그래프는 $\mathbb{R}^2$의 곡선이고, 삼차원공간에서 x, y, z를 포함하는 식의 그래프는 $\mathbb{R}^3$의 곡면을 나타낸다.

(2) 이변수함수

정의 1 이변수함수

$D \subset \mathbb{R}^2$에 대해서 각 점 $(x, y) \in D$에 유일한 실수 $f(x, y) \in \mathbb{R}$가 대응될 때 $f : D \to \mathbb{R}$로 표기하고, $f(x, y)$를 **이변수의 실함수**라고 한다. 이때 D를 이변수함수 $f(x, y)$의 정의역이라 하고, $\{f(x, y) | (x, y) \in D\}$를 $f(x, y)$의 치역이라고 한다. $f(x, y)$가 정의역을 D로 갖는 이변수함수일 때, $f(x, y)$의 **그래프는**

$$S = \{(x, y, z) \in \mathbb{R}^3 \mid z = f(x, y),\ (x, y) \in D\}$$

로 정의한다.

이 책을 서술함에 있어 이변수의 실함수를 간단히 **이변수함수**(function of two variables)라고 한다. 이변수함수를 표시할 때는 화살표 표시법(arrow diagram), 그래프, 등위곡선을 이용한다. 보통 $z=f(x, y)$와 $f(x, y)$를 같은 의미로 혼용한다.

참고 $z=f(x, y)$와 평면 $z=k$ (단, k는 상수)가 만나는 점 (x, y)를 xy평면에 나타낸 곡선을 이변수함수 $f(x, y)$의 **등위곡선**(level curve)이라고 한다. 이것은 지도를 제작할 때, 흔히 사용하는 방법이다. ✠

일변수함수 $f(x)$의 그래프가 $y=f(x)$로 주어진 곡선 C인 것처럼, 이변수함수 $f(x, y)$의 그래프는 $z=f(x, y)$로 주어진 곡면 S가 된다.

예제 다음 이변수함수에 대해서, 정의역 D를 구하시오.

(1) $f(x, y)=x \ln y$ (2) $f(x, y)=\sqrt{4-x^2-y^2}$

풀이 (1) $D=\{(x, y) \mid y>0\}$, 즉 x축 위 부분의 반평면이다.

(2) $D=\{(x, y) \mid 4-x^2-y^2 \geq 0\}=\{(x, y) \mid x^2+y^2 \leq 4\}$이다. 이것은 반지름 2, 원점이 중심인 원판이다. ■

참고 이변수함수 $f(x, y)=\sqrt{4-x^2-y^2}$ 의 치역은 $z \geq 0$과 $\sqrt{4-x^2-y^2} \leq 2$로부터

$$\left\{z \mid z=\sqrt{4-x^2-y^2},\ (x, y) \in D\right\}=\{z \mid 0 \leq z \leq 2\}$$

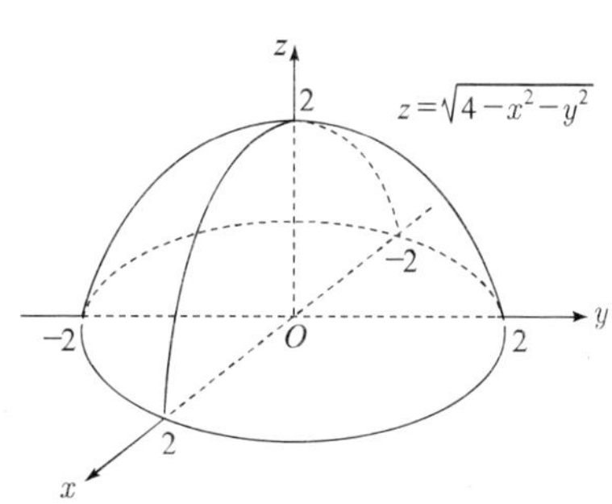

그림 7.1.1 ✠

이변수 이상의 함수의 그래프를 그리는 것은 그리 간단한 일이 아니지만, 컴퓨터 프로그램에 의해 가능하다.

2. 이변수함수의 극한과 연속

(1) 이변수함수의 극한

정의 2 이변수함수의 극한(극한의 직관적 정의)

이변수함수 $z=f(x,y)$가 $\mathbb{R}^2$ 위의 한 점 (x_0, y_0)에 충분히 가까이 있는 모든 점 (x, y)(단, 점 (x_0, y_0)는 제외 가능)들에 대해서 z축 위의 한 고정점 L의 아래 위로 충분히 가까운 점(L자신도 포함)들이 대응될 때, $z=f(x,y)$는 점 (x_0, y_0)에서 극한 L을 갖는다고 하고

$$\lim_{(x,y)\to(x_0,y_0)} f(x,y)=L$$

로 나타낸다.

이변수함수의 극한에 관한 다른 표기법은

$$\lim_{\substack{x\to x_0\\ y\to y_0}} f(x,y)=L \text{ 또는 } (x,y)\to(x_0,y_0)\text{일 때, } f(x,y)\to L$$

이다. 이때 "(x, y)가 (x_0, y_0)에 접근할 때, 이변수함수 $f(x,y)$의 극한이 L이다."라고 읽는다.

참고 일변수함수에서 x가 a에 접근할 때, 두 개의 접근방향이 있었다. 만약 $\lim_{x\to x_0+0} f(x) \neq \lim_{x\to x_0-0} f(x)$이면, $\lim_{x\to x_0} f(x)$는 존재하지 않는다. 그러나 이변수함수에서는 단순하지 않다. 왜냐하면 $(x,y)\to(x_0,y_0)$라는 개념은 평면 위의 모든 방향에서 점 (x_0, y_0)로 접근하는 것을 의미하기 때문이다. ✠

점 (x, y)가 경로 P_1을 따라서 (x_0, y_0)에 접근할 때 이변수함수 $f(x,y)$가 L_1에 접근하고, (x, y)가 경로 P_2를 따라서 (x_0, y_0)에 접근할 때 $f(x,y)$가 L_2(단,

$L_2 \neq L_1$)에 접근하면, 극한 $\lim_{(x,\,y)\to(x_0,\,y_0)} f(x,\,y)$는 존재하지 않는다. 극한이 존재한다면, $(x,\,y)$를 $(x_0,\,y_0)$에 접근시키는 경로에는 상관없이 $f(x,\,y)$는 모두 같은 극한을 가져야 하기 때문이다.

예제 다음 극한의 존재 여부를 판정하시오.

(1) $\lim_{(x,\,y)\to(1,\,0)} \dfrac{y}{x+y-1}$　　(2) $\lim_{(x,\,y)\to(0,\,0)} \dfrac{xy}{x^2+y^2}$

풀이 (1) $\lim_{(x,\,y)\to(1,\,0)} \dfrac{y}{x+y-1}$는 존재하지 않는다. 왜냐하면 직선 $x=1$을 따라서 $(x,\,y)\to(1,\,0)$이면

$$\lim_{(1,\,y)\to(1,\,0)} \frac{y}{1+y-1} = 1$$

이고, 직선 $y=0$을 따라서 $(x,\,y)\to(1,\,0)$이면

$$\lim_{(x,\,0)\to(1,\,0)} \frac{0}{x+0-1} = 0$$

이 되기 때문이다.

(2) $\lim_{(x,\,y)\to(0,\,0)} \dfrac{xy}{x^2+y^2}$는 존재하지 않는다. 왜냐하면 직선 $x=0$을 따라서 $(x,\,y)\to(0,\,0)$이면

$$\lim_{(0,\,y)\to(0,\,0)} \frac{0}{0+y^2} = 0$$

이고, 직선 $y=0$을 따라서 $(x,\,y)\to(0,\,0)$이면

$$\lim_{(x,\,0)\to(0,\,0)} \frac{0}{x^2+0} = 0$$

이다. 그런데 $y=x$에 대해서 계산하면

$$\lim_{(x,\,x)\to(0,\,0)} \frac{x^2}{x^2+x^2} = \frac{1}{2}$$

이 된다. 따라서 세 경우의 극한이 일치하지 않으므로, 극한은 존재하지 않는다. ■

$\mathbb{R}^2$에서, 반지름이 r이고 중심이 $(x_0,\,y_0)$인 **열린원판**(open disk)은

$$\{(x, y) \mid (x-x_0)^2+(y-y_0)^2 < r^2\}$$

으로 주어진 $\mathbb{R}^2$의 부분집합이고, 반지름이 r이고 중심이 (x_0, y_0)인 **닫힌원판**(closed disk)은 $\{(x, y) \mid (x-x_0)^2+(y-y_0)^2 \le r^2\}$으로 주어진 $\mathbb{R}^2$의 부분집합이다.

$\mathbb{R}^2$ 내의 점 (x_0, y_0)의 **근방**(neighborhood)은 (x_0, y_0)를 중심으로 하는 열린원판을 포함하는 임의의 집합이다.

이변수함수의 극한에 관한 엄밀한 정의는 다음과 같다.

정의 3 이변수함수의 극한(극한의 엄밀한 정의, ε-δ 논법)

$z=f(x, y)$가 점 (x_0, y_0)의 근방에서 정의된 이변수함수(단, 점 (x_0, y_0)는 제외 가능)라고 하자. 이때 임의의 $\varepsilon > 0$에 대해서

$$0 < \sqrt{(x-x_0)^2+(y-y_0)^2} < \delta$$

를 만족하는 모든 (x, y)에 대해서 $|f(x, y)-L| < \varepsilon$을 만족하는 $\delta > 0$가 존재하면, $z=f(x, y)$는 점 (x_0, y_0)에서 극한 L을 갖는다고 하고

$$\lim_{(x, y)\to(x_0, y_0)} f(x, y)=L$$

로 나타낸다.

예제 [정의 3]을 이용하여, 다음을 증명하시오

(1) $\displaystyle\lim_{(x, y)\to(a, b)} x=a$ (2) $\displaystyle\lim_{(x, y)\to(0, 0)} \frac{x^2y}{x^2+y^2}=0$

증명 (1) 임의의 $\varepsilon > 0$에 대해서 $\delta=\varepsilon$을 취하면, $0 < \sqrt{(x-a)^2+(y-b)^2} < \delta$를 만족하는 모든 (x, y)에 대해서

$$|x-a|=\sqrt{(x-a)^2} < \sqrt{(x-a)^2+(y-b)^2} < \delta=\varepsilon$$

이 성립한다. 따라서 $\displaystyle\lim_{(x, y)\to(a, b)} x=a$가 된다.

(2) 임의의 $\varepsilon > 0$에 대해서 $\delta=\varepsilon$을 취하면, $0 < \sqrt{x^2+y^2} < \delta$를 만족하는 모든 (x, y)에 대해서

$$\left| \frac{x^2 y}{x^2+y^2} - 0 \right| \leq \sqrt{x^2+y^2} < \delta = \varepsilon$$

이 성립한다. 따라서 $\lim\limits_{(x,\,y) \to (0,\,0)} \dfrac{x^2 y}{x^2+y^2} = 0$이 된다. ■

일변수함수에서의 극한에 대한 성질은 이변수함수로 확장된다.

정리 4 이변수함수의 극한정리

$\lim\limits_{(x,\,y) \to (x_0,\,y_0)} f(x,\,y) = L$, $\lim\limits_{(x,\,y) \to (x_0,\,y_0)} g(x,\,y) = M$이고 c가 임의의 상수일 때

(1) $\lim\limits_{(x,\,y) \to (x_0,\,y_0)} (cf)(x,\,y) = cL$ (2) $\lim\limits_{(x,\,y) \to (x_0,\,y_0)} (f \pm g)(x,\,y) = L \pm M$

(3) $\lim\limits_{(x,\,y) \to (x_0,\,y_0)} (fg)(x,\,y) = LM$

(4) $\lim\limits_{(x,\,y) \to (x_0,\,y_0)} \left(\dfrac{f}{g}\right)(x,\,y) = \dfrac{L}{M}$ (단, $M \neq 0$)

예 $\lim\limits_{(x,\,y) \to (2,\,1)} (x^2 y + 3xy) = 10$, $\lim\limits_{(x,\,y) \to (2,\,1)} (xy^2 + 3y) = 5 \neq 0$이므로

$$\lim_{(x,\,y) \to (2,\,1)} \frac{x^2 y + 3xy}{xy^2 + 3y} = 2$$

가 된다. □

일반적으로 이변수함수의 극한을 구할 때는, ε-δ 논법에 의존하지 않고 극좌표 변환을 이용한다.

예제

변수변환 $x = r\cos\theta$, $y = r\sin\theta$를 이용하여, $\lim\limits_{(x,\,y) \to (0,\,0)} \dfrac{x^2 y}{x^2+y^2} = 0$이 성립함을 보이시오.

증명 $x = r\cos\theta$, $y = r\sin\theta$로 변환하면, $(x,\,y) \to (0,\,0)$과 $r \to +0$은 동치이므로

$$\lim_{(x,\,y)\to(0,\,0)} \frac{x^2 y}{x^2+y^2} = \lim_{r\to+0} \frac{r^2\cos^2\theta\sin\theta}{r^2} = \lim_{r\to+0} \cos^2\theta\, r\sin\theta = 0$$

을 얻는다. 따라서 $\lim\limits_{(x,\,y)\to(0,\,0)} \dfrac{x^2 y}{x^2+y^2} = 0$이 된다. ■

일변수함수의 극한에서의 조임정리를 일반화하여 다음 정리를 얻는다.

정리 5

이변수함수 $z = f(x,\,y)$가 점 $(x_0,\,y_0)$의 근방(단, 점 $(x_0,\,y_0)$는 제외 가능)의 모든 점 $(x,\,y)$에 대해서, $|f(x,\,y) - L| \le g(x,\,y)$를 만족한다고 하자. 이때 $\lim\limits_{(x,\,y)\to(x_0,\,y_0)} g(x,\,y) = 0$이면

$$\lim_{(x,\,y)\to(x_0,\,y_0)} f(x,\,y) = L$$

증명 $\lim\limits_{(x,\,y)\to(x_0,\,y_0)} g(x,\,y) = 0$으로부터, 임의의 $\varepsilon > 0$에 대해서 $\delta > 0$가 존재해서

$$0 < \sqrt{(x-x_0)^2 + (y-y_0)^2} < \delta$$

일 때, $|g(x,\,y) - 0| < \varepsilon$, 즉 $|g(x,\,y)| < \varepsilon$을 만족한다. 따라서

$$|f(x,\,y) - L| \le g(x,\,y) < \varepsilon$$

이 된다. 그러므로 $\lim\limits_{(x,\,y)\to(x_0,\,y_0)} f(x,\,y) = L$이 성립한다. ■

예제

[정리 5]를 이용하여, $\lim\limits_{(x,\,y)\to(0,\,0)} \dfrac{x^2 y}{x^2+y^2} = 0$이 성립함을 보이시오.

증명 $x^2 + y^2 \ge x^2$이므로, $x \ne 0$에 대해서

$$\left| \frac{x^2 y}{x^2+y^2} - 0 \right| = \left| \frac{x^2 y}{x^2+y^2} \right| \le \left| \frac{x^2 y}{x^2} \right| = |y|$$

이다. 이때 $\lim\limits_{(x,\,y)\to(0,\,0)} |y| = 0$이므로, $\lim\limits_{(x,\,y)\to(0,\,0)} \dfrac{x^2 y}{x^2+y^2} = 0$이 성립한다. ■

(2) 이변수함수의 연속

정의 6 이변수함수의 연속

(x_0, y_0) 근방의 모든 점 (x, y)에서 정의된 이변수함수 $z = f(x, y)$가

$$\lim_{(x, y) \to (x_0, y_0)} f(x, y) = f(a, b)$$

를 만족하면, $f(x, y)$는 점 (x_0, y_0)에서 **연속**이라고 한다. 연속이 아닐 때 **불연속**이라고 한다.

이변수함수 $z = f(x, y)$가 정의역 $D \subset \mathbb{R}^2$의 모든 점에서 연속일 때, $f(x, y)$는 D에서 연속이라고 한다.

예 이변수함수 $f(x, y) = xy$는 점 $(1, 2)$에서 연속이다. 왜냐하면 $x = 1 + r\cos\theta$, $y = 1 + r\sin\theta$로 놓을 때

$$\lim_{(x, y) \to (1, 2)} xy = \lim_{r \to +0} (1 + r\cos\theta)(1 + r\sin\theta) = 2$$

이고, $f(1, 2) = 2$이므로

$$\lim_{(x, y) \to (1, 2)} f(x, y) = 2 = f(1, 2)$$

를 만족하기 때문이다. □

함수의 합성으로 새로운 연속함수를 얻을 수 있다.

참고 **(합성함수의 연속성)** : $z = f(x, y)$가 연속이고 $x = \varphi(u, v)$, $y = \psi(u, v)$가 연속이면, 합성함수 $z = f(\varphi(u, v), \psi(u, v))$도 연속이다. ✠

일변수함수에서의 극한과 연속에 대한 성질은 이변수함수로 확장된다.

예제

$$f(x, y) = \begin{cases} \dfrac{3x^2 y}{x^2 + y^2}, & (x, y) \neq (0, 0) \\ 0, & (x, y) = (0, 0) \end{cases}$$

으로 주어진 이변수함수 f는 $\mathbb{R}^2$에서 연속임을 보이시오.

증명 $(x, y) \neq (0, 0)$일 때, f는 유리함수이기 때문에 연속이다. 또한

$$\lim_{(x, y) \to (0, 0)} \frac{3x^2 y}{x^2 + y^2} = 0 = f(0, 0)$$

이므로, f는 $(0, 0)$에서 연속이다. 따라서 이변수함수 f는 $\mathbb{R}^2$에서 연속이다. ■

연습문제 7.1 EXERCISES EXERCISES EXERCISES EXERCISES EXERCISES EXERCISES EXERCISES

01 다음으로 주어진 이변수함수의 정의역 D와 치역 R을 구하시오.

$$f(x, y) = \sqrt{9 - x^2 - y^2}$$

02 다음 극한의 존재 여부를 판정하시오.

(1) $\displaystyle\lim_{(x, y) \to (0, 0)} \frac{xy^2}{x^2 + y^4}$ (2) $\displaystyle\lim_{(x, y, z) \to (0, 0, 0)} \frac{x^2 + y^2 - z^2}{x^2 + y^2 + z^2}$

03 극한의 엄밀한 정의(ε-δ 논법)를 이용하여, $\displaystyle\lim_{(x, y) \to (0, 0)} \frac{3x^2 y}{x^2 + y^2} = 0$이 성립함을 보이시오.

04 이변수함수 $h(x, y) = \ln(x^2 + y^2 - 1)$이 연속이 되는 구간을 구하시오.

7.2 편미분법

1. 편도함수

(1) 일계편도함수

$z = f(x, y)$로 주어진 이변수함수에서 y를 $y = y_0$로 고정하면, $f(x, y)$는 x만의 함수 $g(x) = f(x, y_0)$가 된다.

이때 $g(x)$가 x_0에서 미분계수 $g'(x_0)$를 가지면, 그것을 (x_0, y_0)에서 x에 관한 $f(x, y)$의 편미분계수(partial differential coefficient)라 하고

$$f_x(x_0, y_0) \text{ 또는 } \frac{\partial f}{\partial x}(x_0, y_0)$$

로 표시한다. 따라서

$$f_x(x_0, y_0) = \lim_{\Delta x \to 0} \frac{f(x_0 + \Delta x, y_0) - f(x_0, y_0)}{\Delta x}$$

가 된다. 마찬가지로 (x_0, y_0)에서 y에 관한 $f(x, y)$의 편미분계수는

$$f_y(x_0, y_0) = \lim_{\Delta y \to 0} \frac{f(x_0, y_0 + \Delta y) - f(x_0, y_0)}{\Delta y}$$

로 정의한다.

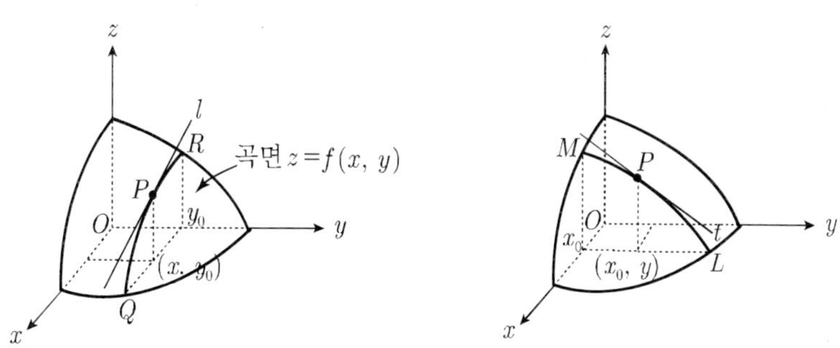

(1) $\frac{\partial f}{\partial x}$: l의 기울기 (2) $\frac{\partial f}{\partial y}$: t의 기울기

그림 7.2.1

특히 임의의 점 (x, y)에서 이변수함수 $z=f(x, y)$의 x (또는 y)에 관한 **편도함수** (partial derivative) $f_x(x, y)$ (또는 $f_y(x, y)$)를

$$f_x(x, y) = \lim_{\Delta x \to 0} \frac{f(x+\Delta x, y) - f(x, y)}{\Delta x}$$

$$f_y(x, y) = \lim_{\Delta y \to 0} \frac{f(x, x+\Delta y) - f(x, y)}{\Delta y}$$

로 정의하고, 편도함수 f_x 또는 f_y를 구하는 것을 **편미분한다** (differentiate partially)고 한다. 이때 $\dfrac{\partial}{\partial x}$와 $\dfrac{\partial}{\partial y}$를 **편미분작용소**라 하고, $\dfrac{\partial f}{\partial x}$와 $\dfrac{\partial f}{\partial y}$는 극한이 존재하는 $f(x, y)$의 정의역 내의 모든 점 (x, y)에서 정의된다. 이변수함수 $z=f(x, y)$의 편도함수는

$$f_x = \frac{\partial f}{\partial x} = \frac{\partial z}{\partial x} = z_x = D_x f, \quad f_y = \frac{\partial f}{\partial y} = \frac{\partial z}{\partial y} = z_y = D_y f$$

등으로 표기한다.

참고 이변수함수의 편도함수를 구하는 것은, 일변수함수의 도함수를 구하는 것보다 어렵지 않다. 이변수함수 $z=f(x, y)$에서 $f_x(x, y)$를 구할 때는 y를 상수로 보고 x에 관해서 미분하고, $f_y(x, y)$를 구하기 위해서는 x를 상수로 보고 y에 관해서 미분하면 된다. ✠

예제 다음 이변수함수 $f(x, y)$에 대해서, 일계편도함수 $f_x(x, y)$와 $f_y(x, y)$를 구하시오.

(1) $f(x, y) = x^2 + 3xy + 4y^2$ (2) $f(x, y) = x^3 + x^2y^3 - 2y^2$

풀이 (1) $f_x(x, y) = 2x + 3y$, $f_y(x, y) = 3x + 8y$

(2) $f_x(x, y) = 3x^2 + 2xy^3$, $f_y(x, y) = 3x^2y^2 - 4y$ ■

예제 이변수함수 $z = f(x^2 + y^2)$의 일계편도함수 $\dfrac{\partial z}{\partial x}$와 $\dfrac{\partial z}{\partial y}$를 구하시오.

풀이 $x^2+y^2=u$라 놓으면, $z=f(u)$가 된다. 따라서

$$\frac{\partial z}{\partial x}=f'(u)\frac{\partial u}{\partial x}=2xf'(u)=2xf'(x^2+y^2)$$

이 성립한다. 같은 방법으로 $\frac{\partial z}{\partial y}=2yf'(x^2+y^2)$을 얻는다. ■

일변수함수에서는 미분가능하면 연속이다. 그러나 이변수함수의 경우에는 편도함수 $f_x(x, y)$와 $f_y(x, y)$가 존재할 때, $z=f(x, y)$가 연속이 되지 않을 수도 있다.

예

$$f(x, y)=\begin{cases} \frac{xy}{x^2+y^2}, & (x, y)\neq(0, 0) \\ 0 & , (x, y)=(0, 0) \end{cases}$$

으로 정의된 이변수함수는 $f_x(0, 0)=0=f_y(0, 0)$이지만, 점 $(0, 0)$에서 연속이 아니다. □

편도함수의 기하학적 해석을 위해 이변수함수 $z=f(x, y)$가 곡면 S를 나타내고, $f(x_0, y_0)=c$이면 점 $P(x_0, y_0, z_0)$는 S 위에 놓인다고 하자. 이때 C_1이 $y=y_0$에서 S의 자취이고, C_2가 $x=x_0$에서 S의 자취이면, 편미분계수 $f_x(x_0, y_0)$와 $f_y(x_0, y_0)$는 기하학적으로 $x=x_0$와 $y=y_0$에서 C_1과 C_2에 대한 $P(x_0, y_0, z_0)$에서의 접선의 기울기로 각각 해석할 수 있다. 또한 이변수함수 $z=f(x, y)$에 대해서, $f_x(x, y)$는 y가 일정할 때 x에 관한 z의 변화율로 해석되기도 한다.

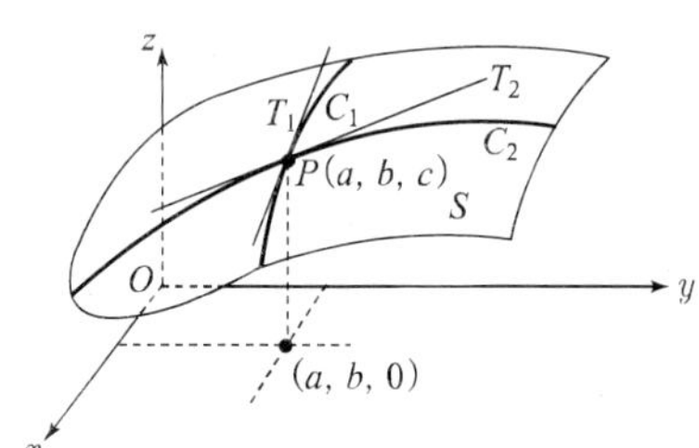

그림 7.2.2

(2) 고계편도함수

$z=f(x, y)$가 이변수함수이면, 그것의 편도함수 $f_x(x, y)$와 $f_y(x, y)$도 이변수함수가 된다. 이때 네 가지 서로 다른 이계편도함수

$$(f_x)_x,\ (f_x)_y,\ (f_y)_x,\ (f_y)_y$$

를 생각할 수 있고, 이것을 이변수함수 $z=f(x, y)$의 **이계편도함수**라고 한다. 만약 $z=f(x, y)$이면

$$(f_x)_x = f_{xx} = \frac{\partial}{\partial x}\left(\frac{\partial f}{\partial x}\right) = \frac{\partial^2 f}{\partial x^2} = \frac{\partial^2 z}{\partial x^2}$$

$$(f_x)_y = f_{xy} = \frac{\partial}{\partial y}\left(\frac{\partial f}{\partial x}\right) = \frac{\partial^2 f}{\partial y\,\partial x} = \frac{\partial^2 z}{\partial y\,\partial x}$$

$$(f_y)_x = f_{yx} = \frac{\partial}{\partial x}\left(\frac{\partial f}{\partial y}\right) = \frac{\partial^2 f}{\partial x\,\partial y} = \frac{\partial^2 z}{\partial x\,\partial y}$$

$$(f_y)_y = f_{yy} = \frac{\partial}{\partial y}\left(\frac{\partial f}{\partial y}\right) = \frac{\partial^2 f}{\partial y^2} = \frac{\partial^2 z}{\partial y^2}$$

로 표기한다. 그러므로 f_{xy} 표기법은 우선 x에 관해 미분하고, 다음에 y에 관해 미분하는 것이고, 반면 f_{yx}는 반대 순서로 계산한다.

일반적으로 대부분의 이변수함수 $z=f(x, y)$의 경우 $f_{xy}(x, y)$와 $f_{yx}(x, y)$는 일치하지만, 이들이 항상 같은 것은 아니다. 따라서 편미분의 순서변경이 허용되지 않음에 유의한다.

예제

$$f(x, y) = \begin{cases} \dfrac{xy(x^2-y^2)}{x^2+y^2}, & (x, y) \neq (0, 0) \\ 0, & (x, y) = (0, 0) \end{cases}$$

으로 주어진 이변수함수 $f(x, y)$에 대해서, $f_{xy}(0, 0) \neq f_{yx}(0, 0)$임을 보이시오.

증명 $f_x(0, y) = \lim\limits_{h\to 0} \dfrac{f(h, y) - f_x(0, y)}{h} = \lim\limits_{h\to 0} \dfrac{y(h^2-y^2)}{h^2+y^2} = -y$ 이므로

$$f_{xy}(0, 0) = \lim_{k\to 0} \frac{f_x(0, k) - f_x(0, 0)}{h} = \lim_{h\to 0} \frac{-k-0}{k} = -1$$

이 된다. 또한 $f_y(x, 0) = \lim\limits_{h\to 0} \dfrac{f(x, h) - f(x, 0)}{h} = \lim\limits_{h\to 0} \dfrac{x(x^2-h^2)}{x^2+h^2} = x$

이므로

$$f_{yx}(0,\ 0) = \lim_{k \to 0} \frac{f_y(k,\ 0) - f_y(0,\ 0)}{k} = \lim_{k \to 0} \frac{k-0}{k} = 1$$

을 얻는다. 따라서 $f_{xy}(0,\ 0) \neq f_{yx}(0,\ 0)$이다. ■

다음 정리는 클레로에 의해 처음 제시되었으나, **슈바르츠 정리**로 불린다.

정리 1 슈바르츠 정리

$z = f(x,\ y)$가 한 점 $(x_0,\ y_0)$를 포함하는 $D \subset \mathbb{R}^2$에서 정의된 이변수함수일 때, $f_{xy}(x,\ y)$와 $f_{yx}(x,\ y)$가 D에서 연속이면

$$f_{xy}(x_0,\ y_0) = f_{yx}(x_0,\ y_0)$$

같은 방법으로 n계 편도함수를 정의할 수 있다. 예를 들면 삼계편도함수 f_{xyy}를

$$f_{xyy} = (f_{xy})_y = \frac{\partial}{\partial y}\left(\frac{\partial^2 f}{\partial y\, \partial x}\right) = \frac{\partial^3 f}{\partial y^2\, \partial x}$$

로 정의한다. 이계 이상의 편도함수를 **고계편도함수**라고 한다.

예 이변수함수 $f(x,\ y) = \cos(xy) - x^3 + y^4$에 대해서

$$f_x = -y\sin(xy) - 3x^2,\ f_{xy} = -\sin(xy) - xy\cos(xy)$$

이므로

$$f_{xyy} = -2x\cos(xy) + x^2 y\sin(xy)$$

를 얻는다. □

2. 접평면과 전미분

(1) 접평면

함수의 근삿값을 구하기 위해 접선을 이용할 수 있다. 같은 방법으로 이변수함수의 근삿값은 접평면으로부터 얻을 수 있다.

정리 2 접평면의 방정식

한 점 (x_0, y_0)의 근방에서 정의된 이변수함수 $z=f(x, y)$가 (x_0, y_0)에서 연속인 일계편도함수를 가질 때, (x_0, y_0)에서 $z=f(x, y)$의 접평면의 법선벡터는 $(f_x(x_0, y_0), f_y(x_0, y_0), -1)$이다. 따라서 (x_0, y_0)에서 **접평면**의 방정식은

$$z=f(x_0, y_0)+f_x(x_0, y_0)(x-x_0)+f_y(x_0, y_0)(y-y_0) \qquad (*)$$

로 주어진다.

참고 접평면의 방정식 (*)에서 z값을 (x_0, y_0)에서 $f(x, y)$의 **선형근사식**이라 하고, $L(x, y)$로 표기한다. 즉

$$L(x, y)=f(x_0, y_0)+f_x(x_0, y_0)(x-x_0)+f_y(x_0, y_0)(y-y_0)$$

로 주어진다. ✠

이변수함수 $z=f(x, y)$ 위의 한 점 $(x_0, y_0, f(x_0, y_0))$를 지나고 접평면에 수직인 직선은

$$x=x_0+f_x(x_0, y_0)t,\ y=y_0+f_y(x_0, y_0)t,\ z=f(x_0, y_0)-t$$

로 주어진다. 이 직선을 점 $(x_0, y_0, f(x_0, y_0))$에서 곡면의 **법선**이라고 한다.

(2) 미분가능과 전미분

① 연속과 미분가능

다음 정리는 x와 y를 고정시킴으로써 생기는 일변수함수에 각각 평균값정리를 적용하여 증명한다.

정리 3

한 점 (x_0, y_0)를 포함하는 직사각형 영역 R에서 정의된 이변수함수 $z=f(x, y)$에 대해서, 일계편도함수 $f_x(x, y)$와 $f_y(x, y)$가 R 내부에서 존재하고, (x_0, y_0)에서 연속이라고 하자. 그러면 $(x_0+\Delta x, y_0+\Delta y)\in R$에 대해서

$$\begin{aligned}\Delta z &= f(x_0+\Delta x, y_0+\Delta y)-f(x_0, y_0)\\ &= f_x(x_0, y_0)\Delta x+f_y(x_0, y_0)\Delta y+\varepsilon_1\Delta x+\varepsilon_2\Delta y\end{aligned}$$

가 성립한다. 여기서 ε_1과 ε_2는 $(\Delta x, \Delta y) \to (0, 0)$일 때 각각 0에 수렴하는 Δx와 Δy의 함수이다.

한 점 (x_0, y_0) 근방 D에서 정의된 이변수함수 $z = f(x, y)$에 대해서, 일계편도함수 $f_x(x, y)$와 $f_y(x, y)$가 D 내부에서 존재하고, (x_0, y_0)에서 연속이면, 이변수함수 $z = f(x, y)$는 (x_0, y_0)에서 미분가능하다.

정의 4 미분가능

한 점 (x_0, y_0)의 근방 $D \in \mathbb{R}^2$ 내의 모든 점 $(x_0 + \Delta x, y_0 + \Delta y)$에 대해서

$$\begin{aligned} \Delta z &= f(x_0 + \Delta x, y_0 + \Delta y) - f(x_0, y_0) \\ &= f_x(x_0, y_0)\Delta x + f_y(x_0, y_0)\Delta y + \varepsilon_1 \Delta x + \varepsilon_2 \Delta y \end{aligned}$$

이고, ε_1과 ε_2가 Δx와 Δy의 함수로서 $(\Delta x, \Delta y) \to (0, 0)$일 때 모두 0에 수렴하면, 이변수함수 $z = f(x, y)$는 (x_0, y_0)에서 **미분가능**하다고 한다.

이변수함수 $z = f(x, y)$가 $D \subset \mathbb{R}^2$의 모든 점에서 미분가능하면, $f(x, y)$는 D에서 미분가능하다고 한다.

예 다항식과 유리함수는 그들의 정의역 안에서 미분가능하다. 왜냐하면 그들의 편도함수가 연속이기 때문이다. □

이변수함수 $f(x, y)$가 한 점 (x_0, y_0)에서 미분가능하면, $f(x, y)$는 (x_0, y_0)에서 연속이 된다. 그러나 연속이 미분가능함을 의미하지는 않는다. 한편 일계편도함수 $f_x(x, y)$와 $f_y(x, y)$의 존재가 이변수함수 $f(x, y)$의 미분가능성을 보장하지 않는다.

정리 5

이변수함수 $z = f(x, y)$가 한 점 (x_0, y_0)에서 미분가능하면, $f(x, y)$는 (x_0, y_0)에서 연속이다.

참고 [정리 5]의 역은 성립하지 않는다. 예를 들면 $f(x, y) = |x| + y$로 주어진 이변수함수 $z = f(x, y)$는 $(0, 0)$에서 연속이지만 미분가능하지 않다. ✠

② 증분과 전미분

Δx와 Δy를 각각 x와 y의 증분이라 할 때, 이변수함수 $z = f(x, y)$의 증분은

$$\Delta z = f(x + \Delta x, y + \Delta y) - f(x, y)$$

이다. 이때 이변수함수 $z = f(x, y)$가 정의역에 있는 점 (x, y)에서 미분가능하면

$$f(x + \Delta x, y + \Delta y) - f(x, y) \approx f_x(x, y) \Delta x + f_y(x, y) \Delta y$$

이고, $f(x, y)$의 **전미분**(total differential) dz는

$$dz = f_x(x, y) \Delta x + f_y(x, y) \Delta y = \frac{\partial z}{\partial x} \Delta x + \frac{\partial z}{\partial y} \Delta y$$

로 정의된다. 특히 $z = f(x, y) = x$일 때 $z_x = 1$, $z_y = 0$이므로 $dx = \Delta x$이고, 또한 $z = f(x, y) = y$일 때 $dy = \Delta y$이다. 따라서 이변수함수 $z = f(x, y)$의 전미분 dz는

$$dz = f_x(x, y) dx + f_y(x, y) dy = \frac{\partial z}{\partial x} dx + \frac{\partial z}{\partial y} dy$$

가 된다. 이때 $dx = x - x_0$, $dy = y - y_0$를 취하면, z의 전미분 dz는

$$dz = f_x(x_0, y_0)(x - x_0) + f_y(x_0, y_0)(y - y_0)$$

로 주어진다.

참고 이변수함수 $z = f(x, y)$의 전미분 dz는 접평면의 높이의 변화를 의미하고, $z = f(x, y)$의 증분 Δz는 한 점 (x_0, y_0)에서 $(x_0 + \Delta x, y_0 + \Delta y)$까지 (x, y)가 변할 때 곡면 $z = f(x, y)$의 변화를 의미한다. ✠

③ 전미분과 근삿값

이변수함수 $z = f(x, y)$가 한 점 (x_0, y_0)에서 미분가능할 때

$$f(x_0 + \Delta x, y_0 + \Delta y) \approx f(x_0, y_0) + dz$$

로, $f(x_0+\triangle x,\ y_0+\triangle y)$의 근삿값을 구할 수 있다.

예제 전미분을 이용하여, $\sqrt{9(1.95)^2+(8.1)^2}$의 근삿값을 구하시오.

풀이 $z=f(x,\ y)=\sqrt{9x^2+y^2}$이라 하면, $f(2,\ 8)=10$이다. 따라서

$$x_0=2,\ y_0=8,\ dx=\triangle x=-0.05,\ dy=\triangle y=0.1$$

로 잡으면, $f_x(x,\ y)=\dfrac{9x}{\sqrt{9x^2+y^2}},\ f_y(x,\ y)=\dfrac{y}{\sqrt{9x^2+y^2}}$이므로

$$\begin{aligned}\sqrt{9(1.95)^2+(8.1)^2}&=f(1.95,\ 8.1)\approx f(2,\ 8)+dz\\&=f(2,\ 8)+f_x(2,\ 8)\,dx+f_y(2,\ 8)\,dy=9.99\end{aligned}$$

를 얻는다. 이 근삿값은 소수점 아래 두 자리까지 정확하다. ■

예제 최대 오차 0.1cm로써 어느 직육면체의 세 모서리가 각각 10cm, 20cm, 30cm로 측정되었다. 이 측정으로부터 이 상자의 부피를 구할 때 최대 오차를 구하시오.

풀이 직육면체의 세 모서리를 $x,\ y,\ z$라 하고, 구하는 부피를 $V=xyz$라 하면

$$dV=\frac{\partial V}{\partial x}dx+\frac{\partial V}{\partial y}dy+\frac{\partial V}{\partial z}dz=yz\,dx+xz\,dy+xy\,dz$$

이다. 이때 $|\triangle x|\le 0.1,\ |\triangle y|\le 0.1,\ |\triangle z|\le 0.1$이므로, 최대 오차를 구하기 위해

$$dx=0.1,\ dy=0.1,\ dz=0.1,\ x=10,\ y=20,\ z=30$$

을 $dV=yz\,dx+xz\,dy+xy\,dz$에 대입하면, $\triangle V\approx dV=110$을 얻는다. 따라서 부피계산의 각 모서리에서의 단지 $0.1\,\text{cm}$의 착오는 $110\,\text{cm}^3$이나 되는 착오를 가져온다. ■

3. 합성함수의 편미분법

이변수함수에 대한 연쇄법칙과 음함수 미분법에 대해서 설명한다.

(1) 연쇄법칙

정리 6 연쇄법칙 1

$z=f(x, y)$가 열린원판 D의 모든 점에서 미분가능한 이변수함수이고, 열린구간 I의 모든 t에서 미분가능한 일변수함수

$$x=g(t),\ y=h(t)$$

에 의해 주어진 점 $(g(t), h(t))$가 D에 있다고 하자. 그러면 합성함수 $z=f(g(t), h(t))$는 I의 모든 t에 대해서 미분가능하고

$$\frac{dz}{dt}=\frac{\partial f}{\partial x}\frac{dx}{dt}+\frac{\partial f}{\partial y}\frac{dy}{dt}$$

가 성립한다. 이때 $\frac{dz}{dt}$를 t에 관한 z의 **전도함수**라고 한다.

예제 다음 이변수함수에 대해서, $\frac{dz}{dt}$를 구하시오.

(1) $z=x\ln y,\ x=t^3,\ y=e^t$ (2) $z=x^2y+3xy^4,\ x=e^t,\ y=\sin t$

풀이 (1) $\frac{dz}{dt}=\frac{\partial z}{\partial x}\frac{dx}{dt}+\frac{\partial z}{\partial y}\frac{dy}{dt}=(\ln e^t)3t^2+\left(\frac{t^3}{e^t}\right)e^t=4t^3$

(2) $\frac{dz}{dt}=\frac{\partial z}{\partial x}\frac{dx}{dt}+\frac{\partial z}{\partial y}\frac{dy}{dt}=(2xy+3y^4)e^t+(x^2+12xy^3)\cos t$

$=(2e^t\sin t+3\sin^4 t)e^t+(e^{2t}+12e^t\sin^3 t)\cos t$ ■

참고 위 [예제 (1)]의 경우는 연쇄법칙을 이용하지 않고 $z=t^3\ln e^t=t^4$으로 변형하여 미분하면 보다 쉽게 구할 수 있다. 그러나 일반적으로 복잡한 함수에서는 연쇄법칙을 이용하여야 해결할 수 있다. ✠

[정리 6]은 이변수함수 $z=f(x, y)$에서 x와 y가 두 독립변수 r과 s의 이변수함수

$x=g(r, s)$, $y=h(r, s)$인 경우로 쉽게 확장할 수 있다.

정리 7 연쇄법칙 2

$z=f(x, y)$가 열린원판 D의 모든 점에서 미분가능한 이변수함수이고, 열린원판 D^*의 모든 (r, s)에서 일계편도함수를 갖는 이변수함수

$$x=g(r, s),\ y=h(r, s)$$

에 의해 주어진 점 $(g(r, s), h(r, s))$가 D에 있다고 하자. 그러면 합성함수 $z=f(x(r, s), y(r, s))$는 D^*의 모든 r과 s에 관한 일계편도함수를 갖고

$$\frac{\partial z}{\partial r}=\frac{\partial z}{\partial x}\frac{\partial x}{\partial r}+\frac{\partial z}{\partial y}\frac{\partial y}{\partial r},\quad \frac{\partial z}{\partial s}=\frac{\partial z}{\partial x}\frac{\partial x}{\partial s}+\frac{\partial z}{\partial y}\frac{\partial y}{\partial s}$$

증명 먼저 s를 고정시키면, 두 이변수함수 $x=g(r, s)$, $y=h(r, s)$는 r만의 함수가 된다. 따라서 [정리 6]을 적용하면

$$\frac{\partial z}{\partial r}=\frac{\partial z}{\partial x}\frac{\partial x}{\partial r}+\frac{\partial z}{\partial y}\frac{\partial y}{\partial r}$$

를 얻는다. 마찬가지로 $\dfrac{\partial z}{\partial s}$를 같은 방법으로 구한다. ■

예제 $x=st^2$, $y=s^2t$, $z=e^x\sin y$일 때, $\dfrac{\partial z}{\partial s}$와 $\dfrac{\partial z}{\partial t}$를 구하시오.

풀이 [연쇄법칙 2]에 의해

$$\begin{aligned}\frac{\partial z}{\partial s}&=\frac{\partial z}{\partial x}\frac{\partial x}{\partial s}+\frac{\partial z}{\partial y}\frac{\partial y}{\partial s}=(e^x\sin y)(t^2)+(e^x\cos y)(2st)\\&=t^2e^{st^2}\sin(s^2t)+2ste^{st^2}\cos(s^2t)\\\frac{\partial z}{\partial t}&=\frac{\partial z}{\partial x}\frac{\partial x}{\partial t}+\frac{\partial z}{\partial y}\frac{\partial y}{\partial t}=(e^x\sin y)(2st)+(e^x\cos y)(s^2)\\&=2ste^{st^2}\sin(s^2t)+s^2e^{st^2}\cos(s^2t)\end{aligned}$$

■

(2) 음함수 미분법

연쇄법칙은 음함수를 미분할 때 이용된다. 미분가능한 함수 $y=f(x)$가 음함수

$F(x, y)=0$으로 표시될 때, $f(x)$의 정의역에 있는 모든 x에 대해서 $F(x, y)$가 미분가능하면, [정리 6]으로부터 $\frac{\partial F}{\partial x}\frac{dx}{dx}+\frac{\partial F}{\partial y}\frac{dy}{dx}=0$을 얻는다. 따라서 $\frac{\partial F}{\partial y}\neq 0$이면

$$\frac{dy}{dx}=-\frac{\partial F/\partial x}{\partial F/\partial y}=-\frac{F_x}{F_y}$$

가 성립한다.

정리 8

한 점 (x_0, y_0)를 포함하는 열린원판 D에서 정의된 이변수함수 $z=F(x, y)$가 미분가능하고, $F(x_0, y_0)=0$, $F_y(x_0, y_0)\neq 0$을 만족한다고 하자. 그러면 D에서 $F(x, y)=0$은 x의 함수로써 y를 정의하고

$$\frac{dy}{dx}=-\frac{\partial F/\partial x}{\partial F/\partial y}=-\frac{F_x}{F_y}$$

로 주어진다.

예제 타원 $\frac{x^2}{a^2}+\frac{y^2}{b^2}=1$ 위의 한 점 (x_1, y_1)에서 접선의 방정식을 구하시오.

풀이 $f(x, y)=\frac{x^2}{a^2}+\frac{y^2}{b^2}-1=0$으로 놓자. 그러면 $\frac{\partial f}{\partial x}=\frac{2x}{a^2}$, $\frac{\partial f}{\partial y}=\frac{2y}{b^2}$이므로, $\frac{dy}{dx}=-\frac{b^2x}{a^2y}$가 된다. 따라서 (x_1, y_1)에서 접선의 기울기는 $-\frac{b^2x_1}{a^2y_1}$이다. 그러므로 타원 $\frac{x^2}{a^2}+\frac{y^2}{b^2}=1$ 위의 한 점 (x_1, y_1)에서 접선의 방정식은

$$y-y_1=-\frac{b^2x_1}{a^2y_1}(x-x_1)$$

이다. 그런데 $\frac{x_1^2}{a^2}+\frac{y_1^2}{b^2}=1$을 만족하므로, 구하는 접선의 방정식은

$$\frac{xx_1}{a^2}+\frac{yy_1}{b^2}=1$$

로 주어진다. ■

정리 9

한 점 (x_0, y_0, z_0)를 포함하는 열린구 S에서 정의된 삼변수함수 $w = F(x, y, z)$가 미분가능하고, $F(x_0, y_0, z_0) = 0$, $F_z(x_0, y_0, z_0) \neq 0$을 만족한다고 하자. 그러면 S에서 $F(x, y, z) = 0$은 x와 y의 함수로써 z를 정의하고

$$\frac{\partial z}{\partial x} = -\frac{F_x}{F_z},\ \frac{\partial z}{\partial y} = -\frac{F_y}{F_z}$$

로 주어진다.

예제 $x^3 + y^3 + z^3 + 6xyz - 2 = 0$ 일 때, $\dfrac{\partial z}{\partial x}$와 $\dfrac{\partial z}{\partial y}$를 구하시오.

풀이 [방법 1] $\dfrac{\partial z}{\partial x}$를 구하기 위해, y를 상수로 보고 x에 관해서 음함수 미분을 하면 $3x^2 + 3z^2\dfrac{\partial z}{\partial x} + 6yz + 6xy\dfrac{\partial z}{\partial x} = 0$이므로

$$\frac{\partial z}{\partial x} = -\frac{x^2 + 2yz}{z^2 + 2xy}$$

를 얻는다. 같은 방법으로, y에 관해서 미분하면

$$\frac{\partial z}{\partial x} = -\frac{y^2 + 2xz}{z^2 + 2xy}$$

가 된다. 여기서 $z^2 + 2xy \neq 0$이다.

[방법 2] $F(x, y, z) = x^3 + y^3 + z^3 + 6xyz - 2$로 놓으면

$$\frac{\partial z}{\partial x} = -\frac{F_x}{F_z} = -\frac{3x^2 + 6yz}{z^2 + 2xy} = -\frac{x^2 + 2yz}{z^2 + 2xy}$$

$$\frac{\partial z}{\partial y} = -\frac{F_y}{F_z} = -\frac{3y^2 + 6xz}{3z^2 + 6xy} = -\frac{y^2 + 2xz}{z^2 + 2xy}$$

가 된다. 여기서 $z^2 + 2xy \neq 0$이다. ■

4. 방향도함수

정의 10 방향도함수

어떤 단위벡터 $\mathbf{u} = (a, b)$ 방향으로 (x_0, y_0)에서 이변수함수 $z = f(x, y)$의 **방향도함수**(directional derivative)는, 극한이 존재할 때

$$D_{\mathrm{u}} f(x_0, y_0) = \lim_{h \to 0} \frac{f(x_0 + ha,\ y_0 + hb) - f(x_0,\ y_0)}{h}$$

로 정의한다.

이변수함수 $z = f(x, y)$가 $\mathbb{R}^2$ 내의 점 (x, y)에서 미분가능하면, 어떤 단위벡터 $\mathbf{u} = (a, b)$의 방향으로 방향도함수 $D_{\mathrm{u}} f(x, y)$를 갖고

$$D_{\mathrm{u}} f(x, y) = f_x(x, y)a + f_y(x, y)b$$

가 된다.

참고 $D_{\mathrm{u}} f(x, y)$는 "$\mathbb{R}^2$ 내의 단위벡터 $\mathbf{u}$의 방향으로 함수의 변화율"로 해석할 수 있다. ✠

어떤 단위벡터 $\mathbf{u} = (a, b)$의 방향으로 방향도함수 $D_{\mathrm{u}} f(x, y)$는 두 벡터의 내적

$$D_{\mathrm{u}} f(x, y) = f_x(x, y)a + f_y(x, y)b = (f_x(x, y),\ f_y(x, y)) \cdot \mathbf{u}$$

로 변형된다. 이때 이변수함수 $f(x, y)$의 일계편도함수를 각 좌표의 성분으로 갖는 벡터함수 $(f_x(x, y), f_y(x, y))$를 $f(x, y)$의 **기울기**(gradient)라고 정의하고, grad f 또는 ∇f로 표기한다. (9.1절 2 참조)

정리 11

이변수함수 $z = f(x, y)$가 미분가능하고 $\mathbf{u}$가 단위벡터이면

$$D_{\mathrm{u}} f(x, y) = \nabla f(x, y) \cdot \mathbf{u}$$

참고 x와 y에 관한 f의 편도함수는 방향도함수의 특별한 경우이다. 왜냐하면 $\mathbb{R}^2$에서의 표준기저벡터 $\mathbf{i}$와 $\mathbf{j}$에 대해서, $\nabla f \cdot \mathbf{i} = f_x$이므로 $D_{\mathrm{u}} f = f_x$가 되고, $\nabla f \cdot \mathbf{j} = f_y$이므로 $D_{\mathrm{u}} f = f_y$로 주어지기 때문이다. ✠

연습문제 7.2 EXERCISES EXERCISES EXERCISES EXERCISES EXERCISES EXERCISES EXERCISES

01 다음 이변수함수 $f(x, y)$에 대해서, $f_x(1, 2)$를 구하시오

(1) $f(x, y) = 2xy - x^2y$ (2) $f(x, y) = 24xy - 6x^2$

02 점 $(1, 2, 1)$에서 곡면 $z = 6 - x^2 - y^2$에 대한 접평면의 방정식과 법선의 방정식을 구하시오.

03 이변수함수의 전미분을 이용하여 $5.04^2 \times 2.98$의 근삿값을 구하시오.

04 $x^3 + y^3 - 6xy = 0$일 때, $\dfrac{dy}{dx}$를 구하시오.

05 다음 함수에 대해서, 일계편도함수 $\dfrac{\partial z}{\partial x}$와 $\dfrac{\partial z}{\partial y}$를 구하시오.

(1) $3x^2z + 2z^3 - 3yz = 0$ (2) $x^3 + y^3 + z^3 + xyz = 0$

06 다음 물음에 답하시오.

(1) 단위벡터 $\mathbf{u}$와 양의 x축과 이루는 각이 $\theta = \pi/6$일 때, $(2, 1)$에서 이변수함수 $f(x, y) = x^2y - 4y^3$의 방향도함수를 구하시오.

(2) 단위벡터 $\mathbf{u}$가 $\mathbf{v} = (-3, 4)$ 방향일 때, 이변수함수 $f(x, y) = x^2 + y^2$에 대하여 방향도함수 $D_{\mathrm{u}} f(1, -1)$을 구하시오.

7.3 이변수함수의 극대와 극소

1. 이변수함수의 전개

미분가능한 일변수함수 $f(x)$에 대한 평균값정리는 이변수함수로 확장할 수 있다.

정리 1 이변수함수에 관한 평균값 정리

한 점 (x_0, y_0)를 포함하는 열린원판 D에서 연속인 일계편도함수를 갖는 이변수함수 $z=f(x, y)$에 대해서, (x_0+h, y_0+k)가 D의 점이면

$$f(x_0+h, y_0+k)=f(x_0, y_0)+\left(h\frac{\partial}{\partial x}+k\frac{\partial}{\partial y}\right)f(x^*, y^*)$$

를 만족하는 점 (x^*, y^*)가 (x_0, y_0)와 (x_0+h, y_0+k)를 잇는 선분 위에 존재한다.

[정리 1]부터 다음 정리를 얻는다.

따름정리

한 점 (x_0, y_0)를 포함하는 열린원판 D에서 연속인 일계편도함수를 갖는 이변수함수 $z=f(x, y)$에 대해서, (x_0+h, y_0+k)가 D의 점이면

$$f(x_0+h, y_0+k)=f(x_0, y_0)+\left(h\frac{\partial}{\partial x}+k\frac{\partial}{\partial y}\right)f(a+\theta h, b+\theta k)$$

를 만족하는 θ (단, $0<\theta<1$)가 존재한다.

참고 **(이변수함수에 관한 테일러 정리)** : 이변수함수 $f(x, y)$가 한 점 (x_0, y_0)를 포함하는 열린원판 D에서 연속인 n계 편도함수를 갖는다면, 테일러 공식

$$f(a+h, b+k)=f(a, b)+\left(h\frac{\partial}{\partial x}+k\frac{\partial}{\partial y}\right)f(a, b)$$
$$+\frac{1}{2!}\left(h\frac{\partial}{\partial x}+k\frac{\partial}{\partial y}\right)^2 f(a, b)+\cdots$$

$$+\frac{1}{(n-1)!}\left(h\frac{\partial}{\partial x}+k\frac{\partial}{\partial y}\right)^{n-1}f(a,\,b)$$
$$+\frac{1}{n!}\left(h\frac{\partial}{\partial x}+k\frac{\partial}{\partial y}\right)^{n}f(a+\theta h,\,b+\theta k)$$

를 만족하는 θ (단, $0<\theta<1$)가 존재한다. ✠

2. 이변수함수의 극값

이변수함수의 극대와 극소는 일변수함수의 극대와 극소의 개념을 확장시킨 것이다.

정의 2 이변수함수의 극대·극소

한 점 $(x_0,\,y_0)$의 적당한 근방에 있는 모든 점 $(x,\,y)$에서

$$f(x,\,y)\le f(x_0,\,y_0)\ (\text{또는 } f(x,\,y)\ge f(x_0,\,y_0))$$

를 만족할 때, 이변수함수 $z=f(x,\,y)$는 **극댓값**(또는 **극솟값**) $f(x_0,\,y_0)$를 갖는다고 한다. 극댓값과 극솟값을 통틀어 **극값**이라고 한다.

이변수함수 $f(x,\,y)$의 정의역에 있는 모든 점 $(x,\,y)$에서

$$f(x,\,y)\le f(x_0,\,y_0)\ (\text{또는 } f(x,\,y)\ge f(x_0,\,y_0))$$

를 만족할 때, $f(x,\,y)$는 한 점 $(x_0,\,y_0)$에서 **최댓값**(또는 **최솟값**)을 갖는다고 한다.

예 $z=f(x,\,y)$가 $f(x,\,y)=x^2+y^2+2x-4y+3$로 주어진 이변수함수라고 하자. 이때

$$f(x,\,y)=(x+1)^2+(y-2)^2-2$$

로 변형하면 $(x+1)^2\ge 0$이고 $(y-2)^2\ge 0$이므로, x와 y의 모든 값에 대해서 $f(x,\,y)\ge -2$가 성립한다. 따라서 $f(-1,\,2)=-2$가 이변수함수 $f(x,\,y)$의 극솟값이다. 그리고 이것이 $f(x,\,y)$의 최솟값이 된다. □

정의 3 임계점

한 점 (x_0, y_0)가 이변수함수 $z = f(x, y)$의 정의역 내에 있고

$$f_x(x_0, y_0) = 0,\ f_y(x_0, y_0) = 0$$

이거나, (x_0, y_0)에서 편도함수 $f_x(x, y)$와 $f_y(x, y)$ 중 적어도 하나가 존재하지 않을 때, (x_0, y_0)를 $f(x. y)$의 **임계점**이라고 한다.

예 이변수함수 $f(x, y) = x^2 + y^2 + 2x - 4y + 3$에 대해서

$$f_x(x, y) = 2x + 2,\ f_y(x, y) = 2y - 4$$

이므로, $f(x, y)$의 임계점은 $(-1, 2)$이다. □

정리 4

한 점 (x_0, y_0)에서 이변수함수 $f(x, y)$의 극값이 존재하고, $f(x, y)$가 (x_0, y_0)에서 연속인 일계편도함수를 가지면

$$f_x(x_0, y_0) = 0,\ f_y(x_0, y_0) = 0$$

이 성립한다. 따라서 이변수함수 $f(x, y)$가 점 (x_0, y_0)에서 극값을 가지면, (x_0, y_0)는 임계점이 된다.

증명 이변수함수 $f(x, y)$가 점 (x_0, y_0)에서 극댓값을 가지면, (x_0, y_0)의 적당한 근방에서 $f(x_0, y_0) \geq f(x, y)$가 된다. 따라서 $f(x_0, y_0) \geq f(x, y_0)$가 성립한다. 이것은 x만의 함수 $f(x, y_0)$가 $x = x_0$에서 극대인 것을 나타내므로, $f_x(x_0, y_0) = 0$이 된다. 같은 방법으로 $f_y(x_0, y_0) = 0$이 된다. 극솟값을 가질 경우도 유사한 방법으로 증명한다. ■

참고 [정리 4]의 기하학적인 해석은 극값을 갖는 점에서 이변수함수 $f(x, y)$가 접평면을 가지면 그 접평면은 수평이 된다는 것이다. ✠

만일 $f(x_0, y_0)$가 극값이면, (x_0, y_0)는 이변수함수 $f(x, y)$의 임계점이다. 그러나 극값은 임계점에서만 생기지만, 임계점에서 이변수함수가 반드시 극값을 갖는 것이 아니다.

예 이변수함수 $f(x, y) = y^2 - x^2$으로 주어진 쌍곡포물면은 원점에서 수평의 접평면을 갖는다. 그러나 $f_x(x, y) = 2x$, $f_y(x, y) = -2y$로부터

$$f_x(0, 0) = 0, \ f_y(0, 0) = 0$$

을 만족하지만, $f(0, 0) = 0$은 x축 방향에서는 최대이고 y축 방향에서는 최소이므로 점 $(0, 0)$에서 쌍곡포물면 $f(x, y)$는 극값을 갖지 않는다.

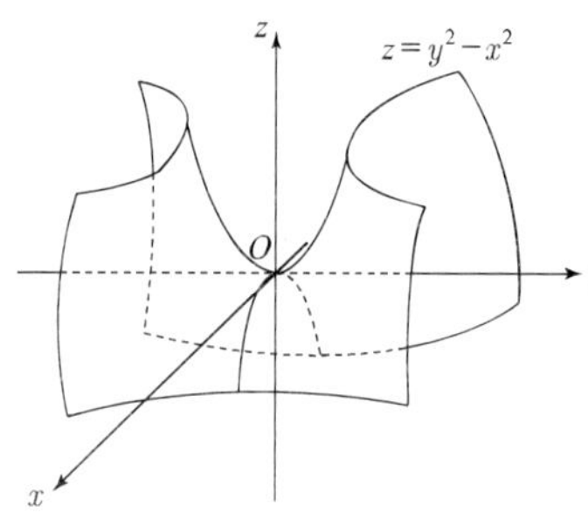

그림 7.3.1 □

정의 5 안장점

한 점 (x_0, y_0)가 이변수함수 $z = f(x, y)$의 임계점일 때, (x_0, y_0)를 중심으로 하는 모든 열린원판이 $f(x, y) < f(x_0, y_0)$인 점 (x, y)와 $f(x, y) > f(x_0, y_0)$인 점 (x, y)를 모두 포함하면, 점 $P(x_0, y_0, f(x_0, y_0))$를 $z = f(x, y)$의 **안장점**(saddle point)이라고 한다.

예 쌍곡포물면 $f(x, y) = y^2 - x^2$은 $(0, 0)$에서 안장점을 가진다. 이때 원점 근방에서 말안장 모양을 하고 있음에 유의한다. □

극값은 임계점에서만 생기므로 극값을 구하기 위해서는 먼저 임계점을 찾아야 한다. 그 다음 임계점을 분석해서 극값 여부를 판정한다. 이제 임계점에서 극값의 존재 여부를 결정하는 판정법을 생각해보자.

정리 6 이계편도함수 판정법

이변수함수 $z = f(x, y)$가 한 점 (x_0, y_0)를 포함하는 어떤 열린원판에서 연속인 이계편도함수를 갖고

$$f_x(x_0, y_0) = 0,\ f_y(x_0, y_0) = 0$$

을 만족한다고 하자. 이때 (x_0, y_0)에서 판별식 D를

$$D(x_0, y_0) = {f_{xy}}^2(x_0, y_0) - f_{xx}(x_0, y_0) f_{yy}(x_0, y_0)$$

라고 놓으면, 다음이 성립한다.

(1) (x_0, y_0)에서 $D < 0,\ f_{xx} > 0$이면, $f(x_0, y_0)$는 극솟값이다.

(2) (x_0, y_0)에서 $D < 0,\ f_{xx} < 0$이면, $f(x_0, y_0)$는 극댓값이다.

(3) $D(x_0, y_0) > 0$이면, $f(x, y)$는 (x_0, y_0)에서 안장점을 갖는다.

(4) $D(x_0, y_0) = 0$이면, $f(x, y)$는 (x_0, y_0)에서 극값을 갖든지, (x_0, y_0)에서 안장점을 갖는다.

예제 다음 이변수함수에 대해서, 극값을 구하시오.

(1) $f(x, y) = 3x^2 + y^3$　　　　(2) $f(x, y) = xy(x + y - 3)$

풀이 (1) $f_x(x, y) = 6x = 0,\ f_y(x, y) = 3y^2 = 0$으로부터 임계점 $(0, 0)$을 얻는다. 한편

$$f_{xx} = 6,\ f_{xy} = 0,\ f_{yy} = 6y$$

$$D(0, 0) = f_{xy}^2(0, 0) - f_{xx}(0, 0) f_{yy}(0, 0) = 0$$

이므로, $(0, 0)$에서 극값의 존재 여부를 알 수 없다. 그러나 y축을 따라 $f(x, y) = y^3$이므로, $y > 0$이면 $f(x, y) > 0,\ y < 0$이면 $f(x, y) < 0$이 된다. 즉 점 $(0, 0)$에서 극값을 갖지 않는다. 따라서 주어진 함수는 극값을 갖지 않는다.

(2) $f_x(x, y) = y(2x + y - 3) = 0, f_y(x, y) = x(x + 2y - 3) = 0$으로부터 임계점 $(0, 0)$, $(0, 3)$, $(3, 0)$, $(1, 1)$을 얻는다. 한편

$$f_{xx}(x, y) = 2y,\ f_{xy}(x, y) = 2x + 2y - 3,\ f_{yy}(x, y) = 2x$$

$$D(x, y) = f_{xy}^2(x, y) - f_{xx}(x, y) f_{yy}(x, y) = (2x + 2y - 3)^2 - 4xy$$

가 된다. 임계점 각각에 대해서 $D(x, y)$를 구하면, 각각 $9,\ 9,\ 9,\ -3$을 얻는다. 따라서 처음 세 쌍에 대해서 주어진 이변수함수 $f(x, y)$는 극값을 갖지 않는다. 그러나 $f_{xx}(1, 1) > 0$이므로, $f(x, y)$는 극솟값

$f(1, 1) = -1$을 갖는다. ■

$D \subset R^2$에 대해서, D를 완전히 포함하는 원판이 존재할 때 D를 유계라고 한다.

정리 7 최대·최솟값정리

유계인 닫힌영역 $D \subset \mathbb{R}^2$에서 정의된 연속인 이변수함수 $f(x, y)$는 D에서 최댓값과 최솟값을 갖는다. 이때 이 값들은 D의 임계점이거나 또는 D의 경계점에서 생긴다.

유계인 닫힌영역에서 연속함수의 최댓값과 최솟값을 구하는 방법은 먼저 경계에서 극값을 구하고, 이것을 다시 내부에서의 극값과 비교하여 구한다.

연습문제 7.3 EXERCISES EXERCISES EXERCISES EXERCISES EXERCISES EXERCISES EXERCISES

01 이변수함수 $f(x, y) = 2x^2 - y^3 - 2xy$의 모든 임계점을 구하시오.

02 다음 이변수함수에 대해서, 극값을 구하시오.

(1) $f(x, y) = x^2 + y^2 - 2x - 6y + 5$ (2) $f(x, y) = x^3 - 2y^2 - 2y^4 + 3x^2y$

제8장

중적분

8.1 이중적분

단순적분으로 불리는 일변수함수에 대한 정적분의 개념을 중적분이라 부르는 이중적분, 삼중적분 등으로 확장한다.

1. 직사각형 영역에서의 이중적분

(1) 이중적분

연속인 이변수함수 $z = f(x, y)$ (단, $f(x, y) \geq 0$)가 직사각형 영역

$$D = \{(x, y) \mid a \leq x \leq b,\ c \leq y \leq d\}$$

에서 정의되고

$$S = \{(x, y, z) \in \mathbb{R}^3 \mid 0 \leq z \leq f(x, y),\ (x, y) \in \mathbb{R}^2\}$$

라고 하자. 먼저 직사각형 영역 D를

$$a = x_0 < x_1 < x_2 < \cdots < x_{m-1} < x_m = b$$
$$c = y_0 < y_1 < y_2 < \cdots < y_{n-1} < y_n = d$$

라 하고, mn개의 부분직사각형(여기서 부분직사각형의 변의 길이가 같을 필요는 없다)

$$D_{ij} = \{(x, y) \mid x_{i-1} \leq x \leq x_i,\ y_{j-1} \leq y \leq y_j\}$$

로 구성되는 D의 분할 P를 택한다.

$$\Delta x_i = x_i - x_{i-1},\ \ \Delta y_j = y_j - y_{j-1}$$

로 놓으면, 각 D_{ij}의 넓이는 $\Delta A_{ij} = \Delta x_i \Delta y_j$가 된다. 이제 $(x_{ij}^*, y_{ij}^*) \in D_{ij}$를 선택하면 D_{ij}에서 S의 성분들은 밑변이 D_{ij}이고 높이가 $f(x_{ij}^*, y_{ij}^*)$인 직육면체에 근사되고, 이 직육면체의 부피는 $V_{ij} = f(x_{ij}^*, y_{ij}^*)\Delta A_{ij}$가 된다. 이때 분할 P의 모든 부분직사각형의 대각선 중 최대 길이를 $\|P\|$라고 하면, $\|P\| \to 0$일 때 이중리만 합

$$\sum_{i=1}^{m} \sum_{j=1}^{n} f(x_{ij}^*, y_{ij}^*)\Delta A_{ij}$$

는 S의 부피 V에 근사된다. 즉

$$V = \lim_{\| P \| \to 0} \sum_{i=1}^{m} \sum_{j=1}^{n} f(x_{ij}^*, y_{ij}^*) \Delta A_{ij}$$

정의 1 이중적분

xy평면의 직사각형 영역 D에서 정의된 이변수함수 $z = f(x, y)$가 연속이면, 분할 영역 D_{ij}에서 임의의 점 (x_{ij}^*, y_{ij}^*)의 선택에 관계없이 극한

$$\lim_{\| P \| \to 0} \sum_{i=1}^{m} \sum_{j=1}^{n} f(x_{ij}^*, y_{ij}^*) \triangle A_{ij}$$

가 존재한다. 이때 D에서 연속인 이변수함수 $f(x, y)$의 **이중적분**(double integral)을

$$\int\int_D f(x, y)\, dA = \lim_{\| P \| \to 0} \sum_{i=1}^{m} \sum_{j=1}^{n} f(x_{ij}^*, y_{ij}^*) \triangle A_{ij}$$

로 정의하고, $f(x, y)$는 직사각형 영역 D에서 **적분가능**하다고 한다.

일반적으로 이중적분을 $\triangle A_{ij} = \triangle x_i \triangle y_j$라는 사실에 기인하여

$$\int\int_D f(x, y)\, dA = \int\int_D f(x, y)\, dx\, dy$$

로 표현한다.

참고 일변수함수의 정적분을 '미분적분학의 기본정리'를 이용하여 구했듯이, 이변수함수에서의 이중적분은 '반복적분'이라는 간단한 유형으로 값을 구한다. ✠

정리 2

직사각형 영역 D에서 $f(x, y) \geq 0$인 이변수함수 $z = f(x, y)$가 연속일 때, $z = f(x, y)$ 아래에 있고 D 위에 놓인 입체의 부피 V는 이중적분

$$V = \int\int_D f(x, y)\, dx\, dy$$

로 주어진다.

정적분의 근삿값을 구하는 데 사용하는 방법 (중점 공식, 사다리꼴 공식, 심프슨 공식)은 중적분에서도 적용된다.

(2) 반복적분

이변수함수 $z = f(x, y)$가 직사각형 영역

$$D = \{(x, y) \mid a \le x \le b,\ c \le y \le d\}$$

에서 연속이라고 하자. $A(x) = \int_c^d f(x, y)\, dy$라 놓으면 (여기서 $\int_c^d f(x, y)\, dy$라는 표현은 $z = f(x, y)$에서 x를 고정시켜 상수로 보고, $y = c$에서 $y = d$까지의 y에 관한 **편적분**(partial integral)을 의미)

$$\int_a^b A(x)\, dx = \int_a^b \left[\int_c^d f(x, y)\, dy \right] dx$$

가 된다. 이때 오른쪽의 적분을 **반복적분**(iterated integral)이라 하고 (이유는 반복하여 적분하기 때문)

$$\int_a^b \int_c^d f(x, y)\, dy\, dx = \int_a^b \left[\int_c^d f(x, y)\, dy \right] dx$$

로 표현한다. $\int_a^b \int_c^d f(x, y)\, dy\, dx$를 $\int_a^b dx \int_c^d f(x, y)\, dy$로 쓰기도 한다. 같은 방법으로

$$\int_c^d \int_a^b f(x, y)\, dx\, dy = \int_c^d \left[\int_a^b f(x, y)\, dx \right] dy$$

로 표현한다.

예제 다음 반복적분을 구하시오.

(1) $\int_1^2 \int_1^3 (x + y)\, dy\, dx$ (2) $\int_0^2 \int_1^2 x^2 y\, dy\, dx$

풀이 (1) $\int_1^2 \int_1^3 (x + y)\, dy\, dx = \int_1^2 \left[xy + \frac{1}{2}y^2 \right]_{y=1}^{y=3} dx = \int_1^2 (2x + 4)\, dx = 7$

$$(2) \int_0^2 \int_1^2 x^2 y \, dy \, dx = \int_0^2 \left[\frac{x^2 y^2}{2} \right]_{y=1}^{y=2} dx = \int_0^2 \left[\frac{3}{2} x^2 \right] dx = 4$$ ■

참고 같은 방법으로

$$\int_1^3 \int_1^2 (x+y) \, dx \, dy = 7, \quad \int_1^2 \int_0^2 x^2 y \, dx \, dy = 4$$

를 얻는다. 이것은 적분순서와 상관없이 동일한 결과가 얻어짐을 의미한다. ✠

다음 푸비니 정리(Fubini's theorem)는 이변수함수에서의 이중적분은 반복적분을 이용하여 구할 수 있음을 보인다.

정리 3 푸비니 정리

이변수함수 $z = f(x, y)$가 $D = \{ (x, y) \mid a \le x \le b, \ c \le y \le d \}$에서 연속일 때

$$\iint_D f(x, y) \, dA = \int_a^b \int_c^d f(x, y) \, dy \, dx = \int_c^d \int_a^b f(x, y) \, dx \, dy$$

푸비니 정리는 반복적분을 이용하여 이중적분을 구할 때, 적분순서와 상관없이 같은 결과가 얻어짐을 보여주고 있다. 따라서 이중적분을 구할 때 유의해야 할 점은 보다 쉽게 적분을 구할 수 있도록 적분순서를 선택하는 것이다.

(3) 일반적인 닫힌영역에서의 이중적분

① 이중적분 구하기

이제 일반적인 닫힌영역 $\Omega \subset \mathbb{R}^2$에서 이중적분을 정의한다. Ω에서 정의된 이변수함수 $z = f(x, y)$와 Ω를 포함하는 어떤 직사각형 영역 D에 대해서 새로운 함수 $F(x, y)$를

$$F(x, y) = \begin{cases} f(x, y), & (x, y) \in \Omega \\ 0 & , \ (x, y) \in D - \Omega \end{cases}$$

으로 정의한다. 이때 Ω에서 연속인 이변수함수 $z = f(x, y)$의 이중적분을 다음으로 정의한다.

정의 4 일반적인 닫힌영역 위의 이중적분

이변수함수 $z = F(x, y)$가 일반적인 닫힌영역 $\Omega \subset \mathbb{R}^2$를 포함하는 직사각형 영역 D에서 연속이면, Ω에서 $f(x, y)$의 이중적분을

$$\iint_{\Omega} f(x, y)\, dA = \iint_{D} F(x, y)\, dA$$

로 정의한다.

(i) Ω가 **형태 I인 닫힌영역일 경우**

함수 $g_1(x)$와 $g_2(x)$가 닫힌구간 $[a, b]$에서 연속일 때, 닫힌영역 $\Omega \subset \mathbb{R}^2$가

$$\Omega = \{(x, y) \mid a \le x \le b,\ g_1(x) \le y \le g_2(x)\}$$

로 주어지면, Ω를 형태 I인 닫힌영역이라고 한다.

정리 5

이변수함수 $z = f(x, y)$가 형태 I인 닫힌영역 $\Omega \subset \mathbb{R}^2$에서 연속이면

$$\iint_{\Omega} f(x, y)\, dA = \int_a^b \int_{g_1(x)}^{g_2(x)} f(x, y)\, dy\, dx$$

(ii) Ω가 **형태 II인 닫힌영역일 경우**

함수 $h_1(y)$와 $h_2(y)$가 닫힌구간 $[c, d]$에서 연속일 때, 닫힌영역 $\Omega \subset \mathbb{R}^2$가

$$\Omega = \{(x, y) \mid c \le y \le d,\ h_1(y) \le x \le h_2(y)\}$$

로 주어지면, Ω를 형태 II인 닫힌영역이라고 한다.

정리 6

이변수함수 $z = f(x, y)$가 형태 II인 닫힌영역 $\Omega \subset \mathbb{R}^2$에서 연속이면

$$\iint_{\Omega} f(x, y)\, dA = \int_c^d \int_{h_1(y)}^{h_2(y)} f(x, y)\, dx\, dy$$

예제 $x=y^2$과 $x=2-y$로 둘러싸인 영역을 Ω라고 할 때, $\displaystyle\iint_{\Omega} f(x,y)\,dA$를 반복적분으로 표현하시오.

풀이 영역의 수평 선분은 y를 고정시킬 때 x의 범위는 $x=y^2$으로부터 $x=2-y$까지이다. 이때 두 곡선의 교점의 y좌표는 $y=-2$와 $y=1$이다. 따라서

$$\iint_{\Omega} f(x,y)\,dA = \int_{-2}^{1}\int_{y^2}^{2-y} f(x,y)\,dx\,dy$$

로 주어진다. ■

이중적분의 계산에서는 어떤 변수에 대해서 먼저 적분할 것인지에 따라 계산식이 쉬워질 수도 있고 어려워질 수도 있다.

예 $y=x$, $x=1$, $y=0$으로 둘러싸인 영역 Ω에 대해서

$$\iint_{\Omega} e^{x^2}\,dA$$

를 구해보자.

(1) Ω를 형태 II인 닫힌영역으로 표현하면

$$\iint_{\Omega} e^{x^2}\,dA = \int_{0}^{1}\int_{y}^{1} e^{x^2}\,dx\,dy$$

로 주어진다. 이 경우는 e^{x^2}의 원시함수를 알 수 없기 때문에, 이중적분 $\displaystyle\iint_{\Omega} e^{x^2}\,dA$를 구할 수 없다.

(2) Ω를 형태 I인 닫힌영역으로 표현하면

$$\iint_{\Omega} e^{x^2}\,dA = \int_{0}^{1}\int_{0}^{x} e^{x^2}\,dy\,dx = \int_{0}^{1} x\,e^{x^2}\,dx$$

로 주어진다. 이 경우는 $u=x^2$으로 치환하여

$$\begin{aligned}\iint_{\Omega} e^{x^2}\,dA &= \int_{0}^{1} x\,e^{x^2}\,dx \\ &= \frac{1}{2}\int_{0}^{1} e^{u}\,du = \left[\frac{1}{2}e^{u}\right]_{u=0}^{u=1} = \frac{1}{2}(e-1)\end{aligned}$$

을 얻는다. □

이변수함수 $z=f(x, y)$가 닫힌영역 $\Omega \subset \mathbb{R}^2$에서 연속이 아닌 경우, 또는 Ω가 유계가 아닌 경우까지 적분의 의미를 확장할 수 있다.

② 이중적분의 성질

이중적분의 정의로부터 다음 성질을 얻는다.

정리 7 이중적분의 성질

두 이변수함수 $z=f(x, y)$와 $w=g(x, y)$가 닫힌영역 $\Omega \subset \mathbb{R}^2$에서 연속이고, c가 임의의 상수일 때

(1) $\displaystyle\iint_\Omega [f(x, y) \pm g(x, y)]\, dA = \iint_\Omega f(x, y)\, dA \pm \iint_\Omega g(x, y)\, dA$

(2) $\displaystyle\iint_\Omega cf(x, y)\, dA = c\iint_\Omega f(x, y)\, dA$

(3) 모든 $(x, y) \in \Omega$ 에 대해서, $g(x, y) \le f(x, y)$이면

$$\iint_\Omega g(x, y)\, dA \le \iint_\Omega f(x, y)\, dA$$

(4) $\displaystyle\left|\iint_\Omega f(x, y)\, dx\, dy\right| \le \iint_\Omega |f(x, y)|\, dx\, dy$

다음 정리는 $\int_a^b f = \int_a^c f + \int_c^b f$로 주어지는 일변수함수에서의 적분의 성질과 유사하다.

정리 8

이변수함수 $z=f(x, y)$가 $\Omega = \Omega_1 \cup \Omega_2$, $\Omega_1 \cap \Omega_2 = \varnothing$ 인 닫힌영역 Ω 에서 연속이면

$$\iint_\Omega f(x, y)\, dA = \iint_{\Omega_1} f(x, y)\, dA + \iint_{\Omega_2} f(x, y)\, dA$$

[정리 8]은 형태 I과 형태 II가 아니면서 형태 I과 형태 II의 합집합으로 표시되는 닫힌영역 $\Omega \subset \mathbb{R}^2$에서 이중적분을 구하는 데 이용된다.

정리 9 이중적분의 평균값정리

이변수함수 $z = f(x, y)$가 닫힌영역 $\Omega \subset \mathbb{R}^2$에서 연속이라고 하자. 그러면 모든 $(x, y) \in \Omega$에 대해서 $m \le f(x, y) \le M$일 때, Ω의 면적을 $A(\Omega)$라 하면

$$\iint_{\Omega} f(x, y)\, dA = \mu A(\Omega)$$

를 만족하는 μ (단, $m \le \mu \le M$)가 존재한다.

(4) 이중적분의 응용

① 넓이

닫힌영역 $\Omega \subset \mathbb{R}^2$에서 정의된 상수함수 $f(x, y) = 1$을 적분하면, Ω의 넓이 $A(\Omega)$를 얻는다. 이때 Ω의 넓이 $A(\Omega)$는 $\iint_{\Omega} 1\, dA = A(\Omega)$로 주어진다. 예를 들면 형태 I인 닫힌영역의 경우

$$\iint_{\Omega} 1\, dA = \int_a^b \int_{g_1(x)}^{g_2(x)} 1\, dy\, dx = \int_a^b [\, g_2(x) - g_1(x)]\, dx = A(\Omega)$$

가 성립한다.

예제 두 곡선 $xy = 2$, $4y = x^2$과 직선 $y = 4$에 의해 둘러싸인 영역 Ω의 넓이 $A(\Omega)$를 구하시오.

풀이 주어진 곡선의 교점을 구하면 $(2, 1)$이다. 따라서

$$\begin{aligned} A(\Omega) &= \iint_{\Omega} dA = \int_1^4 \int_{\frac{2}{y}}^{2\sqrt{y}} dx\, dy \\ &= \int_1^4 \left(2\sqrt{y} - \frac{2}{y}\right) dy = \frac{28}{3} - 2\ln 4 \end{aligned}$$

■

② 부피

$f(x) \ge 0$일 때 연속인 일변수함수의 정적분이 넓이로 해석된 것처럼, 연속인 이변수함수 $f(x, y) \ge 0$의 이중적분은 부피로 해석될 수 있다.

정리 10

$f(x, y) \geq 0$인 이변수함수 $z = f(x, y)$가 직사각형 영역 D에서 연속일 때, $z = f(x, y)$ 아래에 있고 D 위에 놓인 도형의 부피는

$$V = \iint_D f(x, y)\, dA$$

로 주어진다.

이중적분을 계산하는 데 가장 중요한 것은 주어진 입체의 xy평면 위의 영역을 구하는 것이다.

예제 다음 물음에 답하시오.

(1) 평면 $2x + y + z = 2$와 세 좌표평면이 이루는 사면체 S의 부피를 구하시오.

(2) 포물면 $z = 4 - x^2 - y^2$과 평면 $x = 0,\ x = 2,\ y = 0,\ y = 2,\ z = 0$에 의해 둘러싸인 도형 S의 부피 V를 구하시오.

풀이 (1) S는 $\Omega = \{(x, y) \mid 0 \leq x \leq 1,\ 0 \leq y \leq 2 - 2x\}$ 위와 $2x + y + z = 2$ 아래에 놓여 있는 도형이다. 따라서 사면체 S의 부피 V는

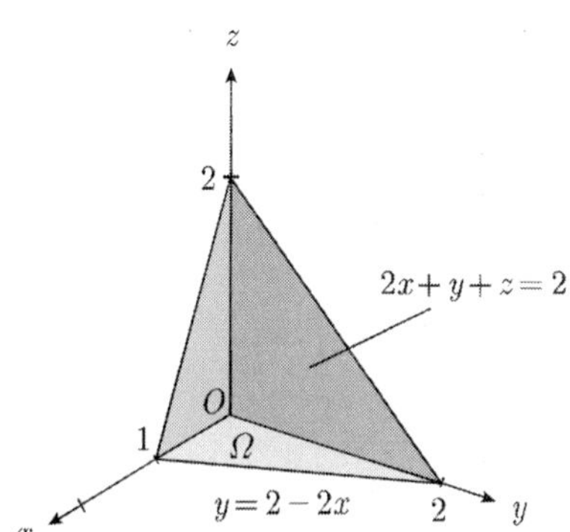

그림 8.1.1 사면체

$$V = \iint_\Omega (2 - 2x - y)\, dA = \int_0^1 \int_0^{2-2x} (2 - 2x - y)\, dy\, dx$$

$$= \int_0^1 \left[2y - 2xy - \frac{y^2}{2} \right]_{y=0}^{y=2-2x} dx$$

$$= \int_0^1 \left[2(2-2x) - 2x(2-2x) - \frac{(2-2x)^2}{2} \right] dx = \frac{2}{3}$$

(2) S는 $D = \{(x, y) \mid 0 \le x \le 2,\ 0 \le y \le 2\}$ 위와 $z = 4 - x^2 - y^2$ 아래에 놓여 있는 도형이다. 따라서

$$V = \iint_D (4 - x^2 - y^2)\, dA = \int_0^2 \int_0^2 (4 - x^2 - y^2)\, dx\, dy$$

$$= \int_0^2 \left[4x - \frac{x^3}{3} - xy^2 \right]_{x=0}^{x=2} dy$$

$$= \int_0^2 \left(\frac{16}{3} - 2y^2 \right) dy = \left[\frac{16}{3} y - \frac{2}{3} y^3 \right]_0^2 = \frac{16}{3}$$ ■

③ 겉넓이

이변수함수 $z = f(x, y)$로 주어지는 곡면의 겉넓이를 구할 때, 이중적분을 이용한다. 일반적으로 겉넓이를 구할 때는 많은 계산이 필요하다. 이때 적분영역에 대해서 적절한 좌표계를 선택하면 편리하다.

정리 11

$f_x(x, y)$와 $f_y(x, y)$가 닫힌영역 $\Omega \subset \mathbb{R}^2$에서 연속일 때, Ω에서 정의된 이변수함수 $z = f(x, y)$로 주어지는 곡면의 겉넓이 $A(S)$는

$$A(S) = \iint_\Omega \sqrt{\{f_x(x, y)\}^2 + \{f_y(x, y)\}^2 + 1}\, dA$$

로 주어진다.

대부분의 겉넓이에 대한 적분은 정확하게 계산할 수 없으므로 수치적분법을 이용하여 구한다.

예제 세 꼭짓점 $(0, 0)$, $(1, 0)$, $(1, 1)$을 갖는 xy평면의 삼각형 영역 Ω 위에 있는 포물면 $z = 4 - x^2 - y^2$의 겉넓이 $A(\Omega)$를 소수점 아래 다섯째 자리까지 구하시오.

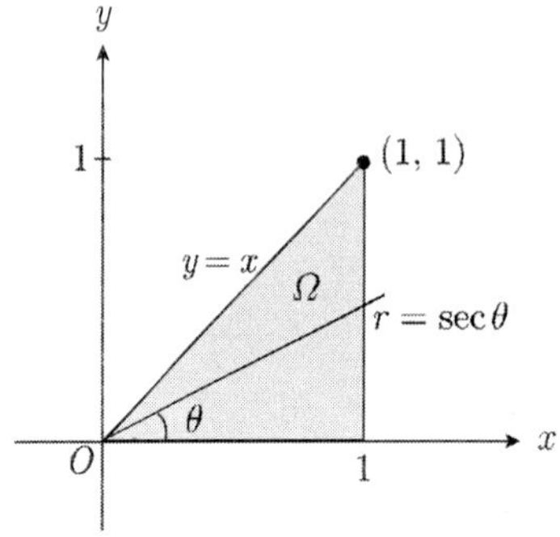

그림 8.1.2 삼각형 영역 Ω

풀이 $f(x, y) = 4 - x^2 - y^2$ 으로 놓으면 $f_x(x, y) = -2x$, $f_y(x, y) = -2y$이고, Ω가 극영역

$$\Omega = \left\{(r, \theta) \mid 0 \le \theta \le \frac{\pi}{4},\ 0 \le r \le \sec\theta\right\}$$

로 주어진다. 따라서 겉넓이 $A(\Omega)$는

$$\begin{aligned}
A(\Omega) &= \int\int_{\Omega} \sqrt{\{f_x(x, y)\}^2 + \{f_y(x, y)\}^2 + 1}\, dA \\
&= \int\int_{\Omega} \sqrt{4x^2 + 4y^2 + 1}\, dA = \int_0^{\frac{\pi}{4}} \int_0^{\sec\theta} \sqrt{4r^2 + 1}\, r\, dr\, d\theta \\
&= \frac{1}{8} \int_0^{\frac{\pi}{4}} \left(\frac{2}{3}\right) [4r^2 + 1)^{\frac{3}{2}}]_{r=0}^{r=\sec\theta} d\theta \\
&= \frac{1}{12} \int_0^{\frac{\pi}{4}} [(4\sec^2\theta + 1)^{\frac{3}{2}} - 1]\, d\theta \\
&\approx 0.93087
\end{aligned}$$

■

2. 극좌표계에서 이중적분

이중적분 문제에서 영역이 원이거나 원과 유사한 형태를 갖는다면, 극좌표로의 변환을 이용하는 것이 좋다.

정리 12 극좌표계에서 이중적분

이변수함수 $z=f(x,y)$가 극장방형

$$D=\{(r,\theta)\mid 0\le a\le r\le b,\ \alpha\le\theta\le\beta,\ 0\le\beta-\alpha\le 2\pi\}$$

위에서 연속이면

$$\iint_D f(x,y)\,dA=\int_\alpha^\beta\int_a^b f(r\cos\theta,\ r\sin\theta)\,r\,dr\,d\theta$$

예제 극좌표로의 변환을 이용하여, 반복적분

$$\int_{-1}^{1}\int_0^{\sqrt{1-x^2}} x^2(x^2+y^2)^2\,dy\,dx$$

를 구하시오.

풀이 극좌표로의 변환을 이용하면

$$\begin{aligned}
&\int_{-1}^{1}\int_0^{\sqrt{1-x^2}} x^2(x^2+y^2)^2\,dy\,dx\\
&=\int_0^\pi\int_0^1 r^2\cos^2\theta\,(r^2)^2 r\,dr\,d\theta\\
&=\int_0^\pi\int_0^1 r^7\cos^2\theta\,(r^2)^2 r\,dr\,d\theta\\
&=\int_0^\pi\left[\frac{r^8}{8}\right]_{r=0}^{r=1}\cos^2\theta\,d\theta=\frac{1}{8}\int_0^\pi\frac{1}{2}(1+\cos 2\theta)\,d\theta\\
&=\frac{1}{16}\left[\theta+\frac{1}{2}\sin 2\theta\right]_0^\pi=\frac{\pi}{16}
\end{aligned}$$

■

따름정리

(1) 이변수함수 $z=f(x,y)$가 형태 I인 극영역

$$\Omega=\{(r,\theta)\mid a\le r\le b,\ g_1(r)\le\theta\le g_2(r)\}$$

위에서 연속이면

$$\iint_{\Omega} f(x, y)\, dA = \int_a^b \int_{g_1(r)}^{g_2(r)} f(r\cos\theta, r\sin\theta)\, r\, d\theta\, dr$$

(2) 이변수함수 $z = f(x, y)$가 형태 II인 극영역

$$\Omega = \{(r, \theta) \mid \alpha \le \theta \le \beta,\ h_1(\theta) \le r \le h_2(\theta)\}$$

위에서 연속이면

$$\iint_{\Omega} f(x, y)\, dA = \int_{\alpha}^{\beta} \int_{h_1(\theta)}^{h_2(\theta)} f(r\cos\theta, r\sin\theta)\, r\, dr\, d\theta$$

예 $f(x, y) = 1$, $h_1(\theta) = 0$, $h_2(\theta) = h(\theta)$로 놓으면, $\theta = \alpha$, $\theta = \beta$, $r = h(\theta)$로 둘러싸인 영역의 넓이 $A(\Omega)$는

$$A(\Omega) = \iint_D 1\, dA = \int_{\alpha}^{\beta} \int_0^{h(\theta)} r\, dr\, d\theta$$

$$= \int_{\alpha}^{\beta} \left[\frac{r^2}{2}\right]_0^{h(\theta)} d\theta$$

$$= \int_{\alpha}^{\beta} \frac{1}{2} [h(\theta)]^2\, d\theta$$

□

예제 다음으로 주어진 닫힌영역 Ω의 넓이 $A(\Omega)$를 구하시오.

(1) Ω가 심장형 $r = 2 - 2\sin\theta$로 둘러싸인 영역

(2) Ω가 $r = \cos 2\theta$로 주어진 네 잎 장미형의 한 호로 둘러싸인 영역

풀이 (1) 영역 Ω가 극영역 $\Omega = \{(r, \theta) \mid 0 \le \theta \le 2\pi,\ 0 \le r \le 2 - 2\sin\theta\}$로 주어지므로, Ω의 넓이 $A(\Omega)$는

$$A(\Omega) = \iint_{\Omega} dA = \int_0^{2\pi} \int_0^{2-2\sin\theta} r\, dr\, d\theta$$

$$= \int_0^{2\pi} \left[\frac{r^2}{2}\right]_{r=0}^{r=2-2\sin\theta} d\theta$$

$$= \frac{1}{2} \int_0^{2\pi} (2 - 2\sin\theta)^2\, d\theta = 6\pi$$

(2) 영역 Ω가 극영역 $\Omega = \left\{(r, \theta) \mid -\frac{\pi}{4} \le \theta \le \frac{\pi}{4},\ 0 \le r \le \cos 2\theta\right\}$로 주어지므로, Ω의 넓이 $A(\Omega)$는

$$A(\Omega) = \iint_{\Omega} dA = \int_{-\frac{\pi}{4}}^{\frac{\pi}{4}} \int_0^{\cos 2\theta} r\, dr\, d\theta$$

$$= \frac{1}{2}\int_{-\frac{\pi}{4}}^{\frac{\pi}{4}} \cos^2 2\theta\, d\theta = \frac{1}{4}\int_{-\frac{\pi}{4}}^{\frac{\pi}{4}} (1 + \cos 4\theta)\, d\theta$$

$$= \frac{1}{4}\left[\theta + \frac{1}{4}\sin 4\theta\right]_{-\pi/4}^{\pi/4} = \frac{\pi}{8}$$

■

연습문제 8.1 EXERCISES EXERCISES EXERCISES EXERCISES EXERCISES EXERCISES EXERCISES

01 $x = y^2$, $y = x + 3$, $y = -3$, $y = 2$로 둘러싸인 영역 D의 넓이 A를 구하시오.

02 다음 물음에 답하시오.

(1) 타원포물면 $x^2 + 2y^2 + z = 16$과 평면 $x = 0$, $x = 2$, $y = 0$, $y = 2$, $z = 0$에 의해 둘러싸인 도형 S의 부피를 구하시오.

(2) 포물면 $z = 4 - x^2 - y^2$과 xy평면으로 둘러싸인 도형의 부피를 구하시오.

03 D가 중심이 원점이고 반지름이 2인 원으로 둘러싸인 영역일 때

$$\iint_D (x^2 + y^2 + 3)\, dA$$

를 구하시오.

04 극좌표계를 이용하여, 평면 $z = 0$과 포물선 $z = 1 - x^2 - y^2$에 의해 둘러싸인 도형의 부피를 구하시오.

05 세 점 $(0, 0)$, $(1, 0)$, $(1, 1)$을 꼭짓점으로 갖는 xy평면에 놓인 삼각형 영역 Ω 위에서 곡면 $z = x^2 + 2y$의 겉넓이를 구하시오.

8.2 삼중적분

삼변수함수 $w=f(x, y, z)$는 사차원에서 **초곡면**(hypersurface)의 그래프이다. 따라서 함수 $f(x, y, z)$에 대한 삼중적분은 기하학적 의미를 부여할 수 없다. 그러나 세 변수 이상의 함수에 대한 적분이 경우에 따라서는 매우 필요하다.

1. 공간좌표계

삼차원공간 $\mathbb{R}^3$에서는 세 개의 좌표계, 즉 직교좌표계(rectangular coordinate system), 원주좌표계(cylindrical coordinate system), 구면좌표계(spherical coordinate system)가 있다. 원주좌표계와 구면좌표계는 변수변환에 의한 적분의 계산에 많이 이용된다. 여기서는 원주좌표계와 구면좌표계에 대해서 간단히 설명한다.

(1) 원주좌표계

원주좌표계에서는 삼차원공간의 임의의 점 P를 순서쌍 (r, θ, z)로 나타낸다. 이때 r과 θ는 점 P의 xy평면 위로의 정사영의 극좌표이고, z는 xy평면에서 P까지의 방향이 주어진 거리이다.

원주좌표를 직교좌표로 변환하기 위해서는 방정식

$$x=r\cos\theta,\ y=r\sin\theta,\ z=z$$

를 이용하고, 직교좌표를 원주좌표로 변환하기 위해서는 방정식

$$r^2=x^2+y^2,\ \tan\theta=\frac{y}{x},\ z=z$$

를 이용한다.

(2) 구면좌표계

구면좌표계에서는 삼차원공간의 임의의 점 P를 순서쌍 (ρ, θ, ϕ)로 정의한다. 이때 $\rho=\overline{OP}$는 원점에서 P까지의 거리이고, θ는 원주좌표에서와 같은 각이며, ϕ는 양의

z축과 선분 OP 사이의 각이다. 직교좌표와 구면좌표 사이의 관계는

$$x = \rho \sin\phi \cos\theta,\ y = \rho \sin\phi \sin\theta,\ z = \rho\cos\phi$$

로 주어진다. 여기서 $\rho \geq 0,\ 0 \leq \phi \leq \pi,\ 0 \leq \theta \leq 2\pi$이다.

2. 삼중적분

(1) 직육면체 영역에서의 삼중적분

먼저 어떤 직육면체 영역

$$B = \{(x, y, z) \mid a \leq x \leq b,\ c \leq y \leq d,\ r \leq z \leq s\}$$

에서 정의된 연속인 삼변수함수 $w = f(x, y, z)$의 삼중적분을 정의한다.

$$a = x_0 < x_1 < \cdots < x_{i-1} < x_i < \cdots < x_l = b$$
$$c = y_0 < y_1 < \cdots < y_{j-1} < y_j < \cdots < y_m = d$$
$$r = z_0 < z_1 < \cdots < z_{k-1} < x_k < \cdots < z_n = s$$

라 하고, lmn개의 작은 직육면체 영역

$$B_{ijk} = [x_{i-1}, x_i] \times [y_{j-1}, y_j] \times [z_{k-1}, y_k]$$

로 구성되는 B의 분할 P를 택한다.

정의 1 삼중적분

직육면체 영역 B에서 정의된 삼변수함수 $w = f(x, y, z)$가 연속이면, 분할영역 B_{ijk}에서 임의의 점 $(x_{ij}^*, y_{ij}^*, z_{ij}^*)$의 선택에 관계없이

$$\lim_{\|P\| \to 0} \sum_{i=1}^{l} \sum_{j=1}^{m} \sum_{k=1}^{n} f(x_{ijk}^*, y_{ijk}^*, z_{ijk}^*) \Delta V_{ijk}$$

가 존재한다. 이때 B에서 연속인 삼변수함수 $f(x, y, z)$의 **삼중적분**(triple integral)을

$$\iiint_B f(x, y, z)\, dV = \lim_{\|P\| \to 0} \sum_{i=1}^{l} \sum_{j=1}^{m} \sum_{k=1}^{n} f(x_{ijk}^*, y_{ijk}^*, z_{ijk}^*) \Delta V_{ijk}$$

로 정의하고, $w = f(x, y, z)$는 직육면체 영역 B에서 적분가능하다고 한다.

일반적으로 삼중적분을

$$\iiint_B f(x, y, z)\, dA = \iiint_B f(x, y, z)\, dx\, dy\, dz$$

로 표현한다.

예 닫힌영역 $E \subset \mathbb{R}^3$에서 정의된 상수함수 $f(x, y, z) = 1$을 적분하면, E의 부피 $V(E)$를 얻는다. 즉

$$\iiint_E 1\, dV = V(E)$$

가 성립한다. □

삼중적분을 구하는 방법도 반복적분을 이용한다. 삼중적분은 세 개의 반복적분으로 표현된다.

정리 2 푸비니 정리 (Fubini's theorem)

삼변수함수 $w = f(x, y, z)$가 직육면체 영역

$$B = \{(x, y, z) \mid a \le x \le b,\ c \le y \le d,\ r \le z \le s\}$$

에서 연속일 때, 삼중적분은 B에서 삼중 반복적분으로 구할 수 있다. 즉

$$\iiint_B f(x, y, z)\, dV = \int_r^s \int_c^d \int_a^b f(x, y, z)\, dx\, dy\, dz$$

가 성립한다. 이때 적분할 수 있는 다섯 가지 방법이 더 있다. 삼중적분의 계산은 이중적분의 경우처럼 편적분을 사용하여 안쪽에서부터 차례로 바깥쪽으로 적분한다.

푸비니 정리는 반복적분을 이용하여 삼중적분을 구할 때, 적분순서와 상관없이 같은 결과가 얻어짐을 보여주고 있다.

예제 직육면체 영역

$$B = \{(x, y, z) \mid 1 \le x \le 2,\ 0 \le y \le 1,\ 0 \le z \le \pi\}$$

에서, 삼중적분 $\iiint_B 2xe^y \sin z\, dV$를 구하시오.

풀이

$$\iiint_B 2xe^y \sin z\, dV = \int_0^{\pi}\int_0^1\int_1^2 2xe^y \sin z\, dx\,dy\,dz$$
$$= \int_0^{\pi}\int_0^1 e^y \sin z \left.\frac{2x^2}{2}\right|_{x=1}^{x=2} dy\,dz$$
$$= 3\int_0^{\pi} \sin z\, e^y \Big|_{y=0}^{y=1} dz \;= 3(e-1)(-\cos z)\Big|_{z=0}^{z=\pi}$$
$$= 6(e-1)$$
■

(2) 일반적인 닫힌영역에서의 삼중적분

이제 일반적인 닫힌영역 $E \subset \mathbb{R}^3$에서 삼중적분을 정의한다. E에서 정의된 연속인 삼변수함수 $w = f(x, y, z)$와 E를 포함하는 어떤 직육면체 영역 B에 대해서 새로운 함수 $F(x, y, z)$를

$$F(x, y, z) = \begin{cases} f(x, y, z), & (x, y, z) \in E \\ 0 & , (x, y, z) \in B - E \end{cases}$$

으로 정의할 때, E에서 $w = f(x, y, z)$의 삼중적분을 다음으로 정의한다.

정의 3 일반적인 닫힌영역 위의 삼중적분

삼변수함수 $w = F(x, y, z)$가 닫힌영역 $E \subset \mathbb{R}^3$를 포함하는 어떤 직육면체 영역 B에서 연속이면, $f(x, y, z)$는 E에서 적분가능하다. 이때 E에서 삼변수함수 $f(x, y, z)$의 삼중적분을

$$\iiint_E f(x, y, z)\, dV = \iiint_B F(x, y, z)\, dV$$

로 정의한다.

참고 삼중적분을 계산하는 데 가장 중요한 것은 주어진 영역의 정확한 그래프를 그릴 수 있는 것이다. ✠

① 닫힌영역 E가 형태 I인 입체영역일 경우

삼변수함수 $w = f(x, y, z)$가

$$E = \{(x, y, z) \mid (x, y) \in D,\ \phi_1(x, y) \le z \le \phi_2(x, y)\}$$

에서 연속일 때

$$\iiint_E f(x, y, z)\,dV = \iint_D \left[\int_{\phi_1(x, y)}^{\phi_2(x, y)} f(x, y, z)\,dz \right] dA$$

로 주어진다. 여기서 D는 $E \subset \mathbb{R}^3$의 xy평면으로의 정사영이고, 두 함수 $\phi_1(x, y)$와 $\phi_2(x, y)$는 D에서 연속이다. 이때 $E \subset \mathbb{R}^3$를 **형태 I인 입체영역**이라고 한다.

(i) **정사영 D가 형태 I인 평면인 경우**

두 함수 $g_1(x)$와 $g_2(x)$가 닫힌구간 $[a, b]$에서 연속이라 하자. 이때 삼변수함수 $w = f(x, y, z)$가 입체영역

$$E = \{(x, y, z) \mid a \le x \le b,\ g_1(x) \le y \le g_2(x),\ \phi_1(x, y) \le z \le \phi_2(x, y)\}$$

에서 연속이면

$$\iiint_E f(x, y, z)\,dV = \int_a^b \int_{g_1(x)}^{g_2(x)} \int_{\phi_1(x, y)}^{\phi_2(x, y)} f(x, y, z)\,dz\,dy\,dx$$

가 된다.

(ii) **정사영 D가 형태 II인 평면인 경우**

두 함수 $h_1(y)$와 $h_2(y)$가 닫힌구간 $[c, d]$에서 연속이라 하자. 이때 삼변수함수 $w = f(x, y, z)$가 입체영역

$$E = \{(x, y, z) \mid c \le y \le d,\ h_1(y) \le x \le h_2(y),\ \phi_1(x, y) \le z \le \phi_2(x, y)\}$$

에서 연속이면

$$\iiint_E f(x, y, z)\,dV = \int_c^d \int_{h_1(y)}^{h_2(y)} \int_{\phi_1(x, y)}^{\phi_2(x, y)} f(x, y, z)\,dz\,dx\,dy$$

가 된다.

예제 다음 물음에 답하시오

(1) 입체영역 E가 평면 $x = 0,\ y = 0,\ z = 0,\ x + y + z = 1$로 둘러싸인 사면체일 때, $\iiint_E z\,dV$를 구하시오.

(2) 교차하는 두 원주 $x^2 + y^2 = a^2$과 $x^2 + z^2 = a^2$에 공통된 입체영역의 부피 V를 구하시오.

풀이 (1) $E = \{(x, y, z) \mid 0 \le x \le 1,\ 0 \le y \le 1-x,\ 0 \le z \le 1-x-y\}$이므로

$$\begin{aligned}\iiint_E z\, dV &= \int_0^1 \int_0^{1-x} \int_0^{1-x-y} z\, dz\, dy\, dx \\ &= \int_0^1 \int_0^{1-x} \left[\frac{z^2}{2}\right]_{z=0}^{z=1-x-y} dy\, dx \\ &= \frac{1}{2}\int_0^1 \int_0^{1-x} (1-x-y)^2\, dy\, dx \\ &= \frac{1}{2}\int_0^1 \left[-\frac{(1-x-y)^3}{3}\right]_{y=0}^{y=1-x} dx \\ &= \frac{1}{6}\int_0^1 (1-x)^3\, dx = \frac{1}{6}\left[-\frac{(1-x)^4}{4}\right]_0^1 = \frac{1}{24}\end{aligned}$$

(2) 공통된 입체영역의 부피 V를 구하면

$$\begin{aligned}V &= 8\int_0^a \int_0^{\sqrt{a^2-x^2}} \int_0^{\sqrt{a^2-x^2}} dz\, dy\, dx \\ &= 8\int_0^a \int_0^{\sqrt{a^2-x^2}} \sqrt{a^2-x^2}\, dy\, dx \\ &= 8\int_0^a (a^2-x^2)\, dx = \frac{16a^3}{3}\end{aligned}$$

■

② 영역 E가 형태 II인 입체영역일 경우

삼변수함수 $w = f(x, y, z)$가

$$E = \{(x, y, z) \mid (y, z) \in D,\ \phi_1(y, z) \le x \le \phi_2(y, z)\}$$

에서 연속일 때

$$\iiint_E f(x, y, z)\, dV = \iint_D \left[\int_{\phi_1(y,z)}^{\phi_2(y,z)} f(x, y, z)\, dx\right] dA$$

로 주어진다. 여기서 D는 $E \subset \mathbb{R}^3$의 yz평면으로의 정사영이고, 두 함수 $\phi_1(y, z)$와 $\phi_2(y, z)$는 D에서 연속이다. 이때 $E \subset \mathbb{R}^3$를 형태 II인 입체영역이라고 한다.

③ 영역 E가 형태 III인 입체영역일 경우

삼변수함수 $w=f(x, y, z)$가

$$E=\{(x, y, z) \mid (x, z) \in D,\ \phi_1(x, z) \le y \le \phi_2(x, z)\}$$

에서 연속일 때

$$\iiint_E f(x, y, z)\, dV = \iint_D \left[\int_{\phi_1(x, z)}^{\phi_2(x, z)} f(x, y, z)\, dy \right] dA$$

로 주어진다. 여기서 D는 $E \subset \mathbb{R}^3$의 xz평면으로의 정사영이고, 두 함수 $\phi_1(x, z)$와 $\phi_2(x, z)$가 D에서 연속이다. 이때 $E \subset \mathbb{R}^3$를 **형태 III인 입체영역**이라고 한다.

참고 이중적분의 성질은 삼중적분으로 확장된다.

3. 원주좌표계에서의 삼중적분

직교좌표계로 표현된 삼중적분을 때로는 원주좌표계로 변환하면 간단히 구할 수 있다.

정리 4 원주좌표에 의한 삼중적분

삼변수함수 $w=f(x, y, z)$가 입체영역

$$E=\{(x, y, z) \mid (x, y) \in D,\ \phi_1(x, y) \le z \le \phi_2(x, y)\}$$

$$(\text{단, } D=\{(r, \theta) \mid \alpha \le \theta \le \beta,\ h_1(\theta) \le z \le h_2(\theta)\})$$

에서 연속이면

$$\begin{aligned}
&\iiint_E f(x, y, z)\, dV \\
&= \iint_D \left[\int_{\phi_1(x, y)}^{\phi_2(x, y)} f(x, y, z)\, dz \right] dA \\
&= \int_\alpha^\beta \int_{h_1(\theta)}^{h_2(\theta)} \int_{\phi_1(r\cos\theta,\, r\sin\theta)}^{\phi_1(r\cos\theta,\, r\sin\theta)} f(r\sin\theta, r\sin\theta, z)\, r\, dz\, dr\, d\theta
\end{aligned}$$

로 주어진다. 여기서 D는 $E \subset \mathbb{R}^3$의 xy평면으로의 정사영을 극좌표로 표현한 것이고, 함수 $\phi_1(x, y)$와 $\phi_2(x, y)$는 D에서 연속이다.

예제 포물면 $y=x^2+z^2$과 평면 $y=4$에 의해 둘러싸인 영역을 E라고 할 때, $\iiint_E \sqrt{x^2+z^2}\, dV$를 구하시오.

풀이 $E=\{(x,y,z) \mid -2 \le x \le 2,\ -\sqrt{4-x^2} \le z \le \sqrt{4-x^2},\ x^2+z^2 \le y \le 4\}$
이고, E의 xz평면으로의 정사영 D는

$$D=\left\{(x,z) \mid -2 \le x \le 2,\ -\sqrt{4-x^2} \le z \le \sqrt{4-x^2}\right\}$$

이므로

$$\begin{aligned}\iiint_E \sqrt{x^2+z^2}\, dV &= \iint_D \left[\int_{x^2+z^2}^4 \sqrt{x^2+z^2}\, dy\right] dA \\ &= \iint_D \left[\int_{x^2+z^2}^4 (4-x^2-z^2)\sqrt{x^2+z^2}\, dy\right] dA\end{aligned}$$

가 된다. 따라서 주어진 삼중적분을 원주좌표계로 변환하여 계산하면

$$\begin{aligned}\iiint_E \sqrt{x^2+z^2}\, dV &= \int_0^{2\pi}\int_0^2 (4-r^2)\, r\, r\, dr\, d\theta \\ &= \int_0^{2\pi} d\theta \int_0^2 (4r^2-r^4)\, dr \\ &= 2\pi\left[\frac{4r^3}{3}-\frac{r^5}{5}\right]_0^2 = \frac{128\pi}{15}\end{aligned}$$

■

4. 구면좌표계에서의 삼중적분

어떤 삼중적분에서는 직교좌표계나 원주좌표계로는 정확하게 계산할 수 없지만, 구면좌표계를 이용하면 쉽게 계산할 수 있는 경우도 있다.

정리 5 구면좌표에 의한 삼중적분

삼변수함수 $w=f(x,y,z)$가

$$E=\{(\rho,\theta,\phi) \mid a \le \rho \le b,\ \alpha \le \theta \le \beta,\ c \le \phi \le d\}$$

에서 연속이면

$$\iiint_E f(x, y, z)\,dV$$
$$= \int_c^d \int_\alpha^\beta \int_a^b f(\rho\sin\phi\cos\theta,\ \rho\sin\phi\sin\theta,\ \rho\cos\phi)\,\rho^2\sin\phi\,d\rho\,d\theta\,d\phi$$

로 주어진다.

예제 구면좌표를 이용하여, 삼중 반복적분

$$\int_{-2}^{2}\int_0^{\sqrt{4-x^2}}\int_0^{\sqrt{4-x^2-y^2}} (x^2+y^2+z^2)\,dz\,dy\,dx$$

를 구하시오.

풀이 반구 $z=\sqrt{4-x^2-y^2}$과 xy평면으로 둘러싸인 영역 E에서

$$\iiint_E (x^2+y^2+z^2)\,dz\,dy\,dx$$

를 구하면 된다. 구면좌표계에서 영역 E는, 구 ρ를 0에서 위로 2까지, ϕ를 0에서 위로 $\frac{\pi}{2}$까지, θ를 0에서 π까지 각각 변하게 함으로써 얻어진다. 따라서 주어진 삼중적분을 구면좌표계로 변환하여 계산하면

$$\int_{-2}^{2}\int_0^{\sqrt{4-x^2}}\int_0^{\sqrt{4-x^2-y^2}} (x^2+y^2+z^2)\,dz\,dy\,dx$$
$$= \iiint_E (x^2+y^2+z^2)\,dV$$
$$= \int_0^{\pi}\int_0^{\frac{\pi}{2}}\int_0^{2} \rho^2(\rho^2\sin\phi)\,d\rho\,d\phi\,d\theta$$
$$= \frac{32\pi}{5}$$

■

연습문제 8.2 EXERCISES EXERCISES EXERCISES EXERCISES EXERCISES EXERCISES EXERCISES

01 입체영역 E가 평면 $x=0$, $y=0$, $z=0$과 $2x+y+z=4$로 둘러싸인 사면체일 때, $\displaystyle\iiint_E 6xy\,dV$를 구하시오.

02 다음으로 주어진 입체의 부피를 구하시오.

(1) $x+2y+z=2$, $x=2y$, $x=0$, $z=0$으로 둘러싸인 사면체

(2) $z=4-y^2$, $x+z=4$, $x=0$, $z=0$으로 둘러싸인 입체

03 원주좌표를 이용하여, 원기둥 $x^2+y^2=9$와 xy평면, 그리고 $z=5$로 둘러싸인 입체 E에서 삼중적분 $\displaystyle\iiint_E e^{x^2+y^2}\,dV$를 구하시오.

04 구면좌표를 이용하여, 원뿔면 $z=\sqrt{x^2+y^2}$ 위와 구면 $x^2+y^2+z^2=z$ 아래에 놓인 입체영역 E의 부피를 구하시오.

8.3 중적분의 변수변환

중적분에서의 변수변환은 매우 유용하다. 여기서는 이중적분과 삼중적분에서의 변수변환에 관하여 살펴본다.

1. 이중적분의 변수변환

(1) 변수변환

uv평면에서 xy평면으로의 **변환**(transformation)

$$T(u, v) = (x, y)\,;\, x = g(u, v),\ \ y = h(u, v)$$

에 의해 주어진 변수변환 T가 일대일 변환일 경우, xy평면에서 uv평면으로의 역변환 T^{-1}를 갖고 u, v를 x, y의 식으로 푸는 것이 가능하다.

참고 (**야코비안**) : $x = g(u, v)$와 $y = h(u, v)$가 미분가능할 때, $\dfrac{\partial(x, y)}{\partial(u, v)}$로 표시되는 u, v에 관한 x, y의 **야코비안**(Jacobian)은

$$\frac{\partial(x, y)}{\partial(u, v)} = \begin{vmatrix} \dfrac{\partial x}{\partial u} & \dfrac{\partial x}{\partial v} \\ \dfrac{\partial y}{\partial u} & \dfrac{\partial y}{\partial v} \end{vmatrix}$$

로 정의한다. ✠

예 변수변환 $u = x + y$, $v = x - y$를 생각하면

$$x = g(u, v) = \frac{1}{2}(u + v),\ \ y = h(u, v) = \frac{1}{2}(u - v)$$

이므로, u와 v에 관한 x와 y의 야코비안은

$$\frac{\partial(x, y)}{\partial(u, v)} = \begin{vmatrix} \dfrac{\partial x}{\partial u} & \dfrac{\partial x}{\partial v} \\ \dfrac{\partial y}{\partial u} & \dfrac{\partial y}{\partial v} \end{vmatrix} = -\frac{1}{2}$$

이 된다. □

정리 1 이중적분의 변수변환

uv평면의 닫힌영역 S에서 xy평면의 닫힌영역 W로의 일대일 변환 T가 변환

$$x = g(u, v),\ y = h(u, v)$$

에 의해 주어지고, 이변수함수 $z = f(x, y)$의 편도함수가 W에서 연속일 때 야코비안이 0이 아니면

$$\iint_W f(x, y)\, dx\, dy = \iint_S f(g(u, v), h(u, v)) \left| \frac{\partial(x, y)}{\partial(u, v)} \right| du\, dv$$

예제 변수변환을 이용하여, 다음 물음에 답하시오.

(1) $W = \{(x, y) \mid 0 \le x + y \le 1,\ 0 \le x - y \le 1\}$로 주어진 영역 W에 대해서, 이중적분 $\iint_W x\, dA$를 구하시오.

(2) 직선 $y = 2x + 3,\ y = 2x + 1,\ y = 5 - x,\ y = 2 - x$로 둘러싸인 영역을 W라고 할 때, 이중적분 $\iint_W (x^2 + 2xy)\, dA$를 구하시오.

풀이 (1) 변수변환 $u = x + y,\ v = x - y$를 생각하면

$$x = \frac{1}{2}(u + v),\ y = \frac{1}{2}(u - v)$$

이므로, $\dfrac{\partial(x, y)}{\partial(u, v)} = \begin{vmatrix} \dfrac{\partial x}{\partial u} & \dfrac{\partial x}{\partial v} \\ \dfrac{\partial y}{\partial u} & \dfrac{\partial y}{\partial v} \end{vmatrix} = -\dfrac{1}{2}$이고, 영역 S는

$$S = \{(u, v) \mid 0 \le u \le 1,\ 0 \le v \le 1\}$$

로 주어진다. 따라서

$$\begin{aligned} \iint_W x\, dA &= \iint_S \frac{1}{2}(u + v) \cdot \frac{1}{2}\, dA \\ &= \frac{1}{4}\int_0^1 \int_0^1 (u + v)\, du\, dv \\ &= \frac{1}{4}\int_0^1 \left[\frac{u^2}{2} + uv \right]_0^1 dv = \frac{1}{4}\int_0^1 \left(\frac{1}{2} + v \right) dv = \frac{1}{4} \end{aligned}$$

(2) $u=y-2x,\ v=y+x$, 즉 변수변환

$$x=\frac{1}{3}(v-u),\ y=\frac{1}{3}(2v+u)$$

는 사각형 $S=\{(u,v) \mid 1 \le u \le 3,\ 2 \le v \le 5\}$를 W로 사상한다. 이때 변환의 야코비안이

$$\frac{\partial(x,y)}{\partial(u,v)}=\begin{vmatrix} \frac{\partial x}{\partial u} & \frac{\partial x}{\partial v} \\ \frac{\partial y}{\partial u} & \frac{\partial y}{\partial v} \end{vmatrix}=-\frac{1}{3}$$

이므로

$$\begin{aligned}&\iint_W (x^2+2xy)\,dA \\ &=\frac{1}{27}\int_2^5\int_1^3 [(v-u)^2+2(2v^2-uv-u^2)]\,du\,dv \\ &=\frac{196}{27}\end{aligned}$$

■

(2) 극좌표계로 변수변환

[정리 1]을 이용하면, 극좌표에 의한 이중적분의 공식

$$\iint_W f(x,y)\,dx\,dy=\iint_S f(r\cos\theta,\ r\sin\theta)\,r\,dr\,d\theta$$

을 얻을 수 있다. 왜냐하면

$$x=g(r,\theta)=r\cos\theta,\ y=h(r,\theta)=r\sin\theta$$

라 놓으면

$$\frac{\partial(x,y)}{\partial(r,\theta)}=\begin{vmatrix} \frac{\partial x}{\partial r} & \frac{\partial x}{\partial \theta} \\ \frac{\partial y}{\partial r} & \frac{\partial y}{\partial \theta} \end{vmatrix}=\begin{vmatrix} \cos\theta & -r\sin\theta \\ \sin\theta & r\cos\theta \end{vmatrix}=r>0$$

이 성립하기 때문이다.

2. 삼중적분의 변수변환

(1) 변수변환

변환 $x = g(u, v, w)$, $y = h(u, v, w)$, $z = k(u, v, w)$에 의해 uvw공간의 어떤 영역 U를 xyz공간의 영역 W로 변환하면, 변환 $T(u, v, w) = (x, y, z)$의 야코비안은

$$\frac{\partial(x, y, z)}{\partial(u, v, w)} = \begin{vmatrix} \frac{\partial x}{\partial u} & \frac{\partial x}{\partial v} & \frac{\partial x}{\partial w} \\ \frac{\partial y}{\partial u} & \frac{\partial y}{\partial v} & \frac{\partial y}{\partial w} \\ \frac{\partial z}{\partial u} & \frac{\partial z}{\partial v} & \frac{\partial z}{\partial w} \end{vmatrix}$$

로 주어진다.

정리 2 삼중적분의 변수변환

변환 $x = g(u, v, w)$, $y = h(u, v, w)$, $z = k(u, v, w)$에 의해, uvw공간의 닫힌영역 U에서 xyz공간의 닫힌영역 W로의 일대일 변환 T가 주어지고, 삼변수함수 $w = f(x, y, z)$의 편도함수가 W에서 연속일 때 야코비안이 0이 아니면

$$\iiint_W f(x, y, z)\, dx\, dy\, dz$$
$$= \iiint_U f(g(u, v, w), h(u, v, w), k(u, v, w)) \left| \frac{\partial(x, y, z)}{\partial(u, v, w)} \right| du\, dv\, dw$$

(2) 원주좌표계로 변수변환

원주좌표로의 변환 $x = r\cos\theta$, $y = r\sin\theta$, $z = z$에 의해

$$\frac{\partial(x, y, z)}{\partial(r, \theta, z)} = r$$

이므로

$$\iiint_W f(x, y, z)\, dV = \iiint_U f(r\cos\theta, r\sin\theta, z)\, r\, dr\, d\theta\, dz$$

가 된다.

(3) 구면좌표계로 변수변환

구면좌표로의 변환

$x = g(\rho, \theta, \phi) = \rho \sin\phi \cos\theta,\ y = h(\rho, \theta, \phi) = \rho \sin\phi \sin\theta,\ z = k(\rho, \theta, \phi) = \rho \cos\phi$

에 의해

$$\frac{\partial(x, y, z)}{\partial(u, v, w)} = \begin{vmatrix} \frac{\partial x}{\partial u} & \frac{\partial x}{\partial v} & \frac{\partial x}{\partial w} \\ \frac{\partial y}{\partial u} & \frac{\partial y}{\partial v} & \frac{\partial y}{\partial w} \\ \frac{\partial z}{\partial u} & \frac{\partial z}{\partial v} & \frac{\partial z}{\partial w} \end{vmatrix} = -\rho^2 \sin\phi \cos^2\phi - \rho^2 \sin\phi \sin^2\phi = -\rho^2 \sin\phi$$

이므로, $\left| \frac{\partial(x, y, z)}{\partial(u, v, w)} \right| = \rho^2 \sin\phi$로부터

$$\iiint_W f(x, y, z)\, dV$$
$$= \iiint_U f(\rho \sin\phi \cos\theta, \rho \sin\phi \sin\theta, \rho \cos\phi)\, \rho^2 \sin\phi\, d\rho\, d\theta\, d\phi$$

가 된다.

연습문제 8.3 EXERCISES EXERCISES EXERCISES EXERCISES EXERCISES EXERCISES EXERCISES

01 $x + y = u,\ x - y = v$로 변환하여, 이중적분

$$\iint_W dA,\ W = \{(x, y) \mid 0 \le x + y \le 1,\ 0 \le x - y \le 1\}$$

을 구하시오.

02 $x = r\cos\theta,\ y = r\sin\theta$로 변환하여, 이중적분

$$I = \iint_W \sqrt{x}\, dA,\ W = \{(x, y) \mid x^2 + y^2 \le x\}$$

를 구하시오.

03 이중적분 $\iint_\Omega \frac{dx\,dy}{\sqrt{x^2 + y^2}},\ \Omega = \{(x, y) \mid x^2 + y^2 \le 1\}$을 구하시오.

제 9 장

벡터해석

9.1 벡터함수의 미분

이 절에서는 주로 공역이 $\mathbb{R}^3$인 **벡터함수**(vector - valued function)에 관해서 서술한다.

1. 일변수벡터함수

실수의 집합 $\mathbb{R}$을 정의역으로 하고, 벡터들의 집합을 치역으로 하는 함수를 **일변수벡터함수**라고 한다. 벡터함수에서는 시간을 나타내는 문자 t를 주로 독립변수로 사용한다.

여기서는 정의역에 있는 모든 $t \in \mathbb{R}$에 대해서 $\mathbb{R}^3$에서의 벡터 $\mathbf{f}(t)$가 유일하게 대응하는 벡터함수에 관해서 서술한다.

참고 벡터함수와 구별하기 위해, 정의역과 치역이 실수의 집합 $\mathbb{R}$로 주어진 함수를 실가함수(실숫값 함수) 또는 간단히 실함수라고 한다. ✠

$\mathbb{R}^3$에서 실변수 t의 모든 벡터함수 $\mathbf{f}(t)$는 세 실함수 $f_1, f_2, f_3 : \mathbb{R} \to \mathbb{R}$에 의해

$$\mathbf{f}(t) = (f_1(t), f_2(t), f_3(t)) = f_1(t)\mathbf{i} + f_2(t)\mathbf{j} + f_3(t)\mathbf{k} \,(\text{단, } t \in D)$$

로 정의한다. 여기서 D는 벡터함수 $\mathbf{f}(t)$의 정의역이고, 각 $t \in D$에 대해서 $f_1(t), f_2(t), f_3(t)$는 각각 벡터 $\mathbf{f}(t)$의 $\mathbf{i}, \mathbf{j}, \mathbf{k}$ 성분을 나타낸다 (단, $\mathbf{i}, \mathbf{j}, \mathbf{k}$는 표준기저벡터). 이때 세 함수 f_1, f_2, f_3의 정의역은 벡터함수 $\mathbf{f}(t)$의 정의역과 동일하며, 이 세 함수를 $\mathbf{f}(t)$의 **성분함수**(component function)라고 한다.

예제 벡터함수 $\mathbf{f}(t) = \ln t\,\mathbf{i} + \sqrt{1-t}\,\mathbf{j} + t^2\mathbf{k}$의 정의역을 구하시오.

풀이 벡터함수 $\mathbf{f}(t)$의 정의역은 함수 $\ln t$, $\sqrt{1-t}$, t^2이 공통으로 정의되는 t 값으로 구성되므로, 구간 $(0, 1]$이다. ∎

(1) 벡터함수의 극한과 연속

실함수의 극한과 연속의 개념을 성분함수 $f_1(t)$, $f_2(t)$, $f_3(t)$로 주어진 벡터함수 $\mathbf{f}(t)$의 극한과 연속의 경우로 확장한다.

① 벡터함수의 극한

정의 1 벡터함수의 극한

벡터함수 $\mathbf{f}(t) = f_1(t)\mathbf{i} + f_2(t)\mathbf{j} + f_3(t)\mathbf{k}$에 대해서, 각 성분함수의 극한이 존재하면

$$\lim_{t \to a} \mathbf{f}(t) = [\lim_{t \to a} f_1(t)]\mathbf{i} + [\lim_{t \to a} f_2(t)]\mathbf{j} + [\lim_{t \to a} f_3(t)]\mathbf{k}$$

로 정의한다.

마찬가지로 ε - δ 논법을 사용할 수 있다. 벡터함수의 극한은 실함수의 극한에서와 같은 성질을 갖는다.

예제 극한 $\lim_{t \to 0} \left(\cos t\,\mathbf{i} + \frac{\sin t}{t}\mathbf{j} + t^3\mathbf{k}\right)$를 구하시오

풀이 성분별로 극한값을 구하면

$$\begin{aligned}
&\lim_{t \to 0}\left(\cos t\,\mathbf{i} + \frac{\sin t}{t}\mathbf{j} + t^3\mathbf{k}\right) \\
&= \left(\lim_{t \to 0} \cos t\right)\mathbf{i} + \left(\lim_{t \to 0} \frac{\sin t}{t}\right)\mathbf{j} + \left(\lim_{t \to 0} t^3\right)\mathbf{k} \\
&= \mathbf{i} + \mathbf{j}
\end{aligned}$$

■

② 벡터함수의 연속

정의 2 벡터함수의 연속

벡터함수 $\mathbf{f}(t)$가 $\lim_{t \to a} \mathbf{f}(t) = \mathbf{f}(a)$를 만족할 때, $\mathbf{f}(t)$를 $t = a$에서 연속이라고 한다. 벡터함수 $\mathbf{f}(t)$의 각 성분함수가 구간 I에서 연속일 때, $\mathbf{f}$는 I에서 연속이라고 한다.

참고 극한의 정의로부터 벡터함수 $\mathbf{f}(t)$가 $t=a$에서 연속일 필요충분조건은 성분함수 $f_1(t)$, $f_2(t)$, $f_3(t)$가 $t=a$에서 연속인 것이다. ✠

성분함수 $f_1(t)$, $f_2(t)$, $f_3(t)$가 구간 I에서 정의된 연속인 실함수일 때

$$x=f_1(t),\ y=f_2(t),\ z=f_3(t) \tag{1}$$

로 주어진 모든 점 (x, y, z)의 집합, 즉 벡터의 집합 $C=\{\mathbf{f}(t) \mid a \le t \le b\}$를 **공간곡선**(space curve) 또는 간단히 **곡선**이라 하고, 방정식 (1)을 곡선 C의 **매개변수방정식**, t를 **매개변수**라 한다. 한편 연속인 벡터함수

$$\mathbf{f}(t)=f_1(t)\,\mathbf{i}+f_2(t)\,\mathbf{j}+f_3(t)\,\mathbf{k} \tag{2}$$

는 곡선 C를 정의한다. 이때 (2)를 곡선 C의 **벡터방정식**이라 한다.

예 벡터함수 $\mathbf{f}(t)=2\cos t\,\mathbf{i}+\sin t\,\mathbf{j}+t\,\mathbf{k}$에 의해 정의되는 곡선을 생각해보자. 이 곡선의 매개변수방정식이

$$x=2\cos t,\ y=\sin t,\ z=t$$

이므로, 주어진 곡선은 타원주면체 $\left(\dfrac{x}{2}\right)^{2^2}+y^2=1$ 위에 놓여 있다. $z=t$이므로, 이 곡선은 t가 증가함에 따라 주면체를 따라 위쪽으로 선회한다. 이 곡선을 나선(helix)이라고 한다.

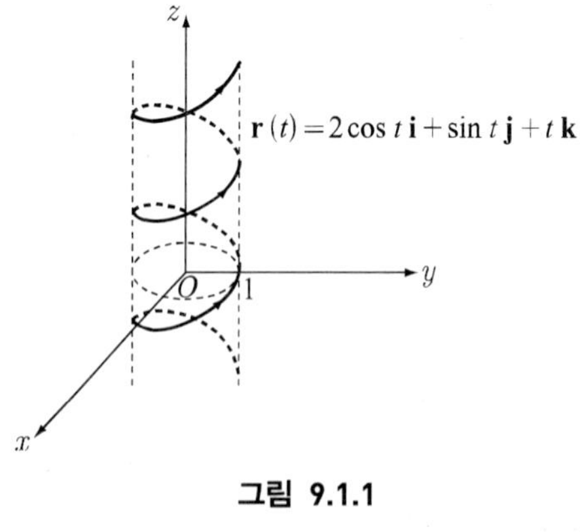

그림 9.1.1

특히 $\mathbf{f}(t)=\cos t\,\mathbf{i}+\sin t\,\mathbf{j}+t\,\mathbf{k}$는 **원형나선**(circular helix)의 벡터방정식이다. 원형나선은 스프링 모양이다. □

참고 $f_1(t)$와 $f_2(t)$가 구간 I에서 정의된 연속인 실함수일 때

$$x = f_1(t),\ \ y = f_2(t)$$

로 주어진 모든 점 (x, y)의 집합 C를 **평면곡선**(plane curve)이라고 한다. ✠

벡터함수 $\mathbf{f}(t) = f_1(t)\mathbf{i} + f_2(t)\mathbf{j} + f_3(t)\mathbf{k}$가 벡터 $\mathbf{f}(t)$의 끝점이 그리는 곡선 C를 정의할 때, 자취 C를 따라 나타나는 방향(orientation)이 정해진다. 이때 고정점 $P_0 = f_1(0)\mathbf{i} + f_2(0)\mathbf{j} + f_3(0)\mathbf{k}$로부터 t가 증가할 때 끝점 P가 진행하는 방향을 곡선 C의 양의 방향이라고 한다.

정의 3

$\mathbb{R}^3$에서의 곡선 C에 대해서

(1) (열린곡선과 닫힌곡선) : 시점과 끝점이 일치할 때, 즉 $\mathbf{f}(a) = \mathbf{f}(b)$일 때 C를 닫힌곡선(closed curve)이라 하고, 그렇지 않은 곡선을 열린곡선(open curve)이라고 한다.

(2) (중복점과 단순곡선) : 시점과 끝점 이외의 점에서 자신과 한 번 이상 만나는 점을 중복점(multiple point)이라 하고, 중복점을 갖지 않는 곡선을 단순곡선(simple curve)이라고 한다.

참고 벡터함수의 극한과 연속은 ε - δ 논법을 이용하여 정의할 수 있다. ✠

(2) 벡터함수의 미분

① 미분법

(ⅰ) 도함수

정의 4 벡터함수의 미분가능

벡터함수 $\mathbf{f}(t)$의 도함수 $\mathbf{f}'(t)$는 열린구간 I의 모든 값 t에 대해서, 극한 $\lim_{\Delta t \to 0} \dfrac{\mathbf{f}(t+\Delta t) - \mathbf{f}(t)}{\Delta t}$이 존재할 때

$$\frac{d\mathbf{f}}{dt} = \mathbf{f}'(t) = \lim_{\Delta t \to 0} \frac{\mathbf{f}(t+\Delta t) - \mathbf{f}(t)}{\Delta t}$$

로 정의한다. 이때 벡터함수 $\mathbf{f}(t)$는 열린구간 I에서 미분가능하다고 한다. 도함수를 도벡터(derived vector)라고도 부른다.

예제 $\mathbf{f}(t)=f_1(t)\mathbf{i}+f_2(t)\mathbf{j}+f_3(t)\mathbf{k}$일 때, $f_1'(t)$, $f_2'(t)$, $f_3'(t)$가 존재하는 임의의 값 t에 대해서

$$\mathbf{f}'(t)=(f_1'(t),\ f_2'(t),\ f_3'(t))=f_1'(t)\mathbf{i}+f_2'(t)\mathbf{j}+f_3'(t)\mathbf{k}$$

가 성립함을 보이시오.

증명
$$\begin{aligned}\mathbf{f}'(t)&=\lim_{\Delta t\to 0}\frac{1}{\Delta t}[\mathbf{f}(t+\Delta t)-\mathbf{f}(t)]\\&=\lim_{\Delta t\to 0}\frac{1}{\Delta t}(f(t+\Delta t)-f(t),\ g(t+\Delta t)-g(t),\ h(t+\Delta t)-h(t))\\&=\lim_{\Delta t\to 0}\left(\frac{f(t+\Delta t)-f(t)}{\Delta t},\ \frac{g(t+\Delta t)-g(t)}{\Delta t},\ \frac{h(t+\Delta t)-h(t)}{\Delta t}\right)\\&=(f'(t),\ g'(t),\ h'(t))\end{aligned}$$ ■

벡터함수 $\mathbf{f}(t)$가 n계 도함수를 가질 때, n계 미분가능하다고 한다. 특히 n계 도함수가 연속인 벡터함수를 C^n-급(C^n-class)의 벡터함수라고 한다.

참고 단지 연속인 벡터함수를 C^0-급이라 하고, 무한 번 미분가능하고 연속인 벡터함수를 C^∞-급이라고 한다. ✠

(ii) 미분법

정리 5 벡터함수의 미분법 1

$\mathbf{f}:\mathbb{R}\to\mathbb{R}^3$와 $\mathbf{g}:\mathbb{R}\to\mathbb{R}^3$가 미분가능한 벡터함수이고, h가 미분가능한 실함수, α가 스칼라, $\mathbf{v}$가 $\mathbb{R}^3$에서 상수벡터일 때

(1) $\dfrac{d}{dt}[\mathbf{f}(t)+\mathbf{g}(t)]=\mathbf{f}'(t)+\mathbf{g}'(t)$　　(2) $\dfrac{d}{dt}[\alpha\mathbf{f}(t)]=\alpha\mathbf{f}'(t)$

(3) $\dfrac{d}{dt}[h(t)\mathbf{f}(t)]=h'(t)\mathbf{f}(t)+h(t)\mathbf{f}'(t)$

(4) $\frac{d}{dt}[\mathbf{v}(t) \cdot \mathbf{f}(t)] = \mathbf{v}(t) \cdot \mathbf{f}'(t)$

(5) $\frac{d}{dt}[\mathbf{f}(t) \cdot \mathbf{g}(t)] = \mathbf{f}'(t) \cdot \mathbf{g}(t) + \mathbf{f}(t) \cdot \mathbf{g}'(t)$

(6) $\frac{d}{dt}[\mathbf{f}(h(t))] = h'(t)\mathbf{f}'(h(t))$ (연쇄법칙)

증명 여기서는 (5)만 증명하고, 나머지는 독자에게 남긴다.

$$\mathbf{f}(t) = (f_1(t), f_2(t), f_3(t)),\ \ \mathbf{g}(t) = (g_1(t), g_2(t), g_3(t))$$

라 놓으면, $\mathbf{f}(t) \cdot \mathbf{g}(t) = \sum_{i=1}^{3} f_i(t) g_i(t)$이므로

$$\begin{aligned}
\frac{d}{dt}[\mathbf{f}(t) \cdot \mathbf{g}(t)] &= \frac{d}{dt}\sum_{i=1}^{3} f_i(t) g_i(t) = \sum_{i=1}^{3} \frac{d}{dt}[f_i(t) g_i(t)] \\
&= \sum_{i=1}^{3} [f_i'(t) g_i(t) + f_i(t) g_i'(t)] \\
&= \sum_{i=1}^{3} f_i'(t) g_i(t) + \sum_{i=1}^{3} f_i(t) g_i'(t) \\
&= \mathbf{f}'(t) \cdot \mathbf{g}(t) + \mathbf{f}(t) \cdot \mathbf{g}'(t)
\end{aligned}$$

■

예제 두 벡터함수 $\mathbf{F}(t) = \tan^{-1} t\,\mathbf{i} + 5\mathbf{k}$와 $\mathbf{G}(t) = \mathbf{i} + \ln t\,\mathbf{j} - 2t\,\mathbf{k}$에 대해서 $(\mathbf{F} \cdot \mathbf{G})'(t)$를 구하시오.

풀이 $\mathbf{F}'(t) = \frac{1}{1+t^2}\mathbf{i}$이고 $\mathbf{G}'(t) = \frac{1}{t}\mathbf{j} - 2\mathbf{k}$이므로

$$\begin{aligned}
(\mathbf{F} \cdot \mathbf{G})'(t) &= \mathbf{F}'(t) \cdot \mathbf{G}(t) + \mathbf{F}(t) \cdot \mathbf{G}'(t) \\
&= \left(\frac{1}{1+t^2}\mathbf{i}\right) \cdot (\mathbf{i} + \ln t\,\mathbf{j} - 2\mathbf{k}) + (\tan^{-1} t\,\mathbf{i} + 5\mathbf{k}) \cdot \left(\frac{1}{t}\mathbf{j} - 2\mathbf{k}\right) \\
&= \frac{1}{1+t^2} - 10
\end{aligned}$$

■

벡터함수 $\mathbf{f}(t) = f_1(t)\mathbf{i} + f_2(t)\mathbf{j} + f_3(t)\mathbf{k}$에 대해서 $f_i'(t)$ (단, $i = 1, 2, 3$)가 $t = a$에서 연속일 때, 벡터함수 $\mathbf{f} : \mathbb{R} \to \mathbb{R}^3$는 $t = a$에서 **연속으로 미분가능**(continuously differentiable)하다고 한다.

정리 6 벡터함수의 미분법 2

$\mathbf{f}:\mathbb{R}\to\mathbb{R}^3$, $\mathbf{g}:\mathbb{R}\to\mathbb{R}^3$와 $\mathbf{h}:\mathbb{R}\to\mathbb{R}^3$가 미분가능한 벡터함수이고, $\mathbf{v}$가 $\mathbb{R}^3$에서 상수벡터일 때

(1) $\dfrac{d}{dt}[\mathbf{v}(t)\times\mathbf{f}(t)]=\mathbf{v}(t)\times\mathbf{f}'(t)$

(2) $\dfrac{d}{dt}[\mathbf{f}(t)\times\mathbf{g}(t)]=\mathbf{f}'(t)\times\mathbf{g}(t)+\mathbf{f}(t)\times\mathbf{g}'(t)$

(3) $\dfrac{d}{dt}[\mathbf{f}(t)\cdot\mathbf{g}(t)\times\mathbf{h}(t)]=\mathbf{f}'(t)\cdot\mathbf{g}(t)\times\mathbf{h}(t)$
$+\mathbf{f}(t)\cdot\mathbf{g}'(t)\times\mathbf{h}(t)+\mathbf{f}(t)\cdot\mathbf{g}(t)\times\mathbf{h}'(t)$

(4) $\dfrac{d}{dt}[\mathbf{f}(t)\times(\mathbf{g}(t)\times\mathbf{h}(t))]=\mathbf{f}'(t)\times(\mathbf{g}(t)\times\mathbf{h}(t))$
$+\mathbf{f}(t)\times(\mathbf{g}'(t)\times\mathbf{h}(t))+\mathbf{f}(t)\times(\mathbf{g}(t)\times\mathbf{h}'(t))$

참고 **(테일러 정리)** : 벡터함수 $\mathbf{f}(t)=(f_1(t), f_2(t), f_3(t))$가 어떤 열린구간에서 n계 도함수를 가질 때

$$\mathbf{f}(t+h)=\mathbf{f}(t)+h\frac{d}{dt}\mathbf{f}(t)+\frac{h^2}{2!}\frac{d^2}{dt^2}\mathbf{f}(t)+\cdots+\frac{h^{n-1}}{(n-1)!}\frac{d^{n-1}}{dt^{n-1}}\mathbf{f}(t)+\frac{h^n}{n!}\frac{d^n}{dt^n}\mathbf{f}(t+\theta h)$$

가 성립한다. 여기서

$$\frac{d^n}{dt^n}\mathbf{f}(t+\theta h)=\left(\frac{d^n}{dt^n}f_1(t+\theta_1 h),\ \frac{d^n}{dt^n}f_2(t+\theta_2 h),\ \frac{d^n}{dt^n}f_3(t+\theta_3 h)\right)$$
$$(\text{단, } 0<\theta, \theta_1, \theta_2, \theta_3<1)$$

이다. ✠

② 벡터함수의 전미분

벡터함수

$$\mathbf{f}(t)=(f_1(t), f_2(t), f_3(t))=f_1(t)\mathbf{i}+f_2(t)\mathbf{j}+f_3(t)\mathbf{k}$$

에 대해서, $\mathbf{f}(t)$의 t에서의 **전미분**(또는 **미분**) $d\mathbf{f}$는

$$d\mathbf{f} = \frac{d\mathbf{f}}{dt}dt = \left(\frac{df_1}{dt}dt,\ \frac{df_2}{dt}dt,\ \frac{df_3}{dt}dt\right)$$
$$= (df_1,\ df_2,\ df_3) = df_1\,\mathbf{i} + df_2\,\mathbf{j} + df_3\,\mathbf{k}$$

로 정의된다.

(3) 곡선의 접선과 법선

① 곡선의 접선

$\mathbb{R}^3$에서의 곡선 C가 벡터방정식 $\mathbf{f}(t) = f_1(t)\mathbf{i} + f_2(t)\mathbf{j} + f_3(t)\mathbf{k}$에 의해 정의될 때, $\mathbf{f}'(t) \neq \mathbf{0}$를 가정하고

$$\lim_{\Delta t \to 0} \frac{\mathbf{f}(t+\Delta t) - \mathbf{f}(t)}{\Delta t}$$

를 생각하자.

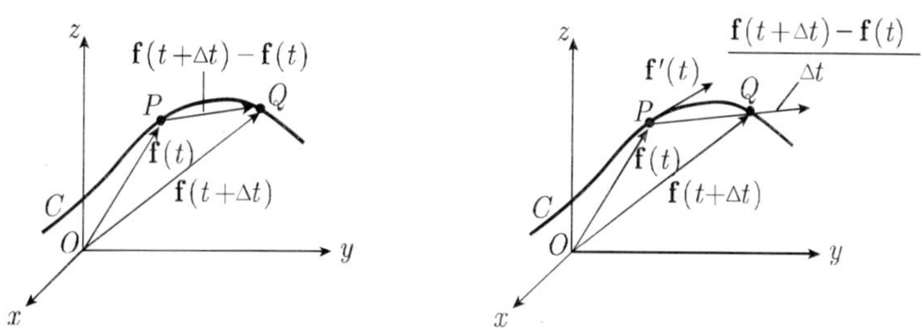

그림 9.1.2

P, Q가 위치벡터 $\mathbf{f}(t)$와 $\mathbf{f}(t+\Delta t)$를 가질 때, $\overrightarrow{PQ}$는 $\mathbf{f}(t+\Delta t) - \mathbf{f}(t)$를 나타내는 할선벡터가 된다. 이 할선벡터의 방향은 $\Delta t \to 0$에 따라 $\mathbf{f}(t)$에서 C의 접선의 방향에 접근한다. 따라서 $\mathbf{f}'(t)$는 C의 접선과 같은 방향을 가진다. 이와 같은 이유로 $\mathbf{f}'(t)$가 존재하여 $\mathbf{f}'(t) \neq \mathbf{0}$일 때, 벡터 $\mathbf{f}'(t)$를 $\mathbf{f}(t)$에 의해 정의된 곡선 C에 대한 점 P에서의 **접선벡터**(tangent vector)라고 한다. 특히 **단위접선벡터**(unit tangent vector)를 $\mathbf{T}$로 표기하고, $\mathbf{f}'(t) \neq \mathbf{0}$(일반적으로 $\mathbf{f}'(t) = \mathbf{0}$인 점에서는 접선을 구할 수 없음)일 경우

$$\mathbf{T}(t) = \frac{\mathbf{f}'(t)}{\|\mathbf{f}'(t)\|}$$

로 주어진다. P에서 C에 대한 접선은 P를 지나고 접선벡터 $\mathbf{f}'(t)$에 평행인 직선으로 정의한다.

예제 $\mathbf{f}(t)=\cos t\,\mathbf{i}+\sin t\,\mathbf{j}+t\,\mathbf{k}$로 주어진 원형나선에 대해서, $t=\frac{\pi}{4}$에서 단위접선벡터를 구하시오.

풀이 $\mathbf{f}'(t)=-\sin t\,\mathbf{i}+\cos t\,\mathbf{j}+\mathbf{k}$, $\|\mathbf{f}'(t)\| = \sqrt{2}$이므로, 단위접선벡터는

$$\mathbf{T}(t)=\frac{\mathbf{f}'(t)}{\|\mathbf{f}'(t)\|}=-\frac{1}{\sqrt{2}}\sin t\,\mathbf{i}+\cos t\,\mathbf{j}+\frac{1}{\sqrt{2}}\mathbf{k}$$

이다. 따라서 $t=\frac{\pi}{4}$에서 단위접선벡터는

$$\mathbf{T}(t)=-\frac{1}{2}\mathbf{i}+\frac{1}{\sqrt{2}}\mathbf{j}+\frac{1}{\sqrt{2}}\mathbf{k}$$

로 주어진다. ■

② 곡선의 법선

정리 7

벡터함수 $\mathbf{f}(t)=f_1(t)\mathbf{i}+f_2(t)\mathbf{j}+f_3(t)\mathbf{k}$가 미분가능하고 c가 상수일 때, $\|\mathbf{f}(t)\|=c$, 즉 $\mathbf{f}(t)$의 크기가 일정하기 위한 필요충분조건은 모든 t에 대해서

$$\mathbf{f}(t)\cdot\mathbf{f}'(t)=0$$

이 성립하는 것이다.

$\mathbb{R}^3$ 내의 벡터함수 $\mathbf{f}(t)$가 미분가능하고, $\mathbf{f}'(t)\neq\mathbf{0}$인 모든 t에 대해서 $\mathbf{T}(t)$가 곡선 $\mathbf{f}(t)$의 단위접선벡터이면 $\|\mathbf{T}(t)\|=1$이 된다. 따라서 $\mathbf{T}'(t)$가 존재하면

$$\mathbf{T}(t)\cdot\mathbf{T}'(t)=0$$

이 성립한다. 즉 $\mathbf{T}'(t)$는 $\mathbf{T}(t)$와 직교한다. 그런데 접선에 수직인 직선이 **법선**이므로, $\mathbf{T}'(t)$를 곡선 $\mathbf{f}(t)$의 **법선벡터**(normal vector)라고 한다. 특히 $\mathbf{T}'(t)\neq\mathbf{0}$일 때

$$\mathbf{n}(t)=\frac{\mathbf{T}'(t)}{\|\mathbf{T}'(t)\|}$$

를 t에서 곡선 $\mathbf{f}(t)$의 단위법선벡터(unit normal vector)라고 한다.

(4) 호의 길이

정의 8 매끄러운 곡선

구간 I에서 정의된 벡터함수 $\mathbf{f}(t)$로 주어지는 곡선 C에 대해서 $\mathbf{f}'(t)$가 연속이고 $\mathbf{f}'(t) \neq \mathbf{0}$(가능한 한, I의 끝점은 제외)일 때, C를 **매끄러운 곡선** 또는 **원활한 곡선**이라고 한다.

곡선 C가 C_{i+1}의 시작점이 C_i의 끝이 되는 유한개의 매끄러운 곡선 $C_1, C_2, \cdots, C_n$의 합집합으로 이루어질 때 C를 구분적으로 매끄러운 곡선(piecewise smooth curve) 또는 구분적으로 원활한 곡선이라고 한다.

예 벡터함수 $\mathbf{f}(t) = \cos t\,\mathbf{i} + \sin t\,\mathbf{j} + t\,\mathbf{k}$가 그리는 원형나선은 매끄러운 곡선이다. 왜냐하면

$$\mathbf{f}'(t) = -\sin t\,\mathbf{i} + \cos t\,\mathbf{j} + \mathbf{k}$$

이므로 $\mathbf{f}'(t)$는 연속이고, 모든 t에서 $\mathbf{f}'(t) \neq \mathbf{0}$이기 때문이다. □

참고 조건 $\mathbf{f}'(t) \neq \mathbf{0}$의 의미는 $\mathbf{f}(t) = (1+t^3, t^2)$으로 주어진 곡선에 의해 설명된다. $\mathbf{f}'(t) = (3t^2, 2t)$이므로, $\mathbf{f}'(0) = (0, 0) = \mathbf{0}$를 얻는다. 이때 $t=0$에 대응되는 점은 $(1, 0)$이고, 여기에 첨점이라 불리는 날카로운 모서리가 있다. 매끄러운 곡선은 그러한 첨점이 없는 곡선이라고 생각할 수 있다.

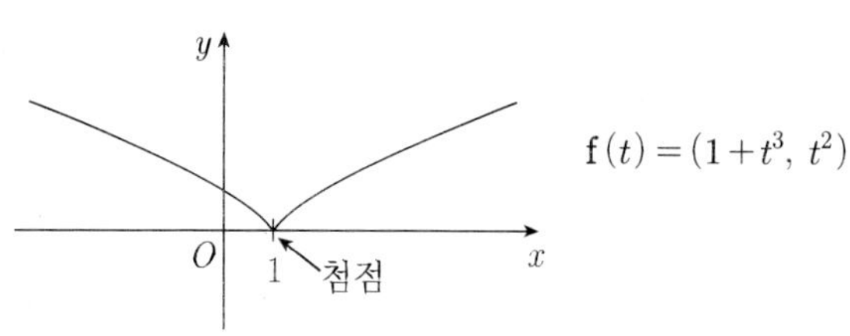

그림 9.1.3

C가 벡터함수 $\mathbf{f}(t)=f_1(t)\mathbf{i}+f_2(t)\mathbf{j}+f_3(t)\mathbf{k}$ (단, $a \le t \le b$)로 주어진 구분적으로 매끄러운 곡선일 때, 호의 길이는

$$s(t)=\int_a^t \|\mathbf{f}'(u)\|\,du$$

로 주어진다. 따라서 $s(t)$ (단, $a \le t \le b$)는 곡선 C 위의 고정점 $\mathbf{f}(a)$에서 임의의 점 $\mathbf{f}(t)$까지의 길이가 된다. 미분적분학의 기본정리를 이용하여 양변을 미분하면, $\dfrac{ds}{dt}=\|\mathbf{f}'(t)\|$를 얻는다.

예 $\mathbf{f}(t)=t\,\mathbf{i}+t^2\mathbf{j}+t^3\mathbf{k}$일 때, $\dfrac{ds}{dt}$를 구하면

$$\frac{ds}{dt}=\sqrt{\left(\frac{dx}{dt}\right)^2+\left(\frac{dy}{dt}\right)^2+\left(\frac{dz}{dt}\right)^2}=\sqrt{1+4t^2+9t^4}$$ □

정리 9

벡터함수 $\mathbf{f}(t)=f_1(t)\mathbf{i}+f_2(t)\mathbf{j}+f_3(t)\mathbf{k}$로 주어진 곡선 C가 구분적으로 매끄러울 때

$$\|\mathbf{f}'(t)\|=\int_a^b \sqrt{[f_1'(t)]^2+[f_2'(t)]^2+[f_3'(t)]^2}\,dt$$

이므로, 호의 길이 s는 $s=\displaystyle\int_a^b \|\mathbf{f}'(t)\|\,dt$로 주어진다.

예제 벡터함수 $\mathbf{f}(t)=\cos t\,\mathbf{i}+\sin t\,\mathbf{j}+t\,\mathbf{k}$ (단, $0 \le t \le 2\pi$)로 주어진 원형나선 위의 점 $(1, 0, 0)$에서 점 $(1, 0, 2\pi)$까지의 호의 길이를 구하시오.

풀이 $\mathbf{f}'(t)=-\sin t\,\mathbf{i}+\cos t\,\mathbf{j}+\mathbf{k}$이므로

$$\|\mathbf{f}'(t)\|=\sqrt{(-\sin t)^2+\cos^2 t+1}=\sqrt{2}$$

가 된다. $(1, 0, 0)$에서 $(1, 0, 2\pi)$까지의 호의 길이는 $0 \le t \le 2\pi$의 매개변수에 의해 결정되므로

$$s=\int_0^{2\pi}\|\mathbf{f}'(t)\|\,dt=\int_0^{2\pi}\sqrt{2}\,dt=2\sqrt{2}\,\pi$$ ■

(5) 프레네 좌표계

① 재매개변수화

연속인 도함수를 갖는 벡터함수 $\mathbf{f}(t)$로 정의된 곡선 C 위의 점에서의 접선벡터(단위접선벡터), 법선벡터(단위법선벡터)와 호의 길이를 구할 때, 곡선의 길이 s에 관하여 **재매개변수화**(reparametrization, **재매개변수표현**)하는 것이 편리할 때가 있다.

예제 벡터함수 $\mathbf{f}(t)=\cos t\,\mathbf{i}+\sin t\,\mathbf{j}+t\,\mathbf{k}$로 주어진 원형나선을 시점 $(1, 0, 0)$으로부터 t가 증가하는 방향으로 측정한 호의 길이에 관해서 재매개변수화하시오.

풀이 $\mathbf{f}'(t)=-\sin t\,\mathbf{i}+\cos t\,\mathbf{j}+\mathbf{k}$로부터 $t=0$일 때

$$\frac{ds}{dt}=\|\mathbf{f}'(t)\|=\sqrt{(-\sin t)^2+\cos^2 t+1}=\sqrt{2}$$

이므로, $s=s(t)=\int_a^t \|\mathbf{f}'(u)\|\,du=\sqrt{2}\,t$를 얻는다. 따라서 $t=\frac{s}{\sqrt{2}}$이고, 구하는 재매개변수표현은

$$\mathbf{f}(s)=\cos(s/\sqrt{2})\,\mathbf{i}+\cos(s/\sqrt{2})\,\mathbf{j}+(s/\sqrt{2})\,\mathbf{k}$$

로 주어진다. ■

② 곡률

정리 10 단위접선벡터

호의 길이가 s이고, x와 y가 $\mathbf{f}'(s)\neq\mathbf{0}$를 만족하는 연속인 도함수를 가질 때, 곡선 C를 $\mathbf{f}(s)=f_1(s)\,\mathbf{i}+f_2(s)\,\mathbf{j}+f_3(s)\,\mathbf{k}$의 매개변수로 나타낼 수 있다면, 단위접선벡터 $\mathbf{T}(s)$는

$$\mathbf{T}(s)=\frac{d\mathbf{f}}{ds}$$

로 주어진다.

곡률은 곡선이 얼마나 빠르게 주어진 점에서 방향을 바꾸는가를 결정한다. 즉 호의 길이에 대한 단위접선벡터의 변화율의 크기로 정의한다.

정의 11 곡률과 곡률반지름

매끄러운 곡선 $\mathbf{f}(s)$의 곡률은, 단위접선벡터 $\mathbf{T}(s)$가 $\mathbf{T}(s)=\dfrac{d\mathbf{f}}{ds}$일 때

$$\kappa(s)=\left\| \frac{d\mathbf{T}}{ds} \right\| = \| \mathbf{f}''(s) \|$$

로 주어진다. 또한 곡률반지름 $\rho(s)$는

$$\kappa(s)>0\text{일 때, } \rho(s)=\frac{1}{\kappa(s)}$$

로 정의한다. 곡률반지름은 일정한 곡률을 가진 원의 반지름이다.

참고 곡선 C의 곡률은 벡터함수가 호의 길이 s보다는 임의의 매개변수 t의 벡터함수 $\mathbf{f}(t)$로 표시되어 있으면 보다 쉽게 계산된다. 이때

$$\frac{d\mathbf{T}}{dt}=\frac{d\mathbf{T}}{ds}\frac{ds}{dt},\quad \frac{ds}{dt}=\|\mathbf{f}'(t)\|,\quad \kappa(s)=\left\|\frac{d\mathbf{T}}{ds}\right\|$$

로부터

$$\kappa(t)=\left\|\frac{\mathbf{T}'(t)}{\mathbf{f}'(t)}\right\|$$

로 주어진다. ✠

예제 반지름이 r인 원의 곡률을 구하시오.

풀이 [방법 1] 중심을 원점으로 택하면, 원의 매개변수표현은

$$\mathbf{f}(t)=r\cos t\,\mathbf{i}+r\sin t\,\mathbf{j}$$

이다. 이때 $\mathbf{f}'(t)=-r\sin t\,\mathbf{i}+r\cos t\,\mathbf{j}$, $\|\mathbf{f}'(t)\|=r$이므로

$$\mathbf{T}(t)=-\sin t\,\mathbf{i}+\cos t\,\mathbf{j},\ \mathbf{T}(t)=-\cos t\,\mathbf{i}-\sin t\,\mathbf{j}$$

를 얻는다. 여기서 $\|\mathbf{T}'(t)\|=1$이므로, 곡률은

$$\kappa(t)=\left\|\frac{\mathbf{T}'(t)}{\mathbf{f}'(t)}\right\|=\frac{1}{r}$$

[방법 2] 원점에 중심을 두고 반지름이 r인 원의 벡터방정식은

$$\mathbf{f}(s)=r[\cos(s/r)\,\mathbf{i}+\sin(s/r)\,\mathbf{j}]\ (\text{단, } 0\le s\le 2\pi r)$$

이다. 이때 $\mathbf{f}''(s) = -\dfrac{1}{r}[\cos(s/r)\mathbf{i} + \sin(s/r)\mathbf{j}]$이므로

$$\kappa(s) = \| \mathbf{f}''(s) \| = \frac{\sqrt{\cos^2(s/r) + \sin^2(s/r)}}{r} = \frac{1}{r}$$ ■

방정식이 $y = f(x)$로 주어지는 평면곡선의 경우에는 x를 매개변수로 택하여 곡선의 방정식을 $\mathbf{f}(x) = x\mathbf{i} + f(x)\mathbf{j}$로 나타낼 수 있다. 따라서

$$\mathbf{f}'(x) = \mathbf{i} + f'(x)\mathbf{j},\ \mathbf{f}''(x) = f''(x)\mathbf{j},\ \| \mathbf{f}'(x) \| = \sqrt{1 + \{f'(x)\}^2}$$

이고 $\mathbf{f}'(x) \times \mathbf{f}''(x) = f''(x)\mathbf{k}$이므로, 곡률은

$$\kappa(x) = \frac{|f''(x)|}{[1 + \{f'(x)\}^2]^{3/2}}$$

로 주어진다.

③ 법선벡터

(i) 주단위법선벡터

정의 12 주단위법선벡터

$\mathbb{R}^3$에서 주단위법선벡터(principal unit normal vector) $\mathbf{n}(s)$를

$$\mathbf{n}(s) = \frac{1}{\kappa(s)} \frac{d\mathbf{T}}{ds}$$

로 정의한다.

주단위법선벡터 $\mathbf{n}(s)$는 단위접선벡터 $\mathbf{T}(s)$와 직교한다.

예제 벡터함수 $\mathbf{f}(t) = \cos t\,\mathbf{i} + \sin t\,\mathbf{j} + t\mathbf{k}$에 의해 주어진 원형나선에 대해서, $t = \dfrac{\pi}{3}$에서 곡률 $\kappa(s)$와 주단위법선벡터 $\mathbf{n}(s)$를 구하시오.

풀이 $t = \dfrac{\pi}{3}$에서 $\dfrac{ds}{dt} = \sqrt{2}$이므로 $s = \sqrt{2}\,t$, 즉 $t = \dfrac{s}{\sqrt{2}}$를 가진다. 그러므로 단위접선벡터는 $\mathbf{T}(s) = -\dfrac{\sin(s/\sqrt{2})}{\sqrt{2}}\mathbf{i} + \dfrac{\cos(s/\sqrt{2})}{\sqrt{2}}\mathbf{j} + \dfrac{1}{\sqrt{2}}\mathbf{k}$이고

$$\frac{d\mathbf{T}}{ds} = -\frac{\cos(s/\sqrt{2})}{2}\mathbf{i} - \frac{\sin(s/\sqrt{2})}{2}\mathbf{j}$$

이다. 따라서 곡률은

$$\kappa(s) = \sqrt{\frac{\cos^2(s/\sqrt{2})}{4} + \frac{\sin^2(s/\sqrt{2})}{4}} = \frac{1}{2}$$

로 주어진다. 이때 주단위법선벡터는

$$\mathbf{n}(s) = \frac{1}{\kappa(s)}\frac{d\mathbf{T}}{ds} = -\left(\cos\frac{s}{\sqrt{2}}\right)\mathbf{i} - \left(\sin\frac{s}{\sqrt{2}}\right)\mathbf{j}$$

이므로, $s = \sqrt{2}\,t = \frac{\sqrt{2}\,\pi}{3}$에서

$$\mathbf{n}(s) = -\frac{1}{2}\mathbf{i} - \frac{\sqrt{3}}{2}\mathbf{j}$$

가 된다. 여기서 주단위법선벡터는 xy평면과 평행한 수평벡터임을 알 수 있다. ■

(ii) 종단위법선벡터

정의 13 종단위법선벡터

$\mathbb{R}^3$에서 벡터함수 $\mathbf{f}(s)$에 의해 주어진 곡선의 **종단위법선벡터**(unit binormal vector) $\mathbf{B}(s)$를 $\mathbf{T}(s)$와 $\mathbf{n}(s)$ 양쪽에 수직인

$$\mathbf{B}(s) = \mathbf{T}(s) \times \mathbf{n}(s)$$

로 정의한다.

예제 벡터함수 $\mathbf{f}(t) = \cos t\,\mathbf{i} + \sin t\,\mathbf{j} + t\,\mathbf{k}$에 의해 주어진 원형나선에 대해서, $t = \frac{\pi}{3}$에서 종단위법선벡터 $\mathbf{B}$를 구하시오.

풀이

$$\mathbf{B} = \mathbf{T} \times \mathbf{n} = \begin{vmatrix} \mathbf{i} & \mathbf{j} & \mathbf{k} \\ -\frac{\sin t}{\sqrt{2}} & \frac{\cos t}{\sqrt{2}} & \frac{1}{\sqrt{2}} \\ -\cos t & -\sin t & 0 \end{vmatrix}$$

$$= \frac{\sin t}{\sqrt{2}}\mathbf{i} - \frac{\cos t}{\sqrt{2}}\mathbf{j} + \frac{1}{\sqrt{2}}\mathbf{k}$$

이므로, $t=\frac{\pi}{3}$에서 $\mathbf{B}=\frac{\sqrt{6}}{4}\mathbf{i}-\frac{\sqrt{2}}{4}\mathbf{j}+\frac{1}{\sqrt{2}}\mathbf{k}$가 된다. ■

④ 프레네 좌표계

오른손법칙을 이루는 세 벡터쌍 $\{\mathbf{T},\ \mathbf{n},\ \mathbf{B}\}$를 곡선 C의 **프레네 좌표계**(Frenet frame)라고 한다. 이때 $\mathbf{T},\ \mathbf{n},\ \mathbf{B}$ 방향의 직선을 각각 곡선 C의 **접선**, **주법선**(pricipal normal line), **종법선**(binormal line)이라고 한다.

공간곡선 위의 주어진 점에서 **접촉평면**(osculating plane)은 접선과 주법선을 포함하는 평면이고, **법평면**(normal plane)은 접선벡터에 수직인 평면이다. 또한 **전직평면**(rectifying plane)은 주어진 점에서 주법선에 수직인 평면으로 정의한다.

예제 원형나선 $\mathbf{f}(t)=\cos t\,\mathbf{i}+\sin t\,\mathbf{j}+t\,\mathbf{k}$ 위의 점 $P\left(0,\ 1,\ \frac{\pi}{2}\right)$에서 법평면과 접촉평면의 방정식을 구하시오.

풀이 $\mathbf{T}(t)=\frac{1}{\sqrt{2}}(-\sin t\,\mathbf{i}+\cos t\,\mathbf{j}+\mathbf{k})$이므로, $\mathbf{T}\left(\frac{\pi}{2}\right)=\frac{1}{\sqrt{2}}(-\mathbf{i}+\mathbf{k})$가 된다. 따라서 법평면 위의 임의의 점을 $\mathbf{y}(x,\ y,\ z)$라 하면 $(\mathbf{y}-\mathbf{x})\cdot\mathbf{T}=0$으로부터 $z=x+\frac{\pi}{2}$를 얻는다. 또한

$$\mathbf{B}(t)=\frac{1}{\sqrt{2}}(\sin t\,\mathbf{i}-\cos t\,\mathbf{j}+\mathbf{k})$$

이므로 $\mathbf{B}\left(\frac{\pi}{2}\right)=\frac{1}{\sqrt{2}}(\mathbf{i}+\mathbf{k})$가 된다. 따라서 접촉평면 위의 임의의 점을 $\mathbf{y}(x,\ y,\ z)$라 하면 $(\mathbf{y}-\mathbf{x})\cdot\mathbf{B}=0$으로부터 $z=-x+\frac{\pi}{2}$를 얻는다. ■

정의 14 비틀림률

비틀림률(torsion)은 곡선 C가 비틀어지는 비율을 측정하는 것으로, 단위종법선벡터 $\mathbf{B}$ 방향의 변화율이다. 비틀림률을 **제2곡률**이라고도 한다.

비틀림률의 역수, 즉 $1/\tau$을 **비틀림률 반지름**(radius of torsion)이라고 한다.

정리 15 프레네 - 세레 공식 (Frenet - Serret formulas)

$\mathbf{T}$, $\mathbf{n}$, $\mathbf{B}$와 κ, τ에 대해서

(1) $\dfrac{d\mathbf{T}}{ds} = \kappa\,\mathbf{n}$ (2) $\dfrac{d\mathbf{n}}{ds} = \tau\mathbf{B} - \kappa\mathbf{T}$ (3) $\dfrac{d\mathbf{B}}{ds} = -\tau\,\mathbf{n}$

이 성립한다. 여기서 κ와 τ는 주어진 점에서 곡선 C의 곡률과 비틀림률을 각각 나타낸다.

예제 $t = \dfrac{\pi}{3}$에서, 벡터함수 $\mathbf{f}(t) = \cos t\,\mathbf{i} + \sin t\,\mathbf{j} + t\,\mathbf{k}$에 의해 주어진 원형나선의 비틀림률 τ를 구하시오.

풀이 $\mathbf{B} = \dfrac{\sin t}{\sqrt{2}}\mathbf{i} - \dfrac{\cos t}{\sqrt{2}}\mathbf{j} + \dfrac{1}{\sqrt{2}}\mathbf{k}$이므로, $t = \dfrac{\pi}{3}$에서

$$\mathbf{B}' = \frac{\cos t}{\sqrt{2}}\mathbf{i} + \frac{\sin t}{\sqrt{2}}\mathbf{j} = \frac{1}{\sqrt{2}}\left(\frac{1}{2}\mathbf{i} + \frac{\sqrt{3}}{2}\mathbf{j}\right)$$

가 된다. 한편 $t = \dfrac{\pi}{3}$에서 $\mathbf{n} = -\dfrac{1}{2}\mathbf{i} - \dfrac{\sqrt{3}}{2}\mathbf{j}$이므로, $\tau = -\mathbf{B}' \cdot \mathbf{n}$으로부터 $t = \dfrac{\pi}{3}$에서 원나선의 비틀림률은

$$\begin{aligned}\tau &= -\frac{1}{2\sqrt{2}}(\mathbf{i} + \sqrt{3}\,\mathbf{j}) \cdot \left(-\frac{1}{2}\mathbf{i} - \frac{\sqrt{3}}{2}\mathbf{j}\right) \\ &= \frac{1}{4\sqrt{2}}(1+3) = \frac{1}{\sqrt{2}}\end{aligned}$$

■

참고 (**곡률원과 곡률중심**) : 점 P에서 $\mathbf{f}(t)$로 주어진 매끄러운 곡선 C의 접촉평면 위에 있는 원으로, P에서 C와 동일한 접선을 가지고 중심은 P에서 C의 곡률벡터 쪽 위의 주법선 위에 있으며 반지름이 곡률반경 $\rho(s)$인 원을 **곡률원**이라 한다. 이때 이 원의 중심을 **곡률중심**이라고 한다. ✠

⑤ 두 곡선의 합동

공간 위의 두 곡선 C_1과 C_2에 대해서, 모양은 바꾸지 않고 한쪽을 적당히 이동시켜 다른 쪽에 포갤 수 있을 때, 두 곡선을 합동(congruence)이라고 한다.

정리 16

s가 호의 길이함수일 때, 두 곡선 C_1과 C_2가 합동일 필요충분조건은 모든 s에 대해서 두 곡선 C_1과 C_2의 곡률 $\kappa(s)$와 비틀림률 $\tau(s)$가 일치하는 것이다. 이때 $\kappa = \kappa(s)$, $\tau = \tau(s)$는 좌표계와 독립적이다.

(6) 속도와 가속도

어떤 물체가 시각 t에서 그 위치벡터가 $\mathbf{f}(t)$가 되도록 공간에서 움직인다면, t에 대해서 벡터

$$\frac{\mathbf{f}(t+\Delta t) - \mathbf{f}(t)}{\Delta t}$$

는 $\mathbf{f}(t)$로 주어지는 곡선을 따라 움직이는 물체의 방향에 접근한다. 이때 $\Delta t \to 0$이면 시각 t에서의 속도벡터 $\mathbf{v}(t)$는

$$\mathbf{v}(t) = \lim_{\Delta t \to 0} \frac{\mathbf{f}(t+\Delta t) - \mathbf{f}(t)}{\Delta t} = \mathbf{f}'(t)$$

이고, 시각 t에서의 물체의 속력은 속도벡터의 크기로 주어진다. 또한 물체의 가속도 $\mathbf{a}(t)$는 속도의 도함수 $\mathbf{a}(t) = \mathbf{v}'(t) = \mathbf{f}''(t)$로 정의한다.

2. 다변수벡터함수와 벡터장

일변수벡터함수에서의 성질들을 다변수벡터함수와 벡터장으로 확장할 수 있다.

(1) 다변수벡터함수

$D \subset \mathbb{R}^2$일 때, D의 각 점 (u, v)에 대해서 유일한 벡터 $\mathbf{f}(u, v)$를 대응시키는 함수 $\mathbf{f}$를 이변수벡터함수라고 한다. $\mathbb{R}^3$ 위의 벡터함수 $\mathbf{f}(u, v)$는 적당한 성분함수 $f, g, h : \mathbb{R}^2 \to \mathbb{R}$에 의해

$$\mathbf{f}(u, v) = f(u, v)\mathbf{i} + g(u, v)\mathbf{j} + h(u, v)\mathbf{k}$$

로 표시할 수 있다. 여기서 $\mathbf{i}$, $\mathbf{j}$, $\mathbf{k}$는 표준기저벡터이다.

(2) 벡터장

D가 $\mathbb{R}^2$ (또는 $\mathbb{R}^3$)의 부분집합일 때, D의 각 점 $\mathbf{x}$에 대해서 $\mathbb{R}^2$ (또는 $\mathbb{R}^3$) 내의 유일한 이차원벡터 (또는 삼차원벡터) $\mathbf{f}(\mathbf{x})$를 대응시키는 벡터함수 $\mathbf{f}$를 **벡터장**(vector field)이라고 한다.

함숫값이 스칼라로 나타나는 함수를 벡터장과 구분하여 **스칼라장**(scalar field) 또는 **스칼라함수**라고 한다.

$\mathbb{R}^3$ 위의 벡터장 $\mathbf{f}(\mathbf{x})$는 적당한 성분함수 $f, g, h : \mathbb{R}^3 \to \mathbb{R}$에 의해

$$\mathbf{f}(x, y, z) = f(x, y, z)\mathbf{i} + g(x, y, z)\mathbf{j} + h(x, y, z)\mathbf{k}$$

로 표시할 수 있다. 여기서 $\mathbf{i}$, $\mathbf{j}$, $\mathbf{k}$는 표준기저벡터이다.

정리 17

두 벡터장 $\mathbf{f}(x, y, z)$와 $\mathbf{g}(x, y, z)$가 일계편도함수를 가질 때

(1) $\dfrac{\partial}{\partial x}(\mathbf{f} \cdot \mathbf{g}) = \mathbf{f} \cdot \dfrac{\partial \mathbf{g}}{\partial x} + \dfrac{\partial \mathbf{f}}{\partial x} \cdot \mathbf{g}$ (2) $\dfrac{\partial}{\partial x}(\mathbf{f} \times \mathbf{g}) = \mathbf{f} \times \dfrac{\partial \mathbf{g}}{\partial x} + \dfrac{\partial \mathbf{f}}{\partial x} \times \mathbf{g}$

(3) 벡터장과 연산자

벡터미분연산자 ∇ (del)은 기울기벡터장 (간단히 기울기)과 발산, 그리고 회전을 정의하는 데 유용하다. 여기서 연산자 ∇은

$$\nabla = \frac{\partial}{\partial x}\mathbf{i} + \frac{\partial}{\partial y}\mathbf{j} + \frac{\partial}{\partial z}\mathbf{k} \text{ 또는 } \nabla = \left(\frac{\partial}{\partial x}, \frac{\partial}{\partial y}, \frac{\partial}{\partial z}\right)$$

로 주어지고, 보통 나블라(nabla)라고 읽는다.

① 기울기벡터장

정의 18 기울기벡터장

$\mathbb{R}^3$에서 $\mathbb{R}$로의 삼변수함수 $f(x, y, z)$가 일계편도함수를 가질 때, $f(x, y, z)$의 기울기벡터장(gradient vector field)은 ∇f 또는 $\mathrm{grad} f$로 표기되고, (x, y, z)에서

$$\nabla f(x, y, z) = \frac{\partial f}{\partial x}\mathbf{i} + \frac{\partial f}{\partial y}\mathbf{j} + \frac{\partial f}{\partial z}\mathbf{k} \text{ 또는 } \nabla f(x, y, z) = \left(\frac{\partial f}{\partial x}, \frac{\partial f}{\partial y}, \frac{\partial f}{\partial z}\right)$$

로 정의한다.

참고 $f(x, y)$가 $\mathbb{R}^2$에서 $\mathbb{R}$로의 일계편도함수를 갖는 이변수함수일 때, (x, y)에서 벡터장 ∇f를

$$\nabla f(x, y) = \frac{\partial f}{\partial x}\mathbf{i} + \frac{\partial f}{\partial y}\mathbf{j} \text{ 또는 } \nabla f(x, y) = \left(\frac{\partial f}{\partial x}, \frac{\partial f}{\partial y}\right)$$

로 정의한다. ✠

예 $f(x, y) = xy$이면, $\nabla f(x, y) = y\mathbf{i} + x\mathbf{j}$이다. □

∇f의 정의를 이용하여 ∇f가 선형임을 보인다. 선형연산자는 함수해석과 벡터공간론에서 매우 중요한 영역이다.

정리 19 선형성

f와 g가 (x, y, z)에서 일계 편도함수를 갖는 스칼라장일 때, 모든 스칼라 α에 대해서

(1) $\nabla(\alpha f) = \alpha \nabla f$ (2) $\nabla(f + g) = \nabla f + \nabla g$

예제 일계편도함수를 갖는 함수 $\phi : \mathbb{R}^3 \to \mathbb{R}$에 대해서

$$M = \{(x, y, z) \in \mathbb{R}^3 \mid \phi(x, y, z) = c,\ c\text{는 상수}\}$$

가 $\mathbb{R}^3$의 곡면일 때, $\nabla\phi$는 곡면 M에 수직인 벡터임을 보이시오.

증명 $\mathbf{r} = x\mathbf{i} + y\mathbf{j} + z\mathbf{k}$를 곡면 위의 임의의 점 $P(x, y, z)$의 위치벡터라 하면, $d\mathbf{r} = dx\mathbf{i} + dy\mathbf{j} + dz\mathbf{k}$는 점 P에서 곡면의 접평면에 놓여 있다. 그런데

$$d\phi = \frac{\partial \phi}{\partial x}dx + \frac{\partial \phi}{\partial y}dy + \frac{\partial \phi}{\partial z}dz = 0$$

이므로

$$\left(\frac{\partial \phi}{\partial x}\mathbf{i} + \frac{\partial \phi}{\partial y}\mathbf{j} + \frac{\partial \phi}{\partial z}\mathbf{k}\right) \cdot (dx\mathbf{i} + dy\mathbf{j} + dz\mathbf{k}) = 0$$

즉 $\nabla\phi \cdot d\mathbf{r} = 0$이 된다. 따라서 $\nabla\phi$는 곡면 M에 수직이다. ■

② 미분가능성

$f(x, y)$가 점 $\mathbf{x}=(x, y)$를 포함하는 열린원판 D에서 정의된 이변수함수이고, $\Delta\mathbf{x}=(\Delta x, \Delta y)$라 하자. $\lim_{\Delta\mathbf{x}\to 0}\frac{g(\Delta\mathbf{x})}{\|\Delta\mathbf{x}\|}=0$일 때

$$f(\mathbf{x}+\Delta\mathbf{x})-f(\mathbf{x})=\nabla f(\mathbf{x})\cdot\Delta\mathbf{x}+g(\Delta\mathbf{x})$$

를 만족하는 스칼라 함수 g가 존재하면 f는 $\mathbf{x}$에서 **미분가능**하다고 한다.

참고 두 벡터장 $\mathbf{f}(x, y, z)$와 $\mathbf{g}(x, y, z)$가 미분가능할 때

(1) $d(\mathbf{f}\cdot\mathbf{g})=\mathbf{f}\cdot d\mathbf{g}+d\mathbf{f}\cdot\mathbf{g}$ (2) $d(\mathbf{f}\times\mathbf{g})=\mathbf{f}\times d\mathbf{g}+d\mathbf{f}\times\mathbf{g}$

(3) $d\mathbf{f}=\frac{\partial\mathbf{f}}{\partial x}dx+\frac{\partial\mathbf{f}}{\partial y}dy+\frac{\partial\mathbf{f}}{\partial z}dz$ ✠

③ 발산과 회전

정의 20 발산과 회전

$\mathbf{f}(x, y, z)=P(x, y, z)\mathbf{i}+Q(x, y, z)\mathbf{j}+R(x, y, z)\mathbf{k}$로 정의된 벡터장 $\mathbf{f}:\mathbb{R}^3\to\mathbb{R}^3$가 미분가능할 때

(1) (발산) : $\mathbf{f}(x, y, z)$의 **발산**(divergence) $\operatorname{div}\mathbf{f}$를

$$\operatorname{div}\mathbf{f}=\frac{\partial P}{\partial x}+\frac{\partial Q}{\partial y}+\frac{\partial R}{\partial z}$$

로 정의한다.

(2) (회전) : $\mathbf{f}(x, y, z)$의 **회전**(rotation 또는 curl)은 $\nabla\times\mathbf{f}$, $\operatorname{curl}\mathbf{f}$ 또는 $\operatorname{rot}\mathbf{f}$로 표시되고

$$\begin{aligned}\operatorname{curl}\mathbf{f}=\nabla\times\mathbf{f}&=\left(\frac{\partial}{\partial x}\mathbf{i}+\frac{\partial}{\partial y}\mathbf{j}+\frac{\partial}{\partial z}\mathbf{k}\right)\times(P\mathbf{i}+Q\mathbf{j}+R\mathbf{k})\\&=\left(\frac{\partial R}{\partial y}-\frac{\partial Q}{\partial z}\right)\mathbf{i}+\left(\frac{\partial P}{\partial z}-\frac{\partial R}{\partial x}\right)\mathbf{j}+\left(\frac{\partial Q}{\partial x}-\frac{\partial P}{\partial y}\right)\mathbf{k}\end{aligned}$$

로 정의한다.

벡터장 $\mathbf{f}(x, y, z)$의 발산 $\operatorname{div}\mathbf{f}$는 형식적으로

$$\operatorname{div}\mathbf{f} = \left(\frac{\partial}{\partial x}\mathbf{i} + \frac{\partial}{\partial y}\mathbf{j} + \frac{\partial}{\partial z}\mathbf{k}\right)\cdot(P\mathbf{i} + Q\mathbf{j} + R\mathbf{k})$$
$$= \nabla \cdot \mathbf{f}$$

로 표시되는 스칼라장이다. 한편 벡터장 $\mathbf{f}(x, y, z)$의 회전 curl $\mathbf{f}$는 형식적으로

$$\operatorname{curl}\mathbf{f} = \nabla \times \mathbf{f} = \begin{vmatrix} \mathbf{i} & \mathbf{j} & \mathbf{k} \\ \frac{\partial}{\partial x} & \frac{\partial}{\partial y} & \frac{\partial}{\partial z} \\ P & Q & R \end{vmatrix}$$

로 표시되는 벡터장이다.

예 $\mathbf{f}(x, y, z) = x^2 z\mathbf{i} - 2y^3z^2\mathbf{j} + xy^2z\mathbf{k}$일 때

$$\nabla \cdot \mathbf{f} = \left(\frac{\partial}{\partial x}\mathbf{i} + \frac{\partial}{\partial y}\mathbf{j} + \frac{\partial}{\partial z}\mathbf{k}\right)\cdot(x^2 z\mathbf{i} - 2y^3z^2\mathbf{j} + xy^2z\mathbf{k})$$
$$= 2xz - 6y^2z^2 + xy^2$$

이므로, 점 $(1, -1, 1)$에서 $\nabla \cdot \mathbf{f} = -3$이 된다. □

예제 다음 물음에 답하시오.

(1) $\phi(x, y, z) = 2x^3y^2z^4$일 때, $\nabla \cdot \nabla\phi$를 구하시오.

(2) $\mathbf{f}(x, y, z) = xz^3\mathbf{i} - 2x^2yz\mathbf{j} + 2yz^4\mathbf{k}$일 때, 점 $(1, -1, 1)$에서 $\nabla \times \mathbf{f}$를 구하시오.

풀이 (1) $\nabla\phi = 6x^2y^2z^4\mathbf{i} + 4x^3yz^4\mathbf{j} + 8x^3y^2z^3\mathbf{k}$이므로

$$\nabla \cdot \nabla\phi$$
$$= \left(\frac{\partial}{\partial x}\mathbf{i} + \frac{\partial}{\partial y}\mathbf{j} + \frac{\partial}{\partial z}\mathbf{k}\right)\cdot(6x^2y^2z^4\mathbf{i} + 4x^3yz^4\mathbf{j} + 8x^3y^2z^3\mathbf{k})$$
$$= 12xy^2z^4 + 4x^3z^4 + 24x^3y^2z^2$$

(2)
$$\nabla \times \mathbf{f} = \left(\frac{\partial}{\partial x}\mathbf{i} + \frac{\partial}{\partial y}\mathbf{j} + \frac{\partial}{\partial z}\mathbf{k}\right)\times(xz^3\mathbf{i} - 2x^2yz\mathbf{j} + 2yz^4\mathbf{k})$$
$$= (2z^4 + 2x^2y)\mathbf{i} + 3xz^2\mathbf{j} - 4xyz\mathbf{k}$$

이므로, 점 $(1, -1, 1)$에서 $\nabla \times \mathbf{f} = 3\mathbf{j} + 4\mathbf{k}$가 된다. ■

④ 보존벡터장과 포텐셜함수

정의 21 보존벡터장과 포텐셜함수

벡터장 $\mathbf{f}(x, y, z)$가 $\text{curl}\,\mathbf{f} = \mathbf{0}$, 즉 $\nabla \times \mathbf{f} = \mathbf{0}$를 만족할 때, $\mathbf{f}(x, y, z)$를 **비회전적**(irrotational)이라고 한다. 또한 벡터장 $\mathbf{f}(x, y, z)$가 어떤 스칼라함수의 기울기일 때, 즉 $\mathbf{f} = \nabla\phi$를 만족하는 함수 ϕ가 존재할 때 $\mathbf{f}(x, y, z)$를 **보존벡터장**(conservative vector field)이라 하고, ϕ를 $\mathbf{f}(x, y, z)$에 대한 **포텐셜함수**(potential function)라고 한다.

예 벡터장 $\mathbf{f}(x, y) = (2y^2 - 12x^3y^3)\mathbf{i} + (4xy - 9x^4y^2)\mathbf{j}$는 보존벡터장이다. 왜냐하면 미분가능한 함수

$$f(x, y) = 2xy^2 - 3x^4y^3$$

이 $\mathbf{f} = \nabla f$를 만족하기 때문이다. □

참고 벡터장 $\mathbf{f}(x, y, z)$가 보존벡터장, 즉 $\mathbf{f} = \nabla\phi$를 만족하는 ϕ가 존재할 필요충분조건은 $\nabla \times \mathbf{f} = \mathbf{0}$, 즉 $\mathbf{f}$가 비회전적인 것이다. ✠

예제 벡터장 $\mathbf{f}(x, y, z) = (x + 2y + az)\mathbf{i} + (bx - 3y - z)\mathbf{j} + (4x + cy + 2z)\mathbf{k}$가 비회전적이 되기 위한 상수 a, b, c의 값을 구하시오.

풀이 $\nabla \times \mathbf{f} = (c+1)\mathbf{i} + (a-4)\mathbf{j} + (b-2)\mathbf{k}$이므로, $\nabla \times \mathbf{f} = \mathbf{0}$를 만족하는 상수 a, b, c의 값은 각각 $4, 2, -1$이다. ■

연습문제 9.1 EXERCISES EXERCISES EXERCISES EXERCISES EXERCISES EXERCISES EXERCISES

01 두 벡터함수 $\mathbf{F}(t) = \cos\pi t\,\mathbf{i} + 2\sin\pi t\,\mathbf{j} + 4t^2\mathbf{k}$와 $\mathbf{G}(t) = t\,\mathbf{i} + t^3\mathbf{k}$에 대해서

$$\lim_{t \to 1}(\mathbf{F} \cdot \mathbf{G})(t),\ \lim_{t \to 1}(\mathbf{F} \times \mathbf{G})(t)$$

를 구하시오.

02 매개변수방정식이 $x = 2\cos t,\ y = \sin t,\ z = t$인 나선에 대해서, 점 $(0,\ 1,\ \pi/2)$에서의 접선의 매개변수방정식을 구하시오.

03 벡터방정식이 $\mathbf{f}(t) = \cos t\mathbf{i} + \sin t\mathbf{j} + t\mathbf{k}$인 원형나선 위의 점 $(1,\ 0,\ 0)$에서 점 $(1,\ 0,\ \pi)$까지의 호의 길이를 구하시오.

04 곡면 $M = \{(x,\ y,\ z) \in \mathbb{R}^3 \mid x^2y + 2xz = 4\}$ 위의 점 $(2,\ -2,\ 3)$에서 곡면 M에 수직인 벡터를 구하시오.

05 $\mathbf{f}(x,\ y,\ z) = x^2y\mathbf{i} - 2xz\mathbf{j} + 2yz\mathbf{k}$로 주어진 벡터장에 대해서, $\nabla \times (\nabla \times \mathbf{f})$를 구하시오.

9.2 벡터함수의 적분

중적분의 개념을 벡터함수에 대한 적분으로 확장한다. 이 절에서는 공역이 $\mathbb{R}^2$ (또는 $\mathbb{R}^3$)인 벡터함수로 한정하여 서술한다. 연속인 벡터함수의 적분은 적분의 결과가 벡터라는 것을 제외하면, 실함수에서와 같은 방법으로 정의된다.

1. 벡터함수의 적분

(1) 벡터함수의 부정적분

구간 I에 있는 모든 t에 대해서 $\mathbf{f}(t) = \dfrac{d}{dt}\mathbf{F}(t)$를 만족하는 벡터함수 $\mathbf{F}(t)$를 I에서 $\mathbf{f}(t)$의 **원시함수** 또는 **역도함수**라고 한다.

$\mathbf{F}(t)$가 $\mathbf{f}(t)$의 임의의 원시함수일 때, $\mathbf{f}(t)$의 **부정적분**은

$$\int \mathbf{f}(t)\,dt = \mathbf{F}(t) + \mathbf{c} \ (\text{단, } \mathbf{c}\text{는 적분상수})$$

로 정의한다. 벡터함수 $\mathbf{f}(t)$의 부정적분 $\mathbf{F}(t)$를 구하는 것을 $\mathbf{f}(t)$를 **적분한다**고 하고, 적분을 구하는 과정을 **적분법**이라고 한다.

공역이 $\mathbb{R}^2$인 벡터함수 $\mathbf{f}(t)$의 부정적분은 성분함수 $f_1(t)$, $f_2(t)$의 적분의 항

$$\int \mathbf{f}(t)\,dt = \left(\int f_1(t)\,dt\right)\mathbf{i} + \left(\int f_2(t)\,dt\right)\mathbf{j}$$

로 정의한다. 이것은 각 성분함수를 적분함으로써 벡터함수의 적분을 구할 수 있음을 나타낸다.

(2) 벡터함수의 정적분

공역이 $\mathbb{R}^2$인 벡터함수 $\mathbf{f}(t) = f_1(t)\mathbf{i} + f_2(t)\mathbf{j}$가 닫힌구간 $[a, b]$에서 연속일 때, $[a, b]$에서 $\mathbf{f}(t)$의 정적분은

$$\int_a^b \mathbf{f}(t)\,dt = \left(\int_a^b f_1(t)\,dt\right)\mathbf{i} + \left(\int_a^b f_2(t)\,dt\right)\mathbf{j}$$

로 정의한다.

(3) 정적분과 부정적분 사이의 관계

연속인 벡터함수 $\mathbf{f}(t) = f_1(t)\mathbf{i} + f_2(t)\mathbf{j}$에 관한 미분적분학의 기본정리는 $\mathbf{F}(t)$가 $\mathbf{f}(t)$의 역도함수, 즉 $\mathbf{F}'(t) = \mathbf{f}(t)$일 때 닫힌구간 $[a, b]$에서 $\mathbf{f}(t)$의 정적분은

$$\int_a^b \mathbf{f}(t)\, dt = [\,\mathbf{F}(t)\,]_a^b = \mathbf{F}(b) - \mathbf{F}(a)$$

임을 의미한다.

예제 $\mathbf{f}(t) = 2\cos t\,\mathbf{i} + \sin t\,\mathbf{j} + 2t\,\mathbf{k}$일 때, $\int_0^{\frac{\pi}{2}} \mathbf{f}(t)\, dt$를 구하시오.

풀이
$$\int_0^{\pi/2} \mathbf{f}(t)\, dt = \left(\int_0^{\pi/2} 2\cos t\, dt\right)\mathbf{i} + \left(\int_0^{\pi/2} \sin t\, dt\right)\mathbf{j} + \left(\int_0^{\pi/2} 2t\, dt\right)\mathbf{k}$$
$$= [\,2t\sin t\,\mathbf{i} - \cos t\,\mathbf{j} + t^2\,\mathbf{k}\,]_0^{\pi/2} = 2\,\mathbf{i} + \mathbf{j} + \frac{\pi^2}{4}\,\mathbf{k}$$
$$= \left[\frac{1}{2}t^2\,\mathbf{i} + \frac{1}{3}t^3\,\mathbf{j} - \cos t\,\mathbf{k}\right]_0^{\pi} = \frac{1}{2}\pi^2\,\mathbf{i} + \frac{1}{3}\pi^3\,\mathbf{j} + 2\mathbf{k}$$ ■

2. 선적분

선적분은 정적분의 개념을 일반화한 개념이다.

(1) 평면 위의 선적분

평면 $\mathbb{R}^2$에서 구분적으로 매끄러운 곡선 C가 매개변수방정식

$$x = x(t),\ y = y(t)\ (\text{단},\ a \le t \le b)$$

또는 벡터방정식 $\mathbf{r}(t) = x(t)\mathbf{i} + y(t)\mathbf{j}$ (단, $a \le t \le b$)로 주어질 때, 닫힌구간 $[a, b]$를 길이가 같은 n개의 닫힌부분구간 $[t_{i-1}, t_i]$로 나누고

$$x_i = x(t_i),\ y_i = y(t_i)$$

라 하면, 대응하는 점 $P_i(x_i, y_i)$에 의해 곡선 C는 길이가 $\Delta s_1, \Delta s_2, \cdots, \Delta s_n$인 n개의 부분곡선으로 나누어진다. 이때 i번째 부분곡선에서 임의의 점 $P_i^*(x_i^*, y_i^*)$를 선택한다. 이것은 닫힌부분구간 $[t_{i-1}, t_i]$에 있는 점 t_i^*에 대응된다.

이변수함수 $f(x, y)$가 구분적으로 매끄러운 곡선 C 위에서 연속일 때, C에서 $f(x, y)$의 **선적분**(line integral)을

$$\int_C f(x, y)\, ds = \lim_{n \to \infty} \sum_{i=1}^{n} f(x_i^*, y_i^*)\, \Delta s_i$$

로 정의한다.

참고 구분적으로 매끄러운 곡선 C에서 정의된 연속인 이변수함수 $f(x, y)$의 선적분

$$\int_C f(x, y)\, ds = \lim_{n \to \infty} \sum_{i=1}^{n} f(x_i^*, y_i^*)\, \Delta s_i$$

는 Δs_i를 $\Delta x_i = x_i - x_{i-1}$ 또는 $\Delta y_i = y_i - y_{i-1}$로 대치할 때 서로 다른 두 개의 선적분

$$\int_C f(x, y)\, dx = \lim_{n \to \infty} \sum_{i=1}^{n} f(x_i^*, y_i^*)\, \Delta x_i$$

$$\int_C f(x, y)\, dy = \lim_{n \to \infty} \sum_{i=1}^{n} f(x_i^*, y_i^*)\, \Delta y_i$$

를 얻는다. x와 y에 관한 선적분이 동시에 나타날 경우

$$\int_C P(x, y)\, dx + \int_C Q(x, y)\, dy = \int_C P(x, y)\, dx + Q(x, y)\, dy$$

로 정의한다. ✠

일반적으로 선적분의 값은 경로에 의존한다.

예제 곡선 C가 다음으로 주어질 때, 선적분

$$\int_C y^2\, dx + x\, dy$$

를 구하시오.

(1) $(-5, -3)$에서 $(0, 2)$까지의 선분으로 주어진 C

(2) $(-5, -3)$에서 $(0, 2)$까지의 포물선 $y^2 = 4 - x$로 주어진 C

풀이 (1) 선분 C에 대한 매개변수방정식은

$$x = 5t - 5,\ y = 5t - 3\ (\text{단},\ 0 \le t \le 1)$$

이다. 이때 $dx = 5\,dt$이고 $dy = 5\,dt$이므로

$$\int_C y^2\,dx + x\,dy = \int_0^1 (5t-3)^2(5\,dt) + (5t-5)(5\,dt)$$
$$= 5\int_0^1 (25t^2 - 25t + 4)\,dt = -\frac{5}{6}$$

(2) 포물선 C에 대한 매개변수방정식은

$$x = 4 - y^2,\ y = y\ (\text{단},\ -3 \le y \le 2)$$

이다. 이때 $dx = -2y\,dy$이므로

$$\int_C y^2\,dx + x\,dy = \int_{-3}^2 y^2(-2y)\,dy + (4 - y^2)\,dy$$
$$= \int_{-3}^2 (-2y^3 - y^2 + 4)\,dy = \frac{245}{6}$$

■

(2) 벡터장의 선적분

정의 1 평면 위의 선적분

구분적으로 매끄러운 곡선 C가 벡터방정식

$$C : \mathbf{r}(t) = x(t)\mathbf{i} + y(t)\mathbf{j}\ (\text{단},\ a \le t \le b)$$

로 주어질 때, $\mathbf{f}(x, y) = P(x, y)\mathbf{i} + Q(x, y)\mathbf{j}$로 정의된 벡터장 $\mathbf{f}(x, y)$가 C에서 연속이라 하자. 이때 C 위에서 $\mathbf{f}(x, y)$의 선적분을

$$\int_C \mathbf{f} \cdot d\mathbf{r} = \int_a^b \mathbf{f}(\mathbf{r}(t)) \cdot \mathbf{r}'(t)\,dt = \int_C \mathbf{f} \cdot \mathbf{T}\,ds$$

로 정의한다.

(3) 선적분과 경로의 독립성

어떤 특정한 함수는 두 점을 연결하는 임의의 구분적으로 매끄러운 곡선 C 위에서 적분하더라도 동일한 값을 얻게 된다. 이 경우에 주어진 선적분은 **경로에 독립적**(independent of the path)이라고 한다.

예제 $\mathbf{f}(x, y) = y\,\mathbf{i} + x\,\mathbf{j}$에 대해서 곡선 C가 다음으로 주어질 때, 선적분

$$\int_C \mathbf{f} \cdot d\mathbf{r}$$

을 구하시오.

(1) $(0, 0)$으로부터 $(1, 1)$까지의 선분으로 주어진 C

(2) $(0, 0)$으로부터 $(1, 1)$까지의 포물선 $y = x^2$으로 주어진 C

풀이 (1) C는 $\mathbf{r}(t) = t\,\mathbf{i} + t\,\mathbf{j}$로 표현되므로, $\mathbf{r}'(t) = \mathbf{i} + \mathbf{j}$이고

$$\mathbf{f} \cdot \mathbf{r}' = (t\,\mathbf{i} + t\,\mathbf{j}) \cdot (\mathbf{i} + \mathbf{j}) = 2t$$

로 주어진다. 따라서

$$\int_C \mathbf{f} \cdot d\mathbf{r} = \int_0^1 2t\,dt = 1$$

(2) C는 $\mathbf{r}(t) = t\,\mathbf{i} + t^2\mathbf{j}$로 표현되므로, $\mathbf{r}'(t) = \mathbf{i} + 2t\,\mathbf{j}$이고

$$\mathbf{f} \cdot \mathbf{r}' = (t^2\mathbf{i} + t\,\mathbf{j}) \cdot (\mathbf{i} + 2t\,\mathbf{j}) = 3\,t^2$$

으로 주어진다. 따라서

$$\int_C \mathbf{f} \cdot d\mathbf{r} = \int_0^1 3t^2\,dt = 1$$

■

$\Omega \subset \mathbb{R}^2$에서, Ω에 속하는 임의의 두 점이 Ω에 포함되는 구분적으로 매끄러운 곡선으로 연결할 수 있을 때, Ω를 (경로적) **연결집합**(arcwise connected)이라고 한다. 또한 열린집합이고 연결집합인 Ω를 열린연결영역(또는 **열린영역**) 또는 간단히 **영역**(region)이라고 하고, Ω가 닫힌집합이고 연결집합일 때 닫힌연결영역 또는 간단히 **닫힌영역**이라고 한다.

정리 2

벡터장 $\mathbf{f}(x, y)$가 $\mathbb{R}^2$의 어떤 영역 Ω에서 연속일 때, $\mathbf{f} = \nabla f$를 만족하는 미분가능한 함수 f가 존재할 필요충분조건은 Ω에 포함되는 임의의 구분적으로 매끄러운 곡선

$$C : \mathbf{r}(t) = x(t)\,\mathbf{i} + y(t)\,\mathbf{j} \text{ (단, } a \le t \le b)$$

에 대해서 선적분 $\int_C \mathbf{f} \cdot d\mathbf{r}$이 경로에 독립적인 것이다.

선적분을 구할 때 선적분의 기본정리는 매우 효율적이다. 다음 정리는 보존벡터장의 선적분은 경로에 독립적임을 보인다.

정리 3 선적분의 기본정리

벡터장 $\mathbf{f}(x, y)$가 $\mathbb{R}^2$의 어떤 영역 Ω에서 연속일 때, $\mathbf{f} = \nabla f$를 만족하는 미분가능한 함수 f가 존재할 필요충분조건은 Ω에 포함되는 임의의 구분적으로 매끄러운 곡선

$$C : \mathbf{r}(t) = x(t)\mathbf{i} + y(t)\mathbf{j} \ (\text{단, } a \le t \le b)$$

에 대해서

$$\int_C \mathbf{f} \cdot d\mathbf{r} = \int_C \nabla f \cdot d\mathbf{r} = f(\mathbf{r}(b)) - f(\mathbf{r}(a))$$

가 성립하는 것이다.

예제 C가 두 점 $(1, 1)$과 $(3, 2)$를 잇는 구분적으로 매끄러운 곡선일 때, 선적분

$$\int_C (2y^2 - 12x^3y^3)\, dx + (4xy - 9x^4y^2)\, dy$$

를 구하시오.

풀이 벡터장 $\mathbf{f}(x, y) = (2y^2 - 12x^3y^3)\mathbf{i} + (4xy - 9x^4y^2)\mathbf{j}$에 대해서, $f(x, y) = 2xy^2 - 3x^4y^3$이 $\mathbf{f} = \nabla f$를 만족한다. 따라서 C가 두 점 $(1, 1)$과 $(3, 2)$를 잇는 구분적으로 매끄러운 곡선이면

$$\int_C (2y^2 - 12x^3y^3)\, dx + (4xy - 9x^4y^2)\, dy$$
$$= f(3, 2) - f(1, 1) = -1919$$

■

C가 구분적으로 매끄러운 닫힌곡선일 때, 다음 정리를 얻는다.

따름정리

벡터장 $\mathbf{f}(x, y)$가 $\mathbb{R}^2$의 어떤 영역 Ω에서 연속일 때, $\mathbf{f} = \nabla f$를 만족하는 미분가능한 함수 f가 존재할 필요충분조건은 Ω에 포함되는 임의의 구분적으로 매끄러운 닫힌곡선

$$C : \mathbf{r}(t) = x(t)\mathbf{i} + y(t)\mathbf{j} \ (\text{단, } a \le t \le b)$$

에 대해서 선적분 $\int_C \mathbf{f} \cdot d\mathbf{r} = 0$이 성립하는 것이다.

이제 벡터장 $\mathbf{f}(x, y)$의 보존적 여부를 판별할 수 있는 방법을 알아보자.

정리 4

벡터장 $\mathbf{f}(x, y) = P(x, y)\mathbf{i} + Q(x, y)\mathbf{j}$의 성분함수 P와 Q가 정의역 D에서 연속인 일계편도함수를 가질 때, $\mathbf{f} = \nabla f$를 만족하는 미분가능한 함수 f가 존재하면, D에서

$$\frac{\partial P}{\partial y} = \frac{\partial Q}{\partial x}$$

예 벡터장 $\mathbf{f}(x, y) = (x - y)\mathbf{i} + (x - 2)\mathbf{j}$는 보존벡터장이 아니다. 왜냐하면

$$P(x, y) = x - y, \quad Q(x, y) = x - 2$$

라 놓으면, $\frac{\partial P}{\partial y} = -1$, $\frac{\partial Q}{\partial x} = 1$로 주어지기 때문이다. □

참고 [정리 4]의 역은 성립하지 않는다. ✠

정의 5 단순연결영역

Ω를 xy평면에서 연결영역이라 하고, Ω에서 임의의 구분적으로 매끄러운 단순닫힌곡선을 C라 하자. 이때 C로 둘러싸인 영역의 모든 점이 Ω의 점이 될 때, Ω를 단순연결영역(simple connected region)이라 한다.

[정리 4]의 역은 함수의 정의역을 열린단순연결영역으로 제한할 때 성립한다.

정리 6

벡터장 $\mathbf{f}(x, y) = P(x, y)\mathbf{i} + Q(x, y)\mathbf{j}$의 성분함수 P와 Q가 어떤 열린단순연결영역 D에서 연속인 일계편도함수를 가질 때, D에서 $\mathbf{f} = \nabla f$를 만족하는 미분가능한 함수 $f(x, y)$가 존재할 필요충분조건은 D에서

$$\frac{\partial P}{\partial y} = \frac{\partial Q}{\partial x}$$

가 성립하는 것이다.

[정리 2]와 [정리 6]으로부터 다음 정리를 얻는다.

따름정리

벡터장 $\mathbf{f}(x, y) = P(x, y)\mathbf{i} + Q(x, y)\mathbf{j}$에 대해서 성분함수 P와 Q가 어떤 열린단순연결영역 D에서 연속인 일계편도함수를 가질 때, D에서 $\dfrac{\partial P}{\partial y} = \dfrac{\partial Q}{\partial x}$가 성립할 필요충분조건은 D에 포함되는 임의의 구분적으로 매끄러운 곡선

$$C : \mathbf{r}(t) = x(t)\mathbf{i} + y(t)\mathbf{j} \ (\text{단, } a \le t \le b)$$

에 대해서 $\int_C \mathbf{f} \cdot d\mathbf{r}$이 경로에 독립적인 것이다. 이때

$$\int_C \mathbf{f} \cdot d\mathbf{r} = \int_C \nabla f \cdot d\mathbf{r} = f(\mathbf{r}(b)) - f(\mathbf{r}(a))$$

정의역이 열린단순연결영역이면, 벡터장이 보존적인지를 결정하기 위해서는 $\dfrac{\partial P}{\partial y} = \dfrac{\partial Q}{\partial x}$가 성립하는지만 확인하면 됨에 유의한다.

예제 경로 $x^4 - 6xy^3 = 4y^2$을 따라

$$\int_{(0,\,0)}^{(2,\,1)} (10x^4 - 2xy^3)\, dx - 3x^2y^2\, dy$$

를 구하시오.

풀이 $P(x, y)=10x^4-2xy^3$, $Q(x, y)=-3x^2y^2$이라 놓으면 $\dfrac{\partial P}{\partial y}=-6xy^2=\dfrac{\partial Q}{\partial x}$이고, $d(2x^5-x^2y^3)=(10x^4-2xy^3)\,dx-3x^2y^2\,dy$이므로

$$\int_{(0,0)}^{(2,1)}(10x^4-2xy^3)\,dx-3x^2y^2\,dy$$

$$=\int_{(0,0)}^{(2,1)}d(2x^5-x^2y^3)=(2x^5-x^2y^3)\Big|_{(0,0)}^{(2,1)}=60$$ ■

(4) 평면에서의 그린 정리

이제부터 평면에서의 단순연결영역 Ω의 가장자리를 따라서 생기는 구분적으로 매끄러운 단순닫힌곡선, 즉 Ω의 경계(boundary)를 $\partial\Omega$로 나타내기로 한다. 이때 $\partial\Omega$의 양의 방향은 시계반대방향으로 움직이는 것으로 약속한다.

정의 7

곡선 $\partial\Omega$가

$$\partial\Omega : \mathbf{r}(t)=x(t)\,\mathbf{i}+y(t)\,\mathbf{j}\ (\text{단, } a\le t\le b)$$

로 주어지면, $\partial\Omega$를 따라 벡터장 $\mathbf{f}(x, y)=P(x, y)\,\mathbf{i}+Q(x, y)\,\mathbf{j}$의 선적분을

$$\oint_{\partial\Omega}P\,dx+Q\,dy$$

로 정의한다. 기호 $\oint_{\partial\Omega}$는 $\partial\Omega$가 구분적으로 매끄러운 단순닫힌곡선이고, 적분할 때 $\partial\Omega$의 방향이 시계반대방향임을 의미한다.

그린 정리(Green's theorem)는 $\mathbb{R}^2$에 있는 단순연결영역의 경계 위에서 함수의 선적분과 그 영역 위에서의 중적분 사이의 관계이다. 그린 정리는 가우스 정리(Gauss' theorem)로도 알려져 있다.

정리 8 평면에서의 그린 정리

xy평면에서 단순연결영역인 Ω가 구분적으로 매끄러운 단순닫힌곡선

$$\partial\Omega : \mathbf{r}(t)=x(t)\,\mathbf{i}+y(t)\,\mathbf{j}\ (\text{단, } a\le t\le b)$$

에 의해 둘러싸여 있다고 하자. 이때 벡터장

$$\mathbf{f}(x, y) = P(x, y)\mathbf{i} + Q(x, y)\mathbf{j}$$

의 성분함수 $P(x, y)$와 $Q(x, y)$가 Ω를 포함하는 어떤 열린단순연결영역에서 연속인 일계편도함수를 가지면

$$\oint_{\partial\Omega} P\,dx + Q\,dy = \int\int_{\Omega} \left(\frac{\partial Q}{\partial x} - \frac{\partial P}{\partial y} \right) dx\,dy$$

예제 직사각형 영역 $\Omega = \{(x, y) \mid 0 \le x \le 1,\ 0 \le y \le 1\}$에 대해서

$$\oint_{\partial\Omega} xy\,dx + (x-y)\,dy$$

를 구하시오.

풀이 $P(x, y) = xy,\ Q(x, y) = x - y$로 두면 $\partial Q/\partial x = 1,\ \partial P/\partial y = x$이므로

$$\begin{aligned}\oint_{\partial\Omega} xy\,dx + (x-y)\,dy &= \int\int_{\Omega} \left(\frac{\partial Q}{\partial x} - \frac{\partial P}{\partial y} \right) dx\,dy \\ &= \int_0^1 \int_0^1 (1-x)\,dy\,dx \\ &= \int_0^1 (1-x)\,dx = \frac{1}{2}\end{aligned}$$

이 된다. ■

예제 Ω가 닫힌곡선 $y = x,\ y = x^2$에 의해 둘러싸인 영역일 때

$$\oint_{\partial\Omega} (xy + y^2)\,dx + x^2\,dy$$

에 대해서, 평면에서의 그린 정리가 성립함을 확인하시오.

풀이 $y = x$와 $y = x^2$은 $(0, 0)$와 $(1, 1)$에서 교차한다. 먼저 $(0, 0)$에서 $(1, 1)$까지 $y = x^2$을 따라 양의 방향으로 선적분을 구하면

$$\int_0^1 \{(x)(x^2) + x^4\}\,dx + (x^2)(2x)\,dx$$

$$= \int_0^1 (3x^3 + x^4)\,dx = \frac{19}{20}$$

이다. 또한 $(1, 1)$에서 $(0, 0)$까지 $y = x$를 따라 양의 방향으로 선적분을 구하면

$$\int_1^0 \{(x)(x) + x^2\}\,dx + x^2\,dx = \int_1^0 3x^2\,dx = -1$$

이므로 구하고자 하는 선적분은 $-\frac{1}{20}$이 된다. 한편 $P(x, y) = xy + y^2$과 $Q(x, y) = x^2$으로 두면

$$\begin{aligned}\iint_\Omega \left(\frac{\partial Q}{\partial x} - \frac{\partial P}{\partial y}\right) dx\,dy &= \iint_\Omega \left[\frac{\partial}{\partial x}(x^2) - \frac{\partial}{\partial y}(xy + y^2)\right] dx\,dy \\ &= \iint_\Omega (x - 2y)\,dx\,dy \\ &= \int_{x=0}^1 \int_{y=x^2}^x (x - 2y)\,dx\,dy \\ &= \int_0^1 (x^4 - x^3)\,dx = -\frac{1}{20}\end{aligned}$$

을 얻는다. 따라서 그린 정리가 성립함을 확인하였다. ■

참고 벡터장 $\mathbf{F}(x, y) = \frac{y}{x^2 + y^2}\mathbf{i} - \frac{x}{x^2 + y^2}\mathbf{j}$는 $\frac{\partial P}{\partial y} = \frac{\partial Q}{\partial x}$를 만족하지만, 영역 $0 < x^2 + y^2 < 4$에서 보존적이 아니다. 이 경우는, $\mathbf{F}$의 정의역이 단순연결영역이 아니었다. 그러나 [정리 8]은 임의의 단순연결영역 Ω까지 확장될 수 있다. 덧붙여서 $\mathbf{F}$가 보존적이면, 그린 정리에 의해

$$\oint_{\partial\Omega} \mathbf{F} \cdot d\mathbf{r} = \oint_{\partial\Omega} P\,dx + Q\,dy = \iint_\Omega \left(\frac{\partial Q}{\partial x} - \frac{\partial P}{\partial y}\right) dx\,dy = 0$$

이 성립함을 알 수 있다. ✠

그린 정리는 Ω가 유한개의 단순연결영역의 합집합일 경우와, 단순연결영역이 아닌 영역으로 확장할 수 있다.

연습문제 9.2 EXERCISES EXERCISES EXERCISES EXERCISES EXERCISES EXERCISES EXERCISES

01 벡터장 $\mathbf{f}(x, y) = P(x, y)\mathbf{i} + Q(x, y)\mathbf{j}$의 성분함수 P와 Q가 정의역 D에서 연속인 일계편도함수를 가질 때, $\mathbf{f} = \nabla f$를 만족하는 미분가능한 함수 f가 존재하면 D에서

$$\frac{\partial P}{\partial y} = \frac{\partial Q}{\partial x}$$

가 성립함을 보이시오.

02 경로 $x^2 + y^2 = 2$를 따라

$$\int_{(0,\,0)}^{(1,1)} (10x^4 - 2xy^3)\,dx - 3x^2y^2\,dy$$

를 구하시오.

03 Ω가 직사각형 $\{(x, y) \mid 0 \le x \le 1,\ 1 \le y \le 3\}$일 때

$$\oint_{\partial\Omega} xy\,dx + (x - y)\,dy$$

를 구하시오.

04 C가 단위원일 때, $\oint_C (x^3 + y^3)\,dx + (2y^3 - x^3)\,dy$를 구하시오.

참고문헌

1. 강윤수, 김권욱, 송영무, 신향근, 양기철, 정권수, **미적분학**, 경문사, 2014.
2. 고두원, 김세정, 이석종, 지운식, **미적분학**, 경문사, 2016.
3. 고정미 외 공저, **미분적분과 벡터해석**, 경문사, 2004.
4. 김상목, 김영희, 김태균, 송영권, 송형수, 이종우, 이진우, 이홍수, 지은숙, 최윤철, 최종성, 허민, **이공계 대학수학**, 경문사, 2015.
5. 부경대학교 수학교재편찬위원회, **이공계를 위한 미분적분학**, 경문사, 2016.
6. 수학교재편찬위원회 편, **미분적분학**, 청문각, 2008.
7. 유병훈, 배은규, **미적분학을 위한 기초수학**, 경문사, 2016.
8. 유주식, 한승철, **공학도를 위한 기초수학**, 경문사, 2014.
9. 이만근, **미분적분학**, 경문사, 2015.
10. 양영균, 김경응, 김태수, 김병수, 김병찬, **미적분학 입문**, 경문사, 2016.
11. 이병무, **대학기초수학**, 경문사, 2016.
12. 이병무, **벡터해석의 이해와 응용**, 경문사, 2014.
13. 이정남, 양영균, 김경응, 김태수, 김병수, **기초미적분학**, 경문사, 2016.
14. Frank Ayres, Jr and Elliott Mendelson, *Differential and integral Calculus*, 3rd ed., McGraw - Hill, Inc. 1990.
15. Robert Ellis and Denny Gulick, *Calculus with Analytic Geometry*, 5th ed., Saunders college publishing, 1996.

적분표

기본형

1. $\int (f+g+\cdots)\,du = \int f\,du + \int g\,du + \cdots$

2. $\int u\,dv = uv - \int v\,du$

3. $\int u^n\,du = \frac{u^{n+1}}{n+1} + C$ (단, $n \neq -1$)

4. $\int \frac{du}{u} = \ln|u| + C$

$a+bu$를 포함하는 형

5. $\int (a+bu)^n\,du = \frac{(a+bu)^{n+1}}{b(n+1)} + C$ (단, $n \neq -1$)

6. $\int \frac{du}{a+bu} = \frac{1}{b}\ln|a+bu| + C$

7. $\int \frac{u\,du}{a+bu} = \frac{1}{b^2}[(a+bu) - a\ln|a+bu|] + C$

8. $\int \frac{u^2\,du}{a+bu} = \frac{1}{b^3}\left[\frac{1}{2}(a+bu)^2 - 2a(a+bu) + a^2\ln|a+bu|\right] + C$

9. $\int \frac{du}{u(a+bu)} = \frac{1}{a}\ln\left|\frac{u}{a+bu}\right| + C$

10. $\int \frac{du}{u^2(a+bu)} = -\frac{1}{au} + \frac{b}{a^2}\ln\left|\frac{a+bu}{u}\right| + C$

11. $\int \frac{u\,du}{(a+bu)^2} = \frac{1}{b^2}\left[\frac{a}{a+bu} + \ln|a+bu|\right] + C$

12. $\int \frac{u^2\,du}{(a+bu)^2} = \frac{1}{b^3}\left[(a+bu) - \frac{a^2}{a+bu} - 2a\ln|a+bu|\right] + C$

13. $\int \frac{du}{u(a+bu)^2} = \frac{1}{a(a+bu)} + \frac{1}{a^2}\ln\left|\frac{u}{a+bu}\right| + C$

14. $\int \frac{du}{u^2(a+bu)^2} = \frac{a+2bu}{a^2u(a+bu)} + \frac{2b}{a^3}\ln\left|\frac{a+bu}{u}\right| + C$

$\sqrt{a+bu}$ 를 포함하는 형

15. $\int u\sqrt{a+bu}\,du = -\dfrac{2(2a-3bu)(a+bu)^{3/2}}{15b^2}+C$

16. $\int u^n\sqrt{a+bu}\,du = \dfrac{2u^n(a+bu)^{3/2}}{b(2n+3)} - \dfrac{2an}{b(2n+3)}\int u^{n-1}\sqrt{a+bu}\,du$

17. $\int \dfrac{u\,du}{\sqrt{a+bu}} = -\dfrac{2(2a-bu)}{3b^2}\sqrt{a+bu}+C$

18. $\int \dfrac{u^n\,du}{\sqrt{a+bu}} = \dfrac{2u^n}{b(2n+1)}\sqrt{a+bu} - \dfrac{2an}{b(2n+1)}\int \dfrac{u^{n-1}}{\sqrt{a+bu}}\,du$

19. $\int \dfrac{du}{u\sqrt{a+bu}} = \begin{cases} \dfrac{1}{\sqrt{a}}\ln\left|\dfrac{\sqrt{a+bu}-\sqrt{a}}{\sqrt{a+bu}+\sqrt{a}}\right| + C \ (\text{단, } a>0) \\ \dfrac{2}{\sqrt{-a}}\tan^{-1}\sqrt{\dfrac{a+bu}{-a}} + C \ (\text{단, } a<0) \end{cases}$

20. $\int \dfrac{du}{u^n\sqrt{a+bu}} = -\dfrac{\sqrt{a+bu}}{a(n-1)u^{n-1}} - \dfrac{b(2n-3)}{2a(n-1)}\int \dfrac{du}{u^{n-1}\sqrt{a+bu}}$

21. $\int \dfrac{\sqrt{a+bu}}{u}\,du = 2\sqrt{a+bu}+a\int \dfrac{du}{u\sqrt{a+bu}}$

22. $\int \dfrac{\sqrt{a+bu}}{u^n}\,du = -\dfrac{(a+bu)^{3/2}}{a(n-1)u^{n-1}} - \dfrac{b(2n-5)}{2a(n-1)}\int \dfrac{\sqrt{a+bu}}{u^{n-1}}\,du$ (단, $n>1$)

$a^2 \pm u^2$ 과 u^2-a^2을 포함하는 형

23. $\int \dfrac{du}{a^2+u^2} = \dfrac{1}{a}\tan^{-1}\dfrac{u}{a}+C = \dfrac{1}{a}\sin^{-1}\dfrac{u}{\sqrt{a^2+u^2}}+C$

24. $\int \dfrac{du}{a^2-u^2} = \dfrac{1}{2a}\ln\left|\dfrac{a+u}{a-u}\right|+C = \dfrac{1}{a}\tanh^{-1}\dfrac{u}{a}+C$

25. $\int \dfrac{du}{u^2-a^2} = \dfrac{1}{2a}\ln\left|\dfrac{u-a}{u+a}\right|+C = -\dfrac{1}{a}\coth^{-1}\dfrac{u}{a}+C$

$\sqrt{a^2-u^2}$ 을 포함하는 형

26. $\int \sqrt{a^2-u^2}\,du = \dfrac{u}{2}\sqrt{a^2-u^2}+\dfrac{a^2}{2}\sin^{-1}\dfrac{u}{a}+C$

27. $\int (a^2-u^2)^{3/2}du = -\dfrac{u}{8}(2u^2-5a^2)\sqrt{a^2-u^2}+\dfrac{3a^4}{8}\sin^{-1}\dfrac{u}{a}+C$

28. $\displaystyle\int u\sqrt{a^2-u^2}\,du = -\frac{1}{3}(a^2-u^2)^{3/2}+C$

29. $\displaystyle\int u^2\sqrt{a^2-u^2}\,du = -\frac{u}{4}(a^2-u^2)^{3/2}+\frac{a^2u}{8}\sqrt{a^2-u^2}+\frac{a^4}{8}\sin^{-1}\frac{u}{a}+C$

30. $\displaystyle\int \frac{\sqrt{a^2-u^2}}{u}du = \sqrt{a^2-u^2}-a\ln\left|\frac{a+\sqrt{a^2-u^2}}{u}\right|+C$

31. $\displaystyle\int \frac{\sqrt{a^2-u^2}}{u^2}\,du = -\frac{\sqrt{a^2-u^2}}{u}-\sin^{-1}\frac{u}{a}+C$

32. $\displaystyle\int \frac{du}{\sqrt{a^2-u^2}} = \sin^{-1}\frac{u}{a}+C$

33. $\displaystyle\int \frac{u^2\,du}{\sqrt{a^2-u^2}} = -\frac{u}{2}\sqrt{a^2-u^2}+\frac{a^2}{2}\sin^{-1}\frac{u}{a}+C$

34. $\displaystyle\int \frac{du}{u\sqrt{a^2-u^2}} = -\frac{1}{a}\ln\left|\frac{a+\sqrt{a^2-u^2}}{u}\right|+C$

35. $\displaystyle\int \frac{du}{u^2\sqrt{a^2-u^2}} = -\frac{\sqrt{a^2-u^2}}{a^2u}+C$ 36. $\displaystyle\int \frac{du}{(a^2-u^2)^{3/2}} = \frac{u}{a^2\sqrt{a^2-u^2}}+C$

37. $\displaystyle\int \frac{u^2\,du}{(a^2-u^2)^{3/2}} = \frac{u}{\sqrt{a^2-u^2}}-\sin^{-1}\frac{u}{a}+C$

38. $\displaystyle\int \frac{du}{u(a^2-u^2)^{3/2}} = \frac{1}{a^2\sqrt{a^2-u^2}}-\frac{1}{a^3}\ln\left|\frac{a+\sqrt{a^2-u^2}}{u}\right|+C$

39. $\displaystyle\int \frac{du}{u^2(a^2-u^2)^{3/2}} = -\frac{\sqrt{a^2-u^2}}{a^4u}+\frac{u}{a^4\sqrt{a^2-u^2}}+C$

$\sqrt{a^2+u^2}$ 을 포함하는 형

40. $\displaystyle\int \frac{du}{\sqrt{a^2+u^2}} = \ln\left|u+\sqrt{a^2+u^2}\right|+C=\sinh^{-1}\frac{u}{a}+C$

41. $\displaystyle\int \sqrt{a^2+u^2}\,du = \frac{u}{2}\sqrt{a^2+u^2}+\frac{a^2}{2}\ln\left|u+\sqrt{a^2+u^2}\right|+C$

42. $\displaystyle\int u^2\sqrt{a^2+u^2}\,du = \frac{u}{8}(2u^2+a^2)\sqrt{a^2+u^2}-\frac{a^4}{8}\ln\left|u+\sqrt{a^2+u^2}\right|+C$

43. $\displaystyle\int \frac{\sqrt{a^2+u^2}}{u}\,du = \sqrt{a^2+u^2}-a\ln\left|\frac{a+\sqrt{a^2+u^2}}{u}\right|+C$

44. $\displaystyle\int \frac{\sqrt{a^2+u^2}}{u^2}du = -\frac{\sqrt{a^2+u^2}}{u}+\ln\left|u+\sqrt{a^2+u^2}\right|+C$

45. $\displaystyle\int \frac{u^2\,du}{\sqrt{a^2+u^2}} = \frac{u}{2}\sqrt{a^2+u^2} - \frac{a^2}{2}\ln\left|u+\sqrt{a^2+u^2}\right| + C$

46. $\displaystyle\int \frac{du}{u\sqrt{a^2+u^2}} = -\frac{1}{a}\ln\left|\frac{a+\sqrt{a^2+u^2}}{u}\right| + C$

47. $\displaystyle\int \frac{du}{u^2\sqrt{a^2+u^2}} = -\frac{\sqrt{a^2+u^2}}{a^2u} + C$

48. $\displaystyle\int (a^2+u^2)^{3/2}\,du = \frac{u}{8}(2u^2+5a^2)\sqrt{a^2+u^2} + \frac{3a^4}{8}\ln\left|u+\sqrt{a^2+u^2}\right| + C$

49. $\displaystyle\int \frac{du}{(a^2+u^2)^{3/2}} = \frac{u}{a^2\sqrt{a^2+u^2}} + C$

$\sqrt{u^2-a^2}$ 을 포함하는 형

50. $\displaystyle\int \frac{du}{\sqrt{u^2-a^2}} = \ln\left|u+\sqrt{u^2-a^2}\right| + C = \cosh^{-1}\frac{u}{a} + C$

51. $\displaystyle\int \sqrt{u^2-a^2}\,du = \frac{u}{2}\sqrt{u^2-a^2} - \frac{a^2}{2}\ln\left|u+\sqrt{u^2-a^2}\right| + C$

52. $\displaystyle\int u^2\sqrt{u^2-a^2}\,du = \frac{u}{8}(2u^2-a^2)\sqrt{u^2-a^2} - \frac{a^4}{8}\ln\left|u+\sqrt{u^2-a^2}\right| + C$

53. $\displaystyle\int \frac{\sqrt{u^2-a^2}}{u}\,du = \sqrt{u^2-a^2} - a\cos^{-1}\left|\frac{a}{u}\right| + C = \sqrt{u^2-a^2} - a\sec^{-1}\left|\frac{u}{a}\right| + C$

54. $\displaystyle\int \frac{\sqrt{u^2-a^2}}{u^2}\,du = -\frac{\sqrt{u^2-a^2}}{u} + \ln\left|u+\sqrt{u^2-a^2}\right| + C$

55. $\displaystyle\int \frac{u^2\,du}{\sqrt{u^2-a^2}} = \frac{u}{2}\sqrt{u^2-a^2} + \frac{a^2}{2}\ln\left|u+\sqrt{u^2-a^2}\right| + C$

56. $\displaystyle\int \frac{du}{u\sqrt{u^2-a^2}} = \frac{1}{a}\cos^{-1}\left|\frac{a}{u}\right| + C = \frac{1}{a}\sec^{-1}\left|\frac{u}{a}\right| + C$

57. $\displaystyle\int \frac{du}{u^2\sqrt{u^2-a^2}} = \frac{\sqrt{u^2-a^2}}{a^2u} + C$

58. $\displaystyle\int (u^2-a^2)^{3/2}du = \frac{u}{8}(2u^2-5a^2)\sqrt{u^2-a^2} + \frac{3a^4}{8}\ln\left|u+\sqrt{u^2-a^2}\right| + C$

59. $\displaystyle\int \frac{du}{(u^2-a^2)^{3/2}} = -\frac{u}{a^2\sqrt{u^2-a^2}} + C$

$\sqrt{2au-u^2}$ 을 포함하는 형

60. $\displaystyle\int \sqrt{2au-u^2}\, du = \frac{u-a}{2}\sqrt{2au-u^2} + \frac{a^2}{2}\cos^{-1}\left(1-\frac{u}{a}\right) + C$

61. $\displaystyle\int u\sqrt{2au-u^2}\, du = \frac{2u^2-au-3a^2}{6}\sqrt{2au-u^2} + \frac{a^3}{2}\cos^{-1}\left(1-\frac{u}{a}\right) + C$

62. $\displaystyle\int \frac{\sqrt{2au-u^2}}{u}\, du = \sqrt{2au-u^2} + a\cos^{-1}\left(1-\frac{u}{a}\right) + C$

63. $\displaystyle\int \frac{\sqrt{2au-u^2}}{u^2}\, du = -\frac{2\sqrt{2au-u^2}}{u} - \cos^{-1}\left(1-\frac{u}{a}\right) + C$

64. $\displaystyle\int \frac{du}{\sqrt{2au-u^2}} = 2\sin^{-1}\sqrt{\frac{u}{2a}} + C = \cos^{-1}\left(1-\frac{u}{a}\right) + C$

65. $\displaystyle\int \frac{du}{(2au-u^2)^{3/2}} = \frac{u-a}{a^2\sqrt{2au-u^2}} + C$

66. $\displaystyle\int \frac{u\,du}{\sqrt{2au-u^2}} = -\sqrt{2au-u^2} + a\cos^{-1}\left(1-\frac{u}{a}\right) + C$

67. $\displaystyle\int \frac{u^2\,du}{\sqrt{2au-u^2}} = -\frac{u+3a}{2}\sqrt{2au-u^2} + \frac{3a^2}{2}\cos^{-1}\left(1-\frac{u}{a}\right) + C$

68. $\displaystyle\int \frac{du}{u\sqrt{2au-u^2}} = -\frac{\sqrt{2au-u^2}}{au} + C$

삼각함수형

69. $\displaystyle\int \sin u\, du = -\cos u + C$

70. $\displaystyle\int \cos u\, du = \sin u + C$

71. $\displaystyle\int \tan u\, du = \ln|\sec u| + C$

72. $\displaystyle\int \cot u\, du = \ln|\sin u| + C$

73. $\displaystyle\int \sec u\, du = \ln|\sec u + \tan u| + C$

74. $\displaystyle\int \csc u\, du = \ln|\csc u - \cot u| + C$

75. $\displaystyle\int \sec^2 u\, du = \tan u + C$

76. $\displaystyle\int \csc^2 u\, du = -\cot u + C$

77. $\displaystyle\int \sec u \tan u\, du = \sec u + C$

78. $\displaystyle\int \csc u \cot u\, du = -\csc u + C$

79. $\displaystyle\int \sin^2 u\, du = \frac{u}{2} - \frac{1}{4}\sin 2u + C$

80. $\displaystyle\int \cos^2 u\, du = \frac{u}{2} + \frac{1}{4}\sin 2u + C$

81. $\displaystyle\int \tan^2 u\, du = \tan u - u + C$

82. $\int \sec^3 u\, du = \frac{1}{2}\sec u \tan u + \frac{1}{2}\ln|\sec u + \tan u| + C$

83. $\int \sin^n u\, du = -\frac{1}{n}\sin^{n-1} u \cos u + \frac{n-1}{n}\int \sin^{n-2} u\, du + C$ (단, $n \geq 2$)

84. $\int \cos^n u\, du = \frac{1}{n}\cos^{n-1} u \sin u + \frac{n-1}{n}\int \cos^{n-2} u\, du + C$ (단, $n \geq 2$)

85. $\int \tan^n u\, du = \frac{\tan^{n-1} u}{n-1} - \int \tan^{n-2} u\, du + C$ (단, $n \geq 2$)

86. $\int \cot^n u\, du = -\frac{\cot^{n-1} u}{n-1} - \int \cot^{n-2} u\, du + C$ (단, $n \geq 2$)

87. $\int \sec^n u\, du = \frac{\sec^{n-2} u \tan u}{n-1} + \frac{n-2}{n-1}\int \sec^{n-2} u\, du + C$ (단, $n \geq 2$)

88. $\int \csc^n u\, du = -\frac{\csc^{n-2} u \cot u}{n-1} + \frac{n-2}{n-1}\int \csc^{n-2} u\, du + C$ (단, $n \geq 2$)

89. $\int \sin \mu \sin \nu\, du = \frac{\sin(m-n)u}{2(m-n)} - \frac{\sin(m+n)u}{2(m+n)} + C$

90. $\int \sin \mu \cos \nu\, du = -\frac{\cos(m-n)u}{2(m-n)} - \frac{\cos(m+n)u}{2(m+n)} + C$

91. $\int \cos \mu \cos \nu\, du = \frac{\sin(m-n)u}{2(m-n)} + \frac{\sin(m+n)u}{2(m+n)} + C$

92. $\int u \sin u\, du = \sin u - u\cos u + C$ **93.** $\int u \cos u\, du = \cos u + u \sin u + C$

94. $\int u^2 \sin u\, du = (2-u^2)\cos u + 2u \sin u + C$

95. $\int u^2 \cos u\, du = (u^2-2)\sin u + 2u\cos u + C$

96. $\int u^n \sin u\, du = -u^n \cos u + n\int u^{n-1}\cos u\, du$

97. $\int u^n \cos u\, du = u^n \sin u - n\int u^{n-1}\sin u\, du$

98. $\int \sin^m u \cos^n u\, du$

$$= -\frac{\sin^{m-1}u \cos^{n+1}u}{m+n} + \frac{m-1}{m+n}\int \sin^{m-2}u \cos^n u\, du \text{ (단, } m \geq 2)$$

$$= \frac{\sin^{m+1}u \cos^{n-1}u}{m+n} + \frac{n-1}{m+n}\int \sin^m u \cos^{n-2}u\, du \text{ (단, } n \geq 2)$$

역삼각함수형

99. $\int \sin^{-1} u\, du = u \sin^{-1} u + \sqrt{1-u^2} + C$

100. $\int \cos^{-1} u\, du = u \cos^{-1} u - \sqrt{1-u^2} + C$

101. $\int \tan^{-1} u\, du = u \tan^{-1} u - \frac{1}{2} \ln(1+u^2) + C$

102. $\int \cot^{-1} u\, du = u \cot^{-1} u + \frac{1}{2} \ln(1+u^2) + C$

103. $\int \sec^{-1} u\, du = u \sec^{-1} u - \ln\left|u + \sqrt{u^2-1}\right| + C$

104. $\int \csc^{-1} u\, du = u \csc^{-1} u + \ln\left|u + \sqrt{u^2-1}\right| + C$

지수 및 로그함수형

105. $\int e^u\, du = e^u + C$

106. $\int a^u\, du = \frac{a^u}{\ln a} + C$

107. $\int u\, e^u\, du = e^u (u-1) + C$

108. $\int u^n e^u\, du = u^n e^u - n \int u^{n-1} e^u\, du$

109. $\int u^n a^u\, du = \frac{u^n a^u}{\ln a} - \frac{n}{\ln a} \int u^{n-1} a^u\, du + C$

110. $\int \frac{e^u}{u^n}\, du = -\frac{e^u}{(n-1)u^{n-1}} + \frac{1}{n-1} \int \frac{e^u\, du}{u^{n-1}}$ (단, $n \neq 1$)

111. $\int \ln u\, du = u \ln u - u + C$

112. $\int (\ln u)^n\, du = u(\ln u)^n - n \int (\ln u)^{n-1}\, du$

113. $\int u^n \ln u\, du = u^{n+1}\left[\frac{\ln u}{n+1} - \frac{1}{(n+1)^2}\right] + C$ (단, $n \neq -1$)

114. $\int \frac{du}{u \ln u} = \ln|\ln u| + C$

115. $\int e^{au} \sin \nu\, du = \frac{e^{au}(a \sin \nu - n \cos \nu)}{a^2 + n^2} + C$

116. $\int e^{au} \cos \nu\, du = \frac{e^{au}(a \cos \nu + n \sin \nu)}{a^2 + n^2} + C$

쌍곡선함수형

117. $\int \sinh u\, du = \cosh u + C$

118. $\int \cosh u\, du = \sinh u + C$

119. $\int \tanh u\, du = \ln \cosh u + C$

120. $\int \coth u\, du = \ln|\sinh u| + C$

121. $\int \operatorname{sech} u\, du = \tan^{-1}(\sinh u) + C$

122. $\int \operatorname{csch} u\, du = \ln\left|\tanh \dfrac{u}{2}\right| + C$

123. $\int \operatorname{sech}^2 u\, du = \tanh u + C$

124. $\int \operatorname{csch}^2 u\, du = -\coth u + C$

125. $\int \operatorname{sech} u \tanh u\, du = -\operatorname{sech} u + C$

126. $\int \operatorname{csch} u \coth u\, du = -\operatorname{csch} u + C$

127. $\int \sinh^2 u\, du = \dfrac{1}{4}\sinh 2u - \dfrac{u}{2} + C$

128. $\int \cosh^2 u\, du = \dfrac{1}{4}\sinh 2u + \dfrac{u}{2} + C$

129. $\int u \sinh u\, du = u \cosh u - \sinh u + C$

130. $\int u \cosh u\, du = u \sinh u - \cosh u + C$

131. $\int e^{au} \sinh \nu\, du = \dfrac{e^{au}(a \sinh \nu - n \cosh \nu)}{a^2 - n^2} + C$

132. $\int e^{au} \cosh \nu\, du = \dfrac{e^{au}(a \cosh \nu - n \sinh \nu)}{a^2 - n^2} + C$

월리스(Wallis) 공식

133. $$\int_0^{\frac{\pi}{2}} \sin^n u\, du = \int_0^{\frac{\pi}{2}} \cos^n u\, du = \begin{cases} \dfrac{(n-1)\cdot(n-3)\cdot \cdots \cdot 4\cdot 2}{n\cdot(n-2)\cdot \cdots \cdot 5\cdot 3\cdot 1} & (\text{단, } n\text{은 홀수}) \\ \dfrac{(n-1)\cdot(n-3)\cdot \cdots \cdot 3\cdot 1}{n\cdot(n-2)\cdot \cdots \cdot 4\cdot 2}\cdot\dfrac{\pi}{2} & (\text{단, } n\text{은 짝수}) \end{cases}$$

134. $$\int_0^{\frac{\pi}{2}} \sin^m u \cos^n u\, du$$

$$= \begin{cases} \dfrac{(n-1)\cdot(n-3)\cdot \cdots \cdot 4\cdot 2}{(m+n)\cdot(m+n-2)\cdot \cdots \cdot(m+5)\cdot(m+3)\cdot(m+1)} & (\text{단, } n>1,\ n\text{은 홀수}) \\ \dfrac{(m-1)\cdot(m-3)\cdot \cdots \cdot 4\cdot 2}{(m+n)\cdot(m+n-2)\cdot \cdots \cdot(n+5)\cdot(n+3)\cdot(n+1)} & (\text{단, } m>1,\ m\text{은 홀수}) \\ \dfrac{(m-1)\cdot(m-3)\cdot \cdots \cdot 3\cdot 1\cdot(n-1)\cdot(n-3)\cdot \cdots \cdot 3\cdot 1}{(m+n)\cdot(m+n-2)\cdot \cdots \cdot 4\cdot 2}\cdot\dfrac{\pi}{2} & (\text{단, } m, n\text{은 모두 짝수}) \end{cases}$$

연습문제 해답

연습문제 1.1

01 (1) $\lim_{x \to 1} \dfrac{x^2+x-2}{x-1} = \lim_{x \to 1} \dfrac{(x-1)(x+2)}{x-1} = \lim_{x \to 1} (x+2) = 3$

(2) $\lim_{x \to 0} \dfrac{x}{\sqrt{x+1}-1} = \lim_{x \to 0} \dfrac{x(\sqrt{x+1}+1)}{(\sqrt{x+1}-1)(\sqrt{x+1}+1)} = \lim_{x \to 0} (\sqrt{x+1}+1) = 2$

(3) $\lim_{x \to \infty} \dfrac{x^2}{2x^2-1} = \lim_{x \to \infty} \dfrac{1}{2-\dfrac{1}{x^2}} = \dfrac{1}{2}$

(4) $x > 1$이고 $x \to 1$이면 $x^2-1 > 0$이고 $x^2-1 \to 0$이므로, $\lim_{x \to 1+0} \dfrac{1}{x^2-1} = \infty$

02 $\lim_{x \to -0} f(x) = \lim_{x \to -0} (x^2+2\cos x+1) = 3$, $\lim_{x \to +0} f(x) = \lim_{x \to +0} (e^x-4) = -3$

이므로, $\lim_{x \to 0} f(x)$는 존재하지 않는다.

03 $f(x) = \begin{cases} 1, & x \geq 0 \\ -1, & x < 0 \end{cases}$

04 (1) 임의의 $\varepsilon > 0$에 대해서 $\delta = \min\left\{1, \dfrac{\varepsilon}{5}\right\}$이라 두면, $0 < |x-2| < \delta$일 때

$$|x-2| < 1 \Rightarrow |x+2| < 5$$

이고, 또한 $|x-2| < \dfrac{\varepsilon}{5}$이므로

$$|(x^2+1)-5| = |x+2||x-2| < 5 \cdot \frac{\varepsilon}{5} = \varepsilon$$

이 된다.

(2) 임의의 $\varepsilon > 0$에 대해서, $K = \dfrac{1}{\varepsilon^{1/r}}$을 택한다. 그러면 $x > K$인 모든 x에 대해서

$$\left|\frac{1}{x^r} - 0\right| = \frac{1}{x^r} < \frac{1}{K^r} = \varepsilon, \text{ 즉 } \left|\frac{1}{x} - 0\right| < \varepsilon$$

이 된다.

05 $\lim_{x \to a} f(x) = \lim_{x \to a} g(x) = L$이므로, 임의의 $\varepsilon > 0$에 대해서 $\delta_1 > 0$과 $\delta_2 > 0$가 존재하여

$$0 < |x-a| < \delta_1 \text{일 때 } |f(x)-L| < \varepsilon$$

$$0 < |x-a| < \delta_2 \text{일 때 } |g(x)-L| < \varepsilon$$

을 만족한다. 이제 $\delta = \min\{\delta_1, \delta_2\}$라 놓으면, $0 < |x-a| < \delta$일 때

$$L-\varepsilon < f(x) \le h(x) \le g(x) < L+\varepsilon$$

즉 $0 < |x-a| < \delta$를 만족하는 모든 x에 대해서 $|h(x)-L| < \varepsilon$이 된다. 따라서 $\lim_{x \to a} h(x) = L$이 성립한다.

연습문제 1.2

01 (1) $f(1)=1$이고, $\lim_{x \to 1} f(x) = 2$이므로 $\lim_{x \to 1} f(x) \neq f(1)$이다. 따라서 함수 $f(x)$는 $x=1$에서 불연속이다.

(2) $g(1)=2$이고, $\lim_{x \to 1} g(x) = 2$이다. 따라서 $\lim_{x \to 1} g(x) = g(1)$이므로, 함수 $g(x)$ $x=1$에서 연속이다.

02 $f(0)=0$이고 $\lim_{x \to 0} f(x) = \lim_{x \to 0}(x^2+1) = 1$이므로, $\lim_{x \to 0} f(x) \neq f(0)$이다. 따라서 함수 $f(x)$는 $x=0$에서 불연속이다.

03 (1) 열린구간 $(2, \infty)$ (2) 닫힌구간 $[-1, 1]$

04 $f(x) = \log_{10} x - 2 + x$로 놓으면 $\log_{10} x$는 $x > 0$에서 연속함수이므로 $f(x)$는 닫힌구간 $[1, 2]$에서 연속이고, $f(1) = -1 < 0$, $f(2) = \log_{10} 2 > 0$이 된다. 따라서 중간값정리에 의해 방정식 $f(x)=0$은 $x=1$과 $x=2$ 사이에 적어도 하나의 실근을 갖는다. 그러므로 방정식 $\log_{10} x = 2-x$는 1과 2 사이에 적어도 하나의 실근을 갖는다.

연습문제 2.1

01 (1) $f'(1) = \lim_{h \to 0} \dfrac{f(1+h)-f(1)}{h} = \lim_{h \to 0} \dfrac{h^2+2h}{h} = \lim_{h \to 0}(h+2) = 2$

(2) $f'(1) = \lim_{h \to 0} \dfrac{f(1+h)-f(1)}{h} = \lim_{h \to 0} \dfrac{h^2+5h}{h} = \lim_{h \to 0}(h+5) = 5$

02 (1) $f'(x) = 3-4x$ 이므로, $f'(2) = -5$이다. 따라서 접선의 방정식은

$$y+2 = -5(x-2), \text{ 즉 } y = -5x+8$$

(2) $y = x^3$에서 $y' = 3x^2$이고 접점의 x좌표를 t라 하면 접점의 좌표는 (t, t^3)이므로, 이 점에서의 접선의 기울기는 $y' = 3t^2$이 된다. 따라서 구하는 접선의 방정식은

$$y-t^3=3t^2(x-t),\ \text{즉}\ \ y=3t^2x-2t^3$$

으로 주어진다. 그런데 이 직선이 점 $\left(0, -\dfrac{1}{4}\right)$을 지나므로

$$-\frac{1}{4}=-2t^3,\ \ t^3=\frac{1}{8},\ \ \text{즉}\ \ t=\frac{1}{2}$$

이 된다. 따라서 접선의 방정식은 $y=\dfrac{3}{4}x-\dfrac{1}{4}$

03 $x\to 0$일 때, $\left|x\sin\dfrac{1}{x}\right| \le |x|\to 0$이 성립한다. 따라서

$$\lim_{x\to 0}f(x)=\lim_{x\to 0}x\sin\frac{1}{x}=0=f(0)$$

이므로, $f(x)$는 $x=0$에서 연속이다. 그러나 극한

$$\lim_{x\to 0}\frac{f(x)-f(0)}{x-0}=\lim_{x\to 0}\frac{x\sin\frac{1}{x}-0}{x}=\lim_{x\to 0}\sin\frac{1}{x}$$

이 존재하지 않으므로, $f(x)$는 $x=0$에서 미분가능하지 않다.

04 $f'(0)=\displaystyle\lim_{x\to 0}\frac{f(x)-f(0)}{x-0}=\lim_{x\to 0}\frac{x|x|-0}{x-0}=\lim_{x\to 0}|x|=0$이므로, $f'(0)=0$

05 (1) $\displaystyle\lim_{h\to 0}\frac{f(2h)-f(3h)}{h}=\lim_{h\to 0}\frac{f(2h)-f(0)-f(3h)+f(0)}{h}$

$$=2\lim_{h\to 0}\frac{f(2h)-f(0)}{2h}-3\lim_{h\to 0}\frac{f(3h)-f(0)}{3h}$$

$$=2f'(0)-3f'(0)=-f'(0)=4$$

이므로, $f'(0)=-4$

(2) $a-3h=k$라고 하면, $a+2h=5h+k$이므로

$$\lim_{h\to 0}\frac{f(a+2h)-f(a-3h)}{h}=\lim_{h\to 0}\frac{f(k+5h)-f(k)}{h}$$

$$=5\lim_{h\to 0}\frac{f(k+5h)-f(k)}{5h}=5f'(a)=10$$

연습문제 2.2

01 (1) $u=x^2+1$로 두면 $y=u^3$이므로, 연쇄법칙에 의해

$$\frac{dy}{dx}=\frac{dy}{du}\frac{du}{dx}=3u^2(2x)=3(x^2+1)^2(2x)=6x^5+12x^3+6x$$

(2) $u = x^2 + 1$로 두면 $y = \frac{1}{\sqrt{u}}$이므로, 연쇄법칙에 의해

$$\frac{dy}{dx} = \frac{dy}{du}\frac{du}{dx} = -\frac{1}{2}u^{-\frac{3}{2}}(2x) = -\frac{x}{(x^2+1)\sqrt{x^2+1}}$$

02 $f'(x) = (x^3)'g(x) + x^3 g'(x) = 3x^2 g(x) + x^3 g'(x)$이므로

$$f'(1) = 3g(1) + g'(1) = 5$$

03 (1) $\frac{d}{dx}(x^3) + \frac{d}{dx}(y^3) = 3\frac{d}{dx}(xy)$로부터

$$3x^2 + 3y^2\frac{dy}{dx} = 3y + 3x\frac{dy}{dx},\ 즉\ x^2 + y^2\frac{dy}{dx} = y + x\frac{dy}{dx}$$

이므로, $\frac{dy}{dx} = \frac{y - x^2}{y^2 - x}$ (단, $y^2 - x \neq 0$)

(2) $2x + 3y + 3x\frac{dy}{dx} + 2y\frac{dy}{dx} = 0$, 즉 $\frac{dy}{dx} = -\frac{2x+3y}{3x+2y}$

04 $x^2 + 3xy + y^2 = 5$에 대해서, 음함수 미분법을 이용하면

$$2x + 3y + 3x\frac{dy}{dx} + 2y\frac{dy}{dx} = 0,\ 즉\ \frac{dy}{dx} = -\frac{2x+3y}{3x+2y}$$

를 얻는다. 따라서 한 점 $(1, 1)$에서 미분계수는

$$\left.\frac{dy}{dx}\right|_{x=1,\ y=1} = -\frac{5}{5} = -1$$

이므로, 구하는 접선의 방정식은 $y = -(x-1)+1 = -x+2$

05 $f(x) = x^3 - 3x^2 + a$로 놓자. 그러면 $f'(x) = 3x^2 - 6x = 3x(x-2)$이므로, $x > 2$일 때 $f'(x) > 0$이 성립한다. 따라서 $x > 2$인 모든 실수 x에 대해서 부등식 $x^3 - 3x^2 + a > 0$이 성립하려면, $f(2) = -4 + a \geq 0$을 만족하여야 한다. 그러므로 $a \geq 4$

06 (1) 음함수 미분법을 이용하면 $2x - 2yy' = 0$이므로, $y' = \frac{x}{y}$ (단, $y \neq 0$)가 된다. 다시 y, y'을 x의 함수로 생각하여 음함수 미분법을 이용하면

$$y'' = \frac{y - xy'}{y^2} = \frac{y^2 - x^2}{y^3}\ (단,\ y \neq 0)$$

(2) 음함수 미분법을 이용하면 $8x - 4yy' = 0$이므로, $y' = \frac{2x}{y}$ (단, $y \neq 0$)가 된다. 다시 y, y'을 x의 함수로 생각하여 음함수 미분법을 이용하면

$$y'' = \frac{2y - 2xy'}{y^2} = \frac{2y^2 - 4x^2}{y^3}\ (단,\ y \neq 0)$$

연습문제 2.3

01 (1) $\lim_{x \to 0} (1+2x)^{\frac{1}{x}} = \lim_{x \to 0} \left\{(1+2x)^{\frac{1}{2x}}\right\}^2 = \left\{\lim_{x \to 0} (1+2x)^{\frac{1}{2x}}\right\}^2 = e^2$

(2) $\lim_{x \to \infty} \left(1+\frac{3}{x}\right)^x = \lim_{x \to \infty} \left(1+\frac{1}{x/3}\right)^{x/3 \times 3} = \left\{\lim_{x \to \infty} \left(1+\frac{1}{x/3}\right)^{x/3}\right\}^3 = e^3$

02 (1) 몫의 법칙을 이용하면

$$y' = \frac{(1-\cos x)'(1+\cos x)-(1-\cos x)(1+\cos x)'}{(1+\cos x)^2}$$
$$= \frac{\sin x(1+\cos x)-(1-\cos x)(-\sin x)}{(1+\cos x)^2} = \frac{2\sin x}{(1+\cos x)^2}$$

(2) $u = e^x + 1$로 두면 $y = \sqrt{u}$이므로, 연쇄법칙에 의해

$$y' = \frac{dy}{dx} = \frac{dy}{du}\frac{du}{dx} = \frac{1}{2\sqrt{u}} e^x = \frac{e^x}{2\sqrt{e^x+1}}$$

(3) 양변에 자연로그를 취하면, $\ln y = 5\ln(3x^2+2) - \frac{1}{2}\ln(x^2+1)$이 된다. 음함수 미분법을 이용하면

$$\frac{y'}{y} = \frac{30x}{3x^2+2} - \frac{2x}{2(x^2+1)} = \frac{30x}{3x^2+2} - \frac{x}{x^2+1}$$

를 얻는다. 따라서

$$y' = y\left(\frac{30x}{3x^2+2} - \frac{x}{x^2+1}\right) = \frac{(3x^2+2)^2}{\sqrt{x^2+1}}\left(\frac{30x}{3x^2+2} - \frac{x}{x^2+1}\right)$$

연습문제 2.4

01 (1) $\frac{dx}{dt} = 1+2t$, $\frac{dy}{dt} = 1+3t^2$이므로, $\frac{dy}{dx} = \frac{1+3t^2}{1+2t}$

(2) $\frac{dx}{dt} = \frac{2t}{(1-t^2)^2}$, $\frac{dy}{dt} = \frac{1}{(1-t)^2}$이므로, $\frac{dy}{dx} = \frac{(1+t)^2}{2t}$

02 $\frac{dx}{dt} = -2\sin t + 2\cos 2t$, $\frac{dy}{dt} = 2\cos t - 2\sin 2t$이므로

$$\frac{dy}{dx} = \frac{dy/dt}{dx/dt} = \frac{2\cos t - 2\sin 2t}{-2\sin t + 2\cos 2t}$$

이다. 따라서 $t=0$일 때, 접선의 기울기는 $\left.\frac{dy}{dx}\right|_{t=0} = 1$

03 $\dfrac{dy}{dx} = \dfrac{\dfrac{dr}{d\theta}\sin\theta + r\cos\theta}{\dfrac{dr}{d\theta}\cos\theta - r\sin\theta} = \dfrac{\cos\theta(1+2\sin\theta)}{(1+\sin\theta)(1-2\sin\theta)}$이므로, $\theta = \dfrac{\pi}{4}$에서 접선의 기울기는 $\left.\dfrac{dy}{dx}\right|_{\theta=\pi/4} = -1-\sqrt{2}$

연습문제 3.1

01 주어진 방정식을 연립하여 풀면 교점 $(-1, 1)$을 얻는다. $(-1, 1)$에서 두 곡선의 기울기가 각각 -2와 1이므로 $\tan\phi = 3$, 즉 교각은 $\phi = \tan^{-1}3 \approx 71.6°$

02 접점의 좌표를 $P(a, a^2-8a+9)$라 하고, $f(x) = x^2-8x+9$라 하자. 그러면 $f'(x) = 2x-8$이므로, $f'(a) = 2a-8 = -2$이다. 따라서 $a = 3$이고, 접점의 좌표는 $P(3, -6)$이다. 그러므로 접선의 방정식은 $y-(-6) = -2(x-3)$, 즉 $y = -2x$

03 $y' = 3\sec^2 x - 2(-\csc x\cot x) = 3\sec^2 x + 2\csc x\cot x$이므로, $y'\left(\dfrac{\pi}{3}\right) = \dfrac{40}{3}$이다. 접점이 $\left(\dfrac{\pi}{3}, 3\sqrt{3} - \dfrac{4}{\sqrt{3}}\right)$이므로, $\left(\dfrac{\pi}{3}, 3\sqrt{3} - \dfrac{4}{\sqrt{3}}\right)$에서 기울기가 $\dfrac{40}{3}$인 접선의 방정식은 $y = \dfrac{40}{3}\left(x - \dfrac{\pi}{3}\right) + 3\sqrt{3} - \dfrac{4}{\sqrt{3}}$

연습문제 3.2

01 $y' = \tan x$, $y'' = \sec^2 x$이므로, 곡률반지름은

$$R = \frac{(1+\tan^2 x)^{3/2}}{\sec^2 x} = \sec x$$

로 주어진다. 따라서 $x = \dfrac{\pi}{3}$에서 곡률반지름은 2

02 $r' = a\cos\theta$이고 $r'' = -a\sin\theta$이므로, 곡선 위의 임의의 점에서의 곡률은

$$\kappa = \frac{a^2\sin^2\theta + 2a^2\cos^2\theta + a^2\sin^2\theta}{(a^2\sin^2\theta + a^2\cos^2\theta)^{3/2}} = \frac{2}{a}$$

연습문제 3.3

01 두 점 (0, 0), (2, 6)을 잇는 직선의 기울기는 $\frac{6-0}{2-0}=3$이다. 그런데 $f(x)$가 닫힌구간 $[0, 2]$에서 연속이고, 열린구간 $(0, 2)$에서 미분가능하므로, $f'(c)=3$을 만족하는 c가 열린구간 $(0, 2)$에서 존재한다. 이때 $f'(x)=3x^2-1$이므로

$$3c^2-1=3, \text{ 즉 } c^2=\frac{4}{3}$$

를 만족한다. 따라서 구하고자 하는 c는 $\frac{2}{\sqrt{3}}$

02 $f(x)=\sin x$는 모든 구간에서 연속이고 미분가능하다. 따라서 평균값정리에 의해, $a \neq 0$일 때

$$\frac{\sin a-\sin 0}{a-0}=f'(c)=\cos c \qquad (*)$$

를 만족하는 c가 0와 a 사이에 존재한다. (*)의 양변에 a를 곱하고 절댓값을 취하면 $|\sin a| = |\sin a-\sin 0| = |\cos c|\,|a-0| = |\cos c|\,|a|$가 된다. 그런데 모든 실수 $c \in \mathbb{R}$에 대해서 $|\cos c| \le 1$이므로, 모든 $a \in \mathbb{R}$에 대해서

$$|\sin a| = |\cos c|\,|a| \le |a|$$

연습문제 3.4

01 (1) $f'(x)=\frac{2}{3}(3x+1)^{-1/3}(3)=\frac{2}{(3x+1)^{1/3}}$이므로, $f'\left(-\frac{1}{3}\right)$은 존재하지 않는다. 따라서 임계점은 $x=-\frac{1}{3}$

(2) $f(x)$를 미분하면

$$f'(x)=2x-\frac{16}{x^2}=\frac{2(x^3-8)}{x^2}=\frac{2(x-2)(x^2+2x+4)}{x^2}$$

가 된다. 여기서 $f'(x)=0$이라 두면, 임계점 $x=2$를 얻는다. 또한 $f'(0)$이 존재하지 않는 것에 유의하면, $x=0$도 임계점이 된다.

02 $f'(x)=12x^3-12x^2-24x=12x(x-2)(x+1)$에서 $f'(x)=0$인 x는 -1, 0, 2이다.

(i) $x<-1$ 또는 $0<x<2$일 때 $f'(x)<0$이므로, $f(x)$는 감소한다.

(ii) $-1<x<0$ 또는 $x>2$일 때 $f'(x)>0$이므로, $f(x)$는 증가한다.

03 (1) 주어진 함수 $f(x)$는 $x \neq 0$일 때 $f'(x) = \frac{2}{3}x^{-\frac{1}{3}} = \frac{2}{3\sqrt[3]{x}}$이며, $x = 0$에서 연속이지만 미분가능하지 않다. 그런데 충분히 작은 $h > 0$에 대해서

$$f'(0-h) = \frac{2}{3\sqrt[3]{-h}} < 0, \; f'(0+h) = \frac{2}{3\sqrt[3]{h}} > 0$$

이므로, $x = 0$의 좌우에서 $f'(x)$의 부호가 음에서 양으로 변한다. 따라서 $f(x)$는 $x = 0$에서 극솟값 0을 갖는다.

(2) $f'(x) = 3x^2 - 6x = 3x(x-2)$이므로, 임계점은 0 또는 2이다. $x < 0$이면 $f'(x) > 0$이고, $0 < x < 2$이면 $f'(x) < 0$이다. 따라서 $x = 0$에서 극대이고, 극댓값은 $f(0) = 1$이다. 또한 $x > 2$이면 $f'(x) > 0$이므로, $x = 2$에서 극소이고 극솟값은 $f(2) = -3$이다.

(3) $f(x) = x^3 + x^2 - x - 1$에서

$$f'(x) = 3x^2 + 2x - 1 = (3x-1)(x+1), \; f''(x) = 6x + 2$$

를 얻는다. 이때 임계점을 구하기 위해 $f'(x) = 0$을 풀면 -1 또는 $\frac{1}{3}$이고, 이들 임계점에 대해서 $f''(-1) = -4 < 0$이고 $f''\left(\frac{1}{3}\right) = 4 > 0$이다. 따라서 $f(-1) = 0$은 극댓값이고, $f\left(\frac{1}{3}\right) = -\frac{32}{27}$은 극솟값이다.

04 (1) 오목성을 결정하기 위해 이계도함수를 구하면 $f''(x) = 6x$가 된다. 따라서 $x > 0$일 때 $f''(x) > 0$이고, $x < 0$일 때 $f''(x) < 0$이다. 그러므로 곡선은 구간 $(-\infty, 0)$에서 아래로 오목이고, 구간 $(0, \infty)$에서 위로 오목이다. 따라서 $x = 0$ 좌우에서 오목성이 바뀌므로, $f(x)$의 변곡점은 $(0, 1)$이다.

(2) $f'(x) = \frac{1}{3}x^{-\frac{2}{3}}$, $f''(x) = -\frac{2}{9}x^{-\frac{5}{3}}$이므로, $f''(0)$은 존재하지 않는다. 그러나 $x < 0$이면 $f''(x) > 0$이고, $x > 0$이면 $f''(x) < 0$이다. 따라서 $f(x) = x^{1/3}$의 변곡점은 $(0, 0)$이다.

(3) $f(x) = x^4 - 4x^3$에서 $f'(x) = 4x^2(x-3)$, $f''(x) = 12x(x-2)$이므로, $x = 0$ 또는 $x = 2$일 때 $f''(x) = 0$이 된다. $(0, 0)$에서 곡선은 위로 오목에서 아래로 오목으로 변하므로 $(0, 0)$은 $f(x)$의 변곡점이다. 또한 점 $(2, -16)$에서 곡선이 아래로 오목에서 위로 오목으로 변하기 때문에 $(2, -16)$은 $f(x)$의 변곡점이다.

05 (1) $f(x)$가 극댓값을 갖기 위해서는 $f'(x) = 0$이 서로 다른 세 실근을 가져야 한다. 그런데

$$f'(x) = 4x^3 - 12x^2 + 4ax = 4x(x^2 - 3x + a) = 0$$

의 한 근이 0이므로 $x^2 - 3x + a = 0$이 0이 아닌 서로 다른 두 실근을 가져야 한다. 여기서 $a = 0$이면 $x^2 - 3x + a = 0$의 한 근이 0이 되어 $x = 0$이 중근이 된다. 따라서

$a \neq 0$이고 판별식 D가 $D = (-3)^2 - 4a > 0$을 만족하여야 하므로, $f(x)$가 극댓값을 갖기 위한 a 값의 범위는 $a < 0,\ 0 < a < \frac{9}{4}$

(2) $f'(x) = 0$의 서로 다른 두 실근을 α, β (단, $\alpha < \beta$)라 하면 문제의 조건에 따라 $0 < \alpha < 1,\ \beta > 1$이 되어야 한다. 그런데 $f'(x) = -3x^2 + 2a^2x - a$이므로

$$f'(0) = -a < 0,\ \text{즉}\ a > 0$$

이 된다. 한편 $f'(1) = 2a^2 - a - 3 > 0$이므로, $a < -1,\ a > \frac{3}{2}$이다. 따라서 공통 범위는 $a > \frac{3}{2}$

06 $f(x) = x^4 - 4x + a$로 놓으면, $f'(x) = 4x^3 - 4 = 4(x-1)(x^2+x+1) = 0$에서 임계점 $x = 1$을 얻는다. 이때 $x = 1$에서 최솟값 $f(1) = 1 - 4 + a$를 갖는다. 따라서 모든 실수 x에 대해서 $f(x) > 0$이 되려면 $f(1) > 0$, 즉 $a > 3$을 만족하여야 한다.

07 (1) 구에 내접하는 직원뿔의 높이를 x라 하면, 밑면의 반지름 r은

$$r = \sqrt{a^2 - (x-a)^2} = \sqrt{2ax - x^2}$$

이다. 따라서 직원뿔의 부피를 $V(x)$라 하면, $V(x) = \frac{1}{3}\pi r^2 x = \frac{1}{3}\pi x^2(2a - x)$이고, 함수 $V(x)$는 닫힌구간 $[0, 2a]$에서 연속이 된다. 이때

$$V'(x) = \frac{1}{3}\pi x(4a - 3x) = 0$$

으로부터 임계점은 $x = 0$ 또는 $x = \frac{4}{3}a$이다. 그런데 $x = \frac{4}{3}a$ 좌우에서 $V'(x)$는 양에서 음으로 변하므로, $x = \frac{4}{3}a$에서 극대가 된다. 또한 $V(0) = V(2a) = 0$이므로, $V(x)$는 $x = \frac{4}{3}a$일 때 최댓값을 갖는다. 그러므로 내접하는 직원뿔의 최대 부피는 $V\left(\frac{4}{3}a\right) = \frac{32}{81}\pi a^3$

(2) 원기둥의 반지름과 높이를 각각 x, y라 하면 부피는

$$V = \pi x^2 y\ (\text{단},\ 0 \le x \le r)$$

로 주어진다. 그런데 $\frac{x}{r} = \frac{h-y}{h}$, 즉 $y = \frac{h}{r}(r - x)$이므로, $V = \frac{\pi h}{r}(rx^2 - x^3)$이 된다. 따라서 $\frac{dV}{dx} = \frac{\pi h}{r}x(2r - 3x) = 0$을 구하면 $x = \frac{2}{3}r$을 얻는다. 그런데 $V(0) = 0$, $V(r) = 0$이므로, 최대 부피의 직원기둥의 높이는 $y = \frac{1}{3}h$이다.

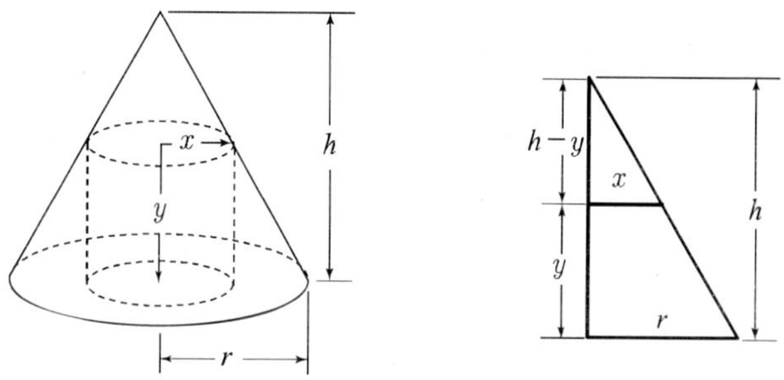

그림 1

연습문제 3.5

01 $f(x)=\begin{cases} x^2\sin\dfrac{1}{x}, & x\neq 0 \\ 0 & , x=0 \end{cases}$, $g(x)=\sin x$

02 (1) $\lim\limits_{x\to 0}\dfrac{1-\cos x^2}{x^4}=\lim\limits_{x\to 0}\dfrac{2x\sin x^2}{4x^3}=\lim\limits_{x\to 0}\dfrac{\sin x^2}{2x^2}$

$$=\lim_{x\to 0}\frac{2x\cos x^2}{4x}=\lim_{x\to 0}\frac{\cos x^2}{2}=\frac{1}{2}$$

(2) $\lim\limits_{x\to 0}(\csc x-\cot x)$는 $\infty-\infty$ 형태의 부정형이므로

$$\lim_{x\to 0}(\csc x-\cot x)=\lim_{x\to 0}\frac{1-\cos x}{\sin x}=\lim_{x\to 0}\frac{\sin x}{\cos x}=0$$

(3) $\lim\limits_{x\to +0}x^2\ln x$는 $0\cdot(-\infty)$ 형태의 부정형이므로, $\dfrac{\ln x}{1/x^2}$로 변형하면 $\dfrac{-\infty}{\infty}$인 형태의 부정형이 된다. 따라서

$$\lim_{x\to +0}x^2\ln x=\lim_{x\to +0}\frac{\ln x}{1/x^2}=\lim_{x\to +0}\frac{1/x}{-2/x^3}=\lim_{x\to +0}\left(-\frac{x^2}{2}\right)=0$$

03 (1) $\lim\limits_{x\to +0}x^x$은 0^0 형태의 부정형이다. $y=x^x$이라 놓고, 양변에 자연로그를 취하면 $\ln y=x\ln x$이므로

$$\lim_{x\to +0}\ln y=\lim_{x\to +0}\frac{\ln x}{1/x}=\lim_{x\to +0}\frac{1/x}{-1/x^2}=\lim_{x\to +0}(-x)=0$$

을 얻는다. 따라서 $\lim\limits_{x\to +0}x^x=e^0=1$

(2) $\lim\limits_{x\to\infty}(x+1)^{2/x}$은 ∞^0 형태의 부정형이다. 따라서 $y=(x+1)^{2/x}$으로 놓고, 양변에

자연로그를 취하면 $\ln y = \dfrac{2}{x}\ln(x+1)$이므로

$$\lim_{x\to\infty}\ln y = \lim_{x\to\infty}\left[\frac{2}{x}\ln(x+1)\right] = \lim_{x\to\infty}\frac{2\ln(x+1)}{x}$$

$$= \lim_{x\to\infty}\frac{2(x+1)^{-1}}{1} = \lim_{x\to\infty}\frac{2}{x+1} = 0$$

을 얻는다. 따라서 구하는 극한은 $\lim\limits_{x\to\infty}(x+1)^{2/x} = e^0 = 1$

연습문제 3.6

01 $f(x) = \sqrt{x+3}$ 의 도함수는 $f'(x) = \dfrac{1}{2\sqrt{x+3}}$이므로, $f(1) = 2$, $f'(1) = \dfrac{1}{4}$이다.

이때 $x_0 = 1$에서 $f(x) = \sqrt{x+3}$ 의 선형화는

$$L(x) = f(1) + f'(1)(x-1) = \frac{7}{4} + \frac{x}{4}$$

이고, 선형근사식은 $\sqrt{x+3} \approx \dfrac{7}{4} + \dfrac{x}{4}$로 주어진다. 따라서

$$\sqrt{3.98} \approx \frac{7}{4} + \frac{0.98}{4} = 1.995$$

02 (1) $y = f(x) = \sqrt{x}$ 라 하면, $dy = f'(x)\,dx = \dfrac{1}{2\sqrt{x}}dx$이다. $x = 4$, $dx = \Delta x = 0.1$을 취하면, $f(4) = 2$, $dy = 0.025$이므로

$$\sqrt{4.1} = f(4+0.1) \approx f(4) + dy = 2 + 0.025 = 2.025$$

(2) $y = f(x) = \sqrt[3]{x}$ 라 하면, $dy = f'(x)\,dx = \dfrac{1}{3}x^{-\frac{2}{3}}dx$이다. $x = 64$, $dx = \Delta x = -1$을 취하면, $f(64) = 4$, $dy = -\dfrac{1}{48}$이므로

$$\sqrt[3]{65} = f(64+1) \approx f(64) + dy = 4 - \frac{1}{48} \approx 3.979$$

03 $x = \sqrt[3]{7}$ 이라 하면, $x^3 = 7$이므로 $f(x) = x^3 - 7 = 0$으로 변형할 수 있다. 이때 $f'(x) = 3x^2$이므로, 뉴턴의 방법을 적용하여

$$a_{n+1} = a_n - \frac{a_n^3 - 7}{3a_n^2}$$

을 얻는다. 제1근삿값을 $a_1 = 2$로 놓으면

$$a_2 \approx 1.916666667,\ a_3 \approx 1.912938458,\ a_4 \approx 1.912931183 \approx a_5$$

가 된다. 따라서 $\sqrt[3]{7} \approx 1.91293118$

04 $f(x) = x^5 - x + 1$로 놓으면 함수 $f(x)$는 닫힌구간 $[-2, -1]$에서 연속이고 $f(-1) = 1 > 0$, $f(-2) = -29 < 0$이므로, 중간값정리에 의해 $f(x) = 0$은 닫힌구간 $[-2, -1]$에서 근을 갖는다. 이때 $f'(x) = 5x^4 - 1$이므로, 뉴턴의 방법을 이용하면

$$a_{n+1} = a_n - \frac{f(a_n)}{f'(a_n)} = a_n - \frac{a_n^5 - a_n + 1}{5a_n^4 - 1} \quad (\text{단, } n = 1, 2, \cdots)$$

을 얻는다. $x = -1$이 근에 가까우므로 제1근삿값으로 $a_1 = -1$을 택하면

$$a_2 = -\frac{5}{4},\ a_3 \approx -1.178459394,\ a_4 \approx --1.167537389,$$

$$a_5 \approx -1.167304083,\ a_6 \approx -1.167303978 \approx a_7$$

이 된다. 따라서 방정식 $x^5 - x + 1 = 0$의 근사근은 -1.167303978

연습문제 4.1

01 (1) $\left|-\frac{1}{3}\right| < 1$이므로, $\lim_{n \to \infty} \left(-\frac{1}{3}\right)^n = 0$

(2) $$\lim_{n \to \infty} \frac{3^{n+1} + 1}{2^{2n} + 3^n} = \lim_{n \to \infty} \frac{3 + \left(\frac{1}{3}\right)^n}{\left(\frac{4}{3}\right)^n + 1} = 0$$

(3) $$\lim_{n \to \infty} \frac{4n + 1}{n^2 + 3n + 1} = \lim_{n \to \infty} \frac{\left(\frac{4}{n}\right) + \left(\frac{1}{n}\right)^2}{1 + \frac{3}{n} + \left(\frac{1}{n}\right)^2} = 0$$

02 (1) 모든 자연수 $n \in \mathbb{N}$에 대해서, $-1 \le \sin n\theta \le 1$이므로

$$-\frac{1}{n} \le \frac{\sin n\theta}{n} \le \frac{1}{n}$$

이 성립한다. 그런데 $\lim_{n \to \infty} \left(-\frac{1}{n}\right) = \lim_{n \to \infty} \frac{1}{n} = 0$이므로, 조임정리에 의해

$$\lim_{n \to \infty} \frac{\sin n\theta}{n} = 0$$

(2) 모든 자연수 $n \in \mathbb{N}$에 대해서, $-1 \le \sin n \le 1$이므로

$$-\frac{1}{n^2} \le \frac{\sin n}{n^2} \le \frac{1}{n^2}$$

이 성립한다. 그런데 $\lim_{n \to \infty}\left(-\frac{1}{n^2}\right) = \lim_{n \to \infty}\frac{1}{n^2} = 0$이므로, 조임정리에 의해

$$\lim_{n \to \infty}\frac{\sin n}{n} = 0$$

03 (1) $0 < \frac{n!}{n^n} = \frac{1 \cdot 2 \cdot 3 \cdot \cdots \cdot n}{n \cdot n \cdot n \cdot \cdots \cdot n} = \left(\frac{1}{n}\right)\frac{2 \cdot 3 \cdot \cdots \cdot n}{n \cdot n \cdot \cdots \cdot n} \le \frac{1}{n}$, $\lim_{n \to \infty}\frac{1}{n} = 0$이므로, 조임정리를 이용하면 $\lim_{n \to \infty}\frac{n!}{n^n} = 0$

(2) 모든 자연수 $n \in \mathbb{N}$에 대해서 $-|a_n| \le a_n \le |a_n|$이고

$$\lim_{n \to \infty}|a_n| = 0, \ \lim_{n \to \infty}(-|a_n|) = -\lim_{n \to \infty}|a_n| = 0$$

이므로, 조임정리를 이용하면 $\lim_{n \to \infty} a_n = 0$

04 $a_n = \frac{n!}{e^n}$이라 하면, $n \ge 2$일 때 $\frac{a_{n+1}}{a_n} = \frac{n+1}{e} > 1$이 성립한다. 따라서 $n \ge 2$일 때, 주어진 수열은 증가수열이다.

05 $a=0$일 때, $\lim_{n \to \infty} a^n = 0$은 분명하다. 이제 $0 < a < 1$일 때, $\lim_{n \to \infty} a^n = 0$이 성립함을 보인다. $0 < a < 1$이면 $\{a^n\}$은 유계인 단조수열이므로, $\{a^n\}$은 수렴한다. 따라서 $\lim_{n \to \infty} a^n = L$이라 하면

$$L = \lim_{n \to \infty} a^{n+1} = \lim_{n \to \infty} a \cdot a^n = a\lim_{n \to \infty} a^n = aL$$

이 된다. 그런데 $L \neq 0$이라면, $a=1$이 되어 모순이다. 그러므로 $0 < a < 1$일 때, $\lim_{n \to \infty} a^n = 0$이 성립한다.

연습문제 4.2

01 (1) $\frac{1}{n(n+1)} = \frac{1}{n} - \frac{1}{n+1}$이므로

$$S_n = \sum_{k=1}^{n}\frac{1}{k(k+1)} = \sum_{k=1}^{n}\left(\frac{1}{k} - \frac{1}{k+1}\right) = 1 - \frac{1}{n+1}$$

이다. 이때 $\lim_{n \to \infty} S_n = \lim_{n \to \infty}\left(1 - \frac{1}{n+1}\right) = 1$이므로, $\sum_{n=1}^{\infty} \frac{1}{n(n+1)} = 1$

(2) $S_n = \sum_{k=1}^{n} (\sqrt{k+1} - \sqrt{k})$

$= (\sqrt{2}-1) + (\sqrt{3}-\sqrt{2}) + \cdots + (\sqrt{n+1}-\sqrt{n}) = \sqrt{n+1}-1$

이므로, $\{S_n\}$은 발산한다. 따라서 주어진 급수는 발산한다.

(3) $\sum_{n=1}^{\infty} \frac{1}{n(n+1)} = 1$이고 $\sum_{n=1}^{\infty} \frac{2}{3^n} = 1$이므로, $\sum_{n=1}^{\infty}\left(\frac{1}{n(n+1)} + \frac{2}{3^n}\right) = 1+1 = 2$

(4) $\sum_{n=1}^{\infty} \frac{1}{4^n} = \frac{1}{3}$이고 $\sum_{n=1}^{\infty} \frac{2^n}{4^n} = \sum_{n=1}^{\infty}\left(\frac{1}{2}\right)^n = 1$이므로

$$\sum_{n=1}^{\infty} \frac{1+2^n}{4^n} = \sum_{n=1}^{\infty} \frac{1}{4^n} + \sum_{n=1}^{\infty}\left(\frac{1}{2}\right)^n = \frac{4}{3}$$

02 (1) 함수 $f(x) = \frac{\ln x}{x}$는 $x > e$일 때 연속인 양의 감소함수이므로, 적분판정법을 이용하면

$$\int_e^{\infty} \frac{\ln x}{x}\,dx = \lim_{t \to \infty} \int_e^t \frac{\ln x}{x}\,dx = \lim_{t \to \infty}\left[\frac{(\ln x)^2}{2}\right]_e^t$$

$$= \lim_{t \to \infty} \frac{(\ln t)^2}{2} = \infty$$

가 된다. 따라서 급수 $\sum_{n=1}^{\infty} \frac{\ln n}{n}$은 발산한다.

(2) $a_n = \frac{1}{n(n^2-5)}$, $b_n = \frac{1}{n^3}$이라면, $\lim_{n \to \infty} \frac{a_n}{b_n} = 1 > 0$이다. 이때 $\sum_{n=1}^{\infty} \frac{1}{n^3}$이 수렴하므로, $\sum_{n=3}^{\infty} \frac{1}{n(n^2-5)}$은 수렴한다.

03 $-|a_n| \le a_n \le |a_n|$이므로, 양변에 $|a_n|$을 합하면 $0 \le a_n + |a_n| \le 2|a_n|$이 된다. 따라서 $b_n = a_n + |a_n|$이라 놓으면, $0 \le b_n \le 2|a_n|$이다. 그런데 $\sum_{n=1}^{\infty} |a_n|$이 수렴하므로, $\sum_{n=1}^{\infty} 2|a_n|$도 수렴한다. 그러므로 비교판정법에 의해 $\sum_{n=1}^{\infty} b_n$은 수렴한다. 따라서 $a_n = b_n - |a_n|$이므로, $\sum_{n=1}^{\infty} a_n = \sum_{n=1}^{\infty} b_n - \sum_{n=1}^{\infty} |a_n|$은 수렴한다.

04 (1) 비판정법으로부터, $u_n = \frac{x^n}{n4^n}$이라 놓으면

$$\lim_{n \to \infty}\left|\frac{u_{n+1}}{u_n}\right| = \frac{|x|}{4} \lim_{n \to \infty} \frac{n}{n+1} = \frac{|x|}{4} < 1$$

이므로, $|x| < 4$이면 절대수렴하고, $|x| > 4$이면 발산한다. 그러므로 수렴 반지름 R은 4이다. 한편 $|x| = 4$일 때는 비판정법을 사용할 수 없으므로, $x = -4$와 $x = 4$일 때는 별도로 생각해야 한다. $x = 4$일 때 주어진 멱급수는

$$\sum_{n=1}^{\infty} \frac{x^n}{n4^n} = \sum_{n=1}^{\infty} \frac{1}{n}$$

이므로 발산하고, $x = -4$일 때 주어진 멱급수는

$$\sum_{n=1}^{\infty} \frac{x^n}{n4^n} = \sum_{n=1}^{\infty} \frac{(-1)^n}{n}$$

이므로 수렴한다. 따라서 주어진 급수의 수렴구간은 $[-4, 4)$

(2) 비판정법으로부터, $u_n = n!(x-5)^n$이라 놓으면

$$\lim_{n \to \infty} \left| \frac{u_{n+1}}{u_n} \right| = |x-5| \lim_{n \to \infty} (n+1)$$
$$= \begin{cases} 0, & x = 5 \\ \infty, & x \neq 5 \end{cases}$$

이다. 따라서 주어진 급수는 $x = 5$에서만 수렴하고, 수렴반지름은 $R = 0$

05 주어진 함수를 변형하면

$$f(x) = \frac{1}{x+2} = \frac{1}{2\left(1+\dfrac{x}{2}\right)} = \frac{1}{2\left[1-\left(-\dfrac{x}{2}\right)\right]}$$
$$= \frac{1}{2}\sum_{n=0}^{\infty}\left(-\frac{x}{2}\right)^n = \sum_{n=0}^{\infty}\frac{(-1)^n}{2^{n+1}}x^n$$

이므로, 이 급수는 $\left|-\dfrac{x}{2}\right| < 1$일 때, 즉 $|x| < 2$일 때 수렴한다. 따라서 수렴구간은 $(-2, 2)$

06 $|\sin(n^3x)| \leq 1$이므로, 모든 실수 $x \in \mathbb{R}$에 대해서

$$\left| \frac{\sin(n^3x)}{n^2} \right| \leq \frac{1}{n^2}$$

이고, $\sum_{n=1}^{\infty} \dfrac{1}{n^2}$은 수렴하므로 급수 $\sum_{n=1}^{\infty} \dfrac{\sin(n^3x)}{n^2}$는 절대수렴한다. 그러나 항별로 미분하여 얻은 급수

$$\sum_{n=1}^{\infty} \frac{d}{dx}\left[\frac{\sin(n^3x)}{n^2}\right] = \sum_{n=1}^{\infty}\left[\frac{n^3\cos(n^3x)}{n^2}\right] = \sum_{n=1}^{\infty}[n\cos(n^3x)]$$

는 모든 실수 $x \in \mathbb{R}$에 대해서 발산한다.

07 (1) 모든 x에 대해서 $f(x)=e^{-x^2}$의 매클로린 급수 전개식이

$$e^{-x^2}=1-\frac{x^2}{1!}+\frac{x^4}{2!}-\frac{x^6}{3!}+\cdots+(-1)^n\frac{x^{2n}}{n!}+\cdots$$

이므로, 항별적분을 이용하면

$$\begin{aligned}\int e^{-x^2}dx &=\int\left(1-\frac{x^2}{1!}+\frac{x^4}{2!}-\frac{x^6}{3!}+\cdots+(-1)^n\frac{x^{2n}}{n!}+\cdots\right)dx\\ &=C+x-\frac{x^3}{3\cdot 1!}+\frac{x^5}{5\cdot 2!}-\frac{x^7}{7\cdot 3!}+\frac{x^9}{9\cdot 4!}-\cdots\end{aligned}$$

가 된다. 따라서 미분적분학의 기본정리에 의해

$$\begin{aligned}\int_0^1 e^{-x^2}dx &=\left[x-\frac{x^3}{3\cdot 1!}+\frac{x^5}{5\cdot 2!}-\frac{x^7}{7\cdot 3!}+\frac{x^9}{9\cdot 4!}-\cdots\right]_0^1\\ &=1-\frac{1}{3}+\frac{1}{10}-\frac{1}{42}+\frac{1}{216}-\cdots\approx 0.7475\end{aligned}$$

(2) 모든 x에 대해서 $f(x)=\cos x$의 매클로린 급수 전개식이

$$\cos x=1-\frac{1}{2!}x^2+\frac{1}{4!}x^4-\frac{1}{6!}x^6+\cdots$$

이므로, 이 식에 x 대신 x^2을 대입하면

$$\cos(x^2)=1-\frac{1}{2!}x^4+\frac{1}{4!}x^8-\frac{1}{6!}x^{12}+\cdots$$

가 된다. 따라서 $\cos(x^2)\approx 1-\frac{1}{2!}x^4+\frac{1}{4!}x^8$이다. 이것을 이용하여 주어진 정적분의 근삿값을 구하면

$$\begin{aligned}\int_{-1}^1\cos(x^2)\,dx &=\int_{-1}^1\left(1-\frac{1}{2!}x^4+\frac{1}{4!}x^8\right)dx\\ &=\left(x-\frac{x^5}{10}+\frac{x^9}{216}\right)\Bigg|_{x=-1}^{x=1}=\frac{977}{540}\approx 1.809259\end{aligned}$$

연습문제 5.1

01 $f(x)=\int f'(x)\,dx=\int(x^2+4x-5)\,dx=\frac{1}{3}x^3+2x^2-5x+C$이다. 이때 $15=f(3)=12+C$이므로, $C=3$이다. 따라서 $f(x)=\frac{1}{3}x^3+2x^2-5x+3$

02 $(x-2)f(x)=(2x^3-24x)'=6x^2-24$이므로

$f(x) = \dfrac{6x^2 - 24}{x-2} = \dfrac{6(x-2)(x+2)}{x-2}$이다. 따라서 $f(x) = 6(x+2)$

03 (1) $u = x^3 + 1$로 치환하면, $du = 3x^2\,dx$, 즉 $x^2\,dx = \dfrac{1}{3}du$이므로

$$\int x^2\sqrt{x^3+1}\,dx = \frac{1}{3}\int \sqrt{u}\,du = \frac{2}{9}u^{\frac{3}{2}} + C = \frac{2}{9}(x^3+1)\sqrt{x^3+1} + C$$

(2) $u = x^3$이라고 놓으면 $du = 3x^2\,dx$, 즉 $x^2\,dx = \dfrac{1}{3}du$이므로

$$\int x^2 e^{x^3}\,dx = \frac{1}{3}\int e^u\,du = \frac{1}{3}e^u + C = \frac{1}{3}e^{x^3} + C$$

(3) $u = \ln x$로 치환하면, $du = \dfrac{1}{x}dx$이므로

$$\int \frac{\ln x}{x}\,dx = \int u\,du = \frac{1}{2}u^2 + C = \frac{1}{2}(\ln x)^2 + C$$

(4) $\dfrac{1}{x^2+x-2} = \dfrac{1}{3}\left(\dfrac{1}{x-1} - \dfrac{1}{x+2}\right)$이므로

$$\begin{aligned}\int \frac{1}{x^2+x-2}\,dx &= \int \frac{1}{3}\left(\frac{1}{x-1} - \frac{1}{x+2}\right)dx \\ &= \frac{1}{3}\int \frac{1}{x-1}\,dx - \frac{1}{3}\int \frac{1}{x+2}\,dx \\ &= \frac{1}{3}\ln|x-1| - \frac{1}{3}\ln|x+2| + C \\ &= \frac{1}{3}\ln\left|\frac{x-1}{x+2}\right| + C\end{aligned}$$

(5) $u = \sqrt[4]{x}$, 즉 $x = u^4$이라 하자. 그러면 $dx = 4u^3\,du$이고 $\sqrt{x} = u^2$, $\sqrt[4]{x^3} = u^3$이므로

$$\begin{aligned}\int \frac{dx}{\sqrt{x} + \sqrt[4]{x^3}} &= \int \frac{4u^3}{u^2+u^3}du = 4\int \frac{u}{1+u}du \\ &= 4\int\left(1 - \frac{1}{1+u}\right)du = 4u - 4\ln|1+u| + C \\ &= 4\sqrt[4]{x} - 4\ln|1+\sqrt[4]{x}| + C\end{aligned}$$

(6) $x = \dfrac{1}{t}$로 치환하면, $dx = -\dfrac{1}{t^2}dt$이므로

$$\int \frac{dx}{x\sqrt{2x-x^2}} = \int \frac{-\frac{1}{t^2}dt}{\frac{1}{t}\sqrt{\frac{2}{t} - \frac{1}{t^2}}} = \int \frac{-dt}{\sqrt{2t-1}}$$

$$= -\sqrt{2t-1} + C = -\sqrt{\frac{2-x}{x}} + C$$

04 (1) $\sqrt{9x^2+6x+2} = \sqrt{(3x+1)^2+1}$로 변형하여, $3x+1 = \tan\theta$로 치환하면 $dx = \frac{1}{3}\sec^2\theta\, d\theta$가 된다. 그런데 $\sqrt{(3x+1)^2+1} = \sqrt{\tan^2\theta+1} = \sec\theta$이므로

$$\int \frac{dx}{\sqrt{9x^2+6x+2}} = \int \frac{1}{\sec\theta}\left(\frac{1}{3}\sec^2\theta\right) d\theta$$

$$= \frac{1}{3}\int \sec\theta\, d\theta = \frac{1}{3}\ln|\sec\theta + \tan\theta| + C$$

$$= \frac{1}{3}\ln\left|\sqrt{9x^2+6x+2} + 3x+1\right| + C$$

(2) 근호 안을 완전제곱식으로 바꾸어 정리하면

$$\int \frac{1}{\sqrt{-5+6x-x^2}}\,dx = \int \frac{1}{\sqrt{4-(x-3)^2}}\,dx = \int \frac{1}{\sqrt{1-\left(\frac{x-3}{2}\right)^2}}\frac{1}{2}\,dx$$

가 된다. 이제 $u = \frac{x-3}{2}$로 치환하면, $dx = \frac{1}{2}dx$이므로

$$\int \frac{1}{\sqrt{-5+6x-x^2}}\,dx = \int \frac{1}{\sqrt{1-\left(\frac{x-3}{2}\right)^2}}\frac{1}{2}\,dx$$

$$= \int \frac{1}{\sqrt{1-u^2}}\,du = \sin^{-1}u + C$$

$$= \sin^{-1}\left(\frac{x-3}{2}\right) + C$$

(3) x^2의 계수가 음이고 $3x-2-x^2 = (x-1)(2-x)$이므로, $\sqrt{\frac{x-1}{2-x}} = t$로 치환한다. 그러면

$$x = \frac{2t^2+1}{t^2+1},\ dx = \frac{2t}{(t^2+1)^2}dt,\ \sqrt{3x-2-x^2} = \frac{t}{t^2+1}$$

가 된다. 따라서

$$\int \frac{dx}{x\sqrt{3x-2-x^2}} = \int \frac{1}{\frac{2t^2+1}{t^2+1}\cdot\frac{t}{t^2+1}}\cdot\frac{2t}{(t^2+1)^2}\,dt$$

$$= \int \frac{1}{t^2+\frac{1}{2}}\,dt = \sqrt{2}\tan^{-1}(\sqrt{2}\,t) + C$$

$$= \sqrt{2}\tan^{-1}\sqrt{\frac{2(x-1)}{2-x}} + C$$

05 $u = e^x$, $dv = \sin x\,dx$라 놓으면, $du = e^x$, $v = -\cos x$이므로, 부분적분법에 의해

$$I = \int e^x \sin x\,dx = -e^x \cos x + \int e^x \cos x\,dx$$

가 성립한다. 다시 부분적분법을 이용하여 $\int e^x \cos x\,dx$를 구하면

$$\int e^x \cos x\,dx = e^x \sin x - \int e^x \sin x\,dx$$

가 된다. 따라서 $2I = -e^x \cos x + e^x \sin x$를 얻는다. 그러므로

$$I = \int e^x \sin x\,dx = \frac{1}{2}e^x(\sin x - \cos x) + C$$

06 (1) 적분표에서

$$\int u^n \sin u\,du = -u^n \cos u + n\int u^{n-1}\cos u\,du \qquad (*)$$

를 이용한다. 점화식 $(*)$를 사용하기 위해 $n = 3$이라 하고 $u = 2x$로 치환하면, $du = 2dx$이므로

$$\int x^3 \sin 2x\,dx = \frac{1}{2}\int \frac{(2x)^3}{2^3}\sin 2x\,(2)\,dx = \frac{1}{16}\int u^3 \sin u\,du$$
$$= \frac{1}{16}\left(-u^3\cos u + 3\int u^2 \cos u\,du\right)$$

이다. 마지막 적분을 구하기 위해 적분표에서

$$\int u^n \cos u\,du = u^n \sin u - n\int u^{n-1}\sin u\,du$$

를 이용한다. 이때 위 점화식에 $n = 2$를 대입하면

$$\int x^3 \sin 2x\,dx = -\frac{1}{16}u^3\cos u + \frac{3}{16}\int u^2\cos u\,du$$
$$= -\frac{1}{16}u^3\cos u + \frac{3}{16}\left(u^2\sin u - 2\int u\sin u\,du\right)$$

이고, 점화식 $(*)$를 다시 한 번 적용하면

$$\int x^3 \sin 2x\,dx = -\frac{1}{16}u^3\cos u + \frac{3}{16}u^2\sin u - \frac{3}{8}\int u\sin u\,du$$
$$= -\frac{1}{16}u^3\cos u + \frac{3}{16}u^2\sin u - \frac{3}{8}\left(-u\cos u + \int \cos u\,du\right)$$
$$= -\frac{1}{16}u^3\cos u + \frac{3}{16}u^2\sin u + \frac{3}{8}u\cos u - \frac{3}{8}\sin u + C$$

$$=-\frac{1}{2}x^3\cos 2x+\frac{3}{4}x^2\sin 2x+\frac{3}{4}x\cos 2x-\frac{3}{8}\sin 2x+C$$

(2) 적분표에서

$$\int \frac{u}{\sqrt{a+bu}}\,du=\frac{2}{3b^2}(bu-2a)\sqrt{a+bu}+C$$

를 이용한다. 피적분함수의 분자를 배각공식을 이용하여 다시 표현하면

$$\int \frac{\sin 2x}{\sqrt{4\cos x-1}}\,dx=2\int \frac{\sin x\cos x}{\sqrt{4\cos x-1}}\,dx$$

이고, $u=\cos x$로 치환하면

$$\int \frac{\sin 2x}{\sqrt{4\cos x-1}}\,dx=2\int \frac{\sin x\cos x}{\sqrt{4\cos x-1}}\,dx=-2\int \frac{u}{\sqrt{4u-1}}\,du$$

이다. 따라서 적분표를 이용하면

$$\begin{aligned}\int \frac{\sin 2x}{\sqrt{4\cos x-1}}\,dx&=-2\int \frac{u}{\sqrt{4u-1}}\,du\\&=(-2)\frac{2}{3(4)^2}(4u+2)\sqrt{4u-1}+C\\&=-\frac{1}{12}(4\cos x+2)\sqrt{4\cos x-1}+C\end{aligned}$$

연습문제 5.2

01 (1) 임의의 자연수 n에 대해서, $\Delta x=\frac{1}{n}$이고, $x_i=\frac{i}{n}$이다. 따라서

$$\int_0^1 x\,dx=\lim_{n\to\infty}\sum_{i=1}^{n}\frac{i}{n}\cdot\frac{1}{n}=\lim_{n\to\infty}\frac{1}{n^2}\sum_{i=1}^{n}i=\lim_{n\to\infty}\frac{1}{n^2}\frac{n^2+n}{2}=\frac{1}{2}$$

(2) $f(x)=x^2-5x$, $a=1$이고 $b=2$이다. 따라서

$$\begin{aligned}\int_1^2\left(x^2-5x\right)dx&=\lim_{n\to\infty}\frac{1}{n}\sum_{i=1}^{n}f\left(1+\frac{i}{n}\right)\\&=\lim_{n\to\infty}\frac{1}{n}\sum_{i=1}^{n}\left[\left(1+\frac{i}{n}\right)^2-5\left(1+\frac{i}{n}\right)\right]\\&=\lim_{n\to\infty}\frac{1}{n}\sum_{i=1}^{n}\left(-4-\frac{3i}{n}+\frac{i^2}{n^2}\right)\\&=\lim_{n\to\infty}\left[\frac{1}{n}\sum_{i=1}^{n}(-4)-\frac{3}{n^2}\sum_{i=1}^{n}i+\frac{1}{n^3}\sum_{i=1}^{n}i^2\right]\end{aligned}$$

$$= \lim_{n \to \infty} \left[-4 - \frac{3n(n+1)}{2n^2} + \frac{n(n+1)(2n+1)}{6n^3} \right]$$
$$= -\frac{31}{6}$$

(3) 임의의 자연수 n에 대해서 $\Delta x = \dfrac{b-a}{n}$이고, $x_i = a + \Delta x \cdot i$이다. 따라서

$$\int_a^b k\, dx = \lim_{n \to \infty} \sum_{i=1}^{n} k \cdot \frac{b-a}{n} = \lim_{n \to \infty} k \cdot \frac{b-a}{n} \cdot n = k(b-a)$$

02 $\displaystyle \lim_{n \to \infty} \frac{\sqrt{n+1} + \sqrt{n+2} + \cdots + \sqrt{2n}}{\sqrt{1} + \sqrt{2} + \cdots + \sqrt{n}}$

$$= \lim_{n \to \infty} \frac{(\sqrt{n+1} + \sqrt{n+2} + \cdots + \sqrt{2n})\frac{1}{n}}{(\sqrt{1} + \sqrt{2} + \cdots + \sqrt{n})\frac{1}{n}}$$

$$= \lim_{n \to \infty} \frac{\left(\sqrt{1+\frac{1}{n}} + \sqrt{1+\frac{2}{n}} + \cdots + \sqrt{1+\frac{n}{n}}\right)\frac{1}{n}}{\left(\sqrt{\frac{1}{n}} + \sqrt{\frac{2}{n}} + \cdots + \sqrt{\frac{n}{n}}\right)\frac{1}{n}}$$

$$= \frac{\lim_{n\to\infty} \left(\sqrt{1+\frac{1}{n}} + \sqrt{1+\frac{2}{n}} + \cdots + \sqrt{1+\frac{n}{n}}\right)\frac{1}{n}}{\lim_{n \to \infty} \left(\sqrt{\frac{1}{n}} + \sqrt{\frac{2}{n}} + \cdots + \sqrt{\frac{n}{n}}\right)\frac{1}{n}}$$

$$= \frac{\lim_{n \to \infty} \left(\sum_{k=1}^{n} \sqrt{1+\frac{k}{n}}\right)\frac{1}{n}}{\lim_{n \to \infty} \left(\sum_{k=1}^{n} \sqrt{\frac{k}{n}}\right)\frac{1}{n}}$$

$$= \frac{\int_0^1 \sqrt{1+x}\, dx}{\int_0^1 \sqrt{x}\, dx} = \frac{\left[\frac{2}{3}(1+x)^{\frac{3}{2}}\right]_0^1}{\left[\frac{2}{3}x^{\frac{3}{2}}\right]_0^1} = 2\sqrt{2} - 1$$

(2) $\displaystyle \lim_{n \to \infty} (1 + \sqrt{2} + \cdots + \sqrt{n})/n\sqrt{n}$은 $\displaystyle \lim_{n \to \infty} \frac{1}{n} \sum_{i=1}^{n} \sqrt{\frac{i}{n}}$로 변형되므로

$$\lim_{n \to \infty} (1 + \sqrt{2} + \cdots + \sqrt{n})/n\sqrt{n} = \int_0^1 \sqrt{x}\, dx = \left[\frac{2}{3}x^{\frac{3}{2}}\right]_0^1 = \frac{2}{3}$$

03 (1) $\displaystyle \int_{-1}^{2} |x|\, dx = \int_{-1}^{0} |x|\, dx + \int_{0}^{2} |x|\, dx = \int_{-1}^{0} (-x)\, dx + \int_{1}^{2} x\, dx$

$$= \left[-\frac{1}{2}x^2 \right]_{-1}^{0} + \left[\frac{1}{2}x^2 \right]_{0}^{2} = \frac{1}{2} + 2 = \frac{5}{2}$$

(2) $\displaystyle\int_0^\pi \sin^2 x \, dx = \int_0^\pi \frac{1-\cos 2x}{2} \, dx = \left[\frac{1}{2}x - \frac{1}{4}\sin 2x \right]_0^\pi = \frac{\pi}{2}$

(3) $\sqrt{1-\sin^2\theta}$ 는 θ가 0에서 $\frac{1}{2}\pi$까지 변할 때는 $\cos\theta$와 같고, θ가 $\frac{1}{2}\pi$에서 π까지 변할 때는 $-\cos\theta$와 같으므로

$$\int_0^\pi \sqrt{1-\sin^2\theta} \, d\theta = \int_0^{\frac{\pi}{2}} \cos\theta \, d\theta + \int_{\frac{\pi}{2}}^{\pi} (-\cos\theta) \, d\theta$$

$$= [\sin\theta]_0^{\frac{\pi}{2}} + [-\sin\theta]_{\frac{\pi}{2}}^{\pi} = 2$$

(4) $|\cos x|$가 $0 \le x < \frac{\pi}{2}$일 때 $\cos x$, $\frac{\pi}{2} \le x \le \pi$일 때 $-\cos x$로 각각 주어지므로

$$\int_0^\pi |\cos x| \, dx = \int_0^{\frac{\pi}{2}} \cos x \, dx + \int_{\frac{\pi}{2}}^{\pi} (-\cos x) \, dx$$

$$= [\sin x]_0^{\frac{\pi}{2}} - [\sin x]_{\frac{\pi}{2}}^{\pi} = \frac{\pi}{2}$$

(5) $u = \ln x$, $dv = x^2 dx$라 놓으면, $du = \frac{1}{x} dx$, $v = \frac{1}{3}x^3$이므로

$$\int_1^2 x^2 \ln x \, dx = \left[\frac{1}{3}x^3 \ln x \right]_1^2 - \frac{1}{3}\int_1^2 x^3 \left(\frac{1}{x} \right) dx$$

$$= \left[\frac{1}{3}x^3 \ln x \right]_1^2 - \frac{1}{3}\int_1^2 x^2 \, dx$$

$$= \frac{8 \ln 2}{3} - \frac{7}{9}$$

04 함수 $f(x)$의 원시함수를 $F(x)$라 하면

$$\lim_{x \to a} \frac{1}{x-a} \int_a^x f(t) \, dt = \lim_{x \to a} \frac{[F(t)]_a^x}{x-a} = \lim_{x \to a} \frac{F(x)-F(a)}{x-a} = F'(a) = f(a)$$

05 (1) $x \ge 0$에서 $\sqrt{1+x^2}$은 연속함수이므로, 미분적분학의 기본정리에 의해

$$\frac{d}{dx} \int_0^x \sqrt{1+t^2} \, dt = \sqrt{1+x^2}$$

(2) $f(x)=\dfrac{d}{dx}\displaystyle\int_0^{x^2}\dfrac{1}{t}\,dt$ 에서 $u=x^2$이라고 하면, 연쇄법칙 [2.2절 정리 3]과 미분적분학의 기본정리에 의해

$$\frac{d}{dx}\int_0^{x^2}\frac{1}{t}\,dt=\left[\frac{d}{du}\int_1^{u}\frac{1}{t}\,dt\right]\left(\frac{du}{dx}\right)=\frac{1}{u}\cdot 2x=\frac{1}{x^2}\cdot 2x=\frac{2}{x}$$

가 된다. 따라서 $f(x)=\dfrac{2}{x}$

연습문제 6.1

01 $\dfrac{dy}{dx}=x^{1/2}$이므로

$$s=\int_0^3\sqrt{1+\left(\frac{dy}{dx}\right)^2}\,dx=\int_0^3\sqrt{1+x}\,dx=\left[\frac{2}{3}(1+x)^{3/2}\right]_0^3=\frac{14}{3}$$

02 (1) $s=\displaystyle\int_0^{2\pi}\sqrt{\left(\frac{dx}{dt}\right)^2+\left(\frac{dy}{dt}\right)^2}\,dt=\int_0^{2\pi}2\,dt=4\pi$

(2) $s=\displaystyle\int_0^{2\pi}\sqrt{r^2+\left(\frac{dr}{d\theta}\right)^2}\,d\theta=\int_0^{2\pi}\sqrt{(2-2\cos\theta)^2+(2\sin\theta)^2}\,d\theta$

$$=\int_0^{2\pi}\sqrt{8-8\cos\theta}\,d\theta=16$$

03 (1) 닫힌구간 $[-1, 0]$에서 $y\le 0$이고 닫힌구간 $[0, 1]$에서 $y\ge 0$이므로, 구하는 넓이는

$$A=\int_{-1}^{1}|2x+x^2-x^3|\,dx=-\int_{-1}^{0}(2x+x^2-x^3)\,dx+\int_0^1(2x+x^2-x^3)\,dx$$

$$=\frac{5}{12}+\frac{13}{12}=\frac{3}{2}$$

(2) 닫힌구간 $\left[0, \dfrac{\pi}{2}\right]$에서 $y\ge 0$이고 닫힌구간 $\left[\dfrac{\pi}{2}, \pi\right]$에서 $y\le 0$이다. 따라서 구하는 넓이 A는

$$A=\int_0^{\pi}|\cos x|\,dx=\int_0^{\frac{\pi}{2}}\cos x\,dx+\int_{\frac{\pi}{2}}^{\pi}(-\cos x)\,dx$$

$$=[\sin x]_0^{\frac{\pi}{2}}+[-\sin x]_{\frac{\pi}{2}}^{\pi}=2$$

04 (1) 두 곡선의 교점의 x좌표는 $x=-2,\ x=3$이다. 그런데 닫힌구간 $[-2, 3]$에서

$x+6 \geq x^2$이므로, 구하는 넓이 A는

$$A = \int_{-2}^{3} (x+6-x^2)\,dx = \left[\frac{x^2}{2}+6x-\frac{x^3}{3}\right]_{-2}^{3} = \frac{125}{6}$$

(2) 두 곡선의 교점은 $(-1, 1)$, $(1, 1)$이고, 이 두 점 사이에서 $2-x^2 \geq x^2$이다. 따라서 구하는 넓이 A는

$$A = \int_{-1}^{1} \{(2-x^2)-x^2\}\,dx = \int_{-1}^{1} (2-2x^2)\,dx$$

$$= \left[2x-\frac{2}{3}x^3\right]_{-1}^{1} = \frac{8}{3}$$

05 주어진 포물선과 직선의 교점의 x좌표를 α, β (단, $\alpha < \beta$)라 하면 α, β는 방정식 $x^2-x-2=ax$, 즉 $x^2-(a+1)x-2=0$의 두 근이다. 근과 계수의 관계에 의해 $\alpha+\beta=a+1$, $\alpha\beta=-2$이므로

$$(\beta-\alpha)^2 = (\beta+\alpha)^2-4\alpha\beta = a^2+2a+9, \text{ 즉 } \beta-\alpha = \sqrt{a^2+2a+9}$$

가 된다. 따라서

$$A(a) = \int_{\alpha}^{\beta} \{ax-(x^2-x-2)\}\,dx = \frac{(\beta-\alpha)^3}{6}$$

$$= \frac{1}{6}(\sqrt{a^2+2a+9}\ )^3 = \frac{1}{6}\{(a+1)^2+8\}^{\frac{3}{2}}$$

이 성립한다. 그러므로 $a=-1$일 때, 영역의 넓이가 최소가 된다. 이때 최소 넓이는

$$A(-1) = \frac{1}{6}\cdot(\sqrt{8})^3 = \frac{8\sqrt{2}}{3}$$

06 (1) 교점을 구하면 $(4,-4)$, $(9, 6)$이다. 그러므로 $-4 \leq y \leq 6$에서 $x=\frac{1}{4}y^2$과 $x=\frac{1}{2}(y+12)$로 둘러싸인 영역의 넓이를 구하면 된다. 따라서 구하는 넓이는

$$A = \int_{-4}^{6} \left[\frac{1}{2}(y+12)-\frac{1}{4}y^2\right] dy = \frac{1}{4}\int_{-4}^{6} (-y^2+2y+24)\,dy = 41\frac{2}{3}$$

(2) 두 곡선의 교점은 $(1, -1)$, $(4, 2)$이고 $-1 \leq y \leq 2$일 때 $y+2 \geq y^2$이다. 따라서 구하는 넓이는

$$A = \int_{-1}^{2} (y+2-y^2)\,dy = \left[\frac{1}{2}y^2+2y-\frac{1}{3}y^3\right]_{-1}^{2} = \frac{9}{2}$$

07 사이클로이드의 한 반원형은 $0 \leq \theta \leq 2\pi$로 주어진다.

$$y = r(1-\cos\theta), \quad dx = r(1-\cos\theta)\,d\theta$$

이므로, 치환법을 이용하면

$$A=\int_0^{2\pi} y\,dx=\int_0^{2\pi} r\,(1-\cos\theta\, r)\; r\,(1-\cos\theta)\,d\theta$$

$$=r^2\int_0^{2\pi}(1-2\cos\theta+\cos^2\theta)\,d\theta$$

$$=r^2\int_0^{2\pi}\left[1-2\cos\theta+\frac{1}{2}(1+\cos 2\,\theta)\right]d\theta$$

$$=r^2\left[\frac{3}{2}\theta-2\sin\,\theta+\frac{1}{4}\sin 2\theta\right]_0^{2\pi}$$

$$=r^2\left(\frac{3}{2}\cdot 2\pi\right)=3\pi r^2$$

이다. 따라서 한 반원형 아래의 넓이는 $3\pi r^2$

연습문제 6.2

01 (1) 회전체의 부피는 $V=\pi\int_0^4(\sqrt{x})^2\,dx=\pi\left[\frac{1}{2x^2}\right]_0^4=8\pi$

(2) 교점의 좌표는 $(0,0)$, $(1,1)$이며, $0\le x\le 1$에서 $x\ge x^2$이다. 따라서 회전체의 부피는

$$V=\pi\int_0^1(x^2-x^4)\,dx=\pi\left[\frac{1}{3}x^3-\frac{1}{5}x^5\right]_0^1=\frac{2}{15}\pi$$

02 $y=x^2$에서 $\dfrac{dy}{dx}=2x$이므로

$$S=\int 2\pi x\,ds=\int_1^2 2\pi x\sqrt{1+\left(\frac{dy}{dx}\right)^2}\,dx=2\pi\int_1^2 x\sqrt{1+4x^2}\,dx$$

이다. 이때 $u=1+4x^2$이라 두면 $du=8x\,dx$이므로, 회전체의 겉넓이 S는

$$S=\frac{\pi}{4}\int_5^{17}\sqrt{u}\,du=\frac{\pi}{6}\left(17\sqrt{17}-5\sqrt{5}\right)$$

03 $S=\displaystyle\int_0^{2\pi}2\pi y\sqrt{\left(\frac{dx}{d\theta}\right)^2+\left(\frac{dy}{d\theta}\right)^2}\,d\theta$

$$=\int_0^{2\pi}2\pi y\,(1-\cos\theta)\sqrt{r^2(1-\cos\theta)^2+r^2\sin^2\theta}\;d\theta$$

$$= 2\pi r^2 \int_0^{2\pi} 2\sin^2\left(\frac{\theta}{2}\right) 2\sin\left(\frac{\theta}{2}\right) d\theta = 8\pi r^2 \int_0^{2\pi} \left(1-\cos^2\left(\frac{\theta}{2}\right)\right)\sin\left(\frac{\theta}{2}\right) d\theta$$

$$= 16\pi r^2 \int_0^{\pi} (\sin t - \cos^2 t \sin t)\, dt = \frac{64\pi r^2}{3}$$

연습문제 6.3

01 (1) 네 구간들의 중점이 $\frac{1}{8}, \frac{3}{8}, \frac{5}{8}, \frac{7}{8}$이고 $h = \frac{1}{4}$이므로, 중점 근사 $M_n(f)$에 의해

$$\begin{aligned}\int_0^1 3x^2\,dx &\approx h\left[f\left(\frac{1}{8}\right)+f\left(\frac{3}{8}\right)+f\left(\frac{5}{8}\right)+f\left(\frac{7}{8}\right)\right]\\ &= \frac{1}{4}\left(\frac{3}{64}+\frac{27}{64}+\frac{75}{64}+\frac{147}{64}\right)\\ &= \frac{252}{256} = 0.984375\end{aligned}$$

(2) $n=4,\ a=0,\ b=1$일 때 $h=\frac{1}{4}$이므로, 사다리꼴 근사 $T_n(f)$를 이용하면

$$\begin{aligned}\int_0^1 3x^2\,dx &\approx \frac{1-0}{(2)(4)}\left[f(0)+2f\left(\frac{1}{4}\right)+2f\left(\frac{1}{2}\right)+2f\left(\frac{3}{4}\right)+f(1)\right]\\ &= \frac{1}{8}\left(0+\frac{3}{8}+\frac{12}{8}+\frac{27}{8}+3\right) = \frac{66}{64} = 1.03125\end{aligned}$$

(3) $n=4$일 때 $h=\frac{1}{4}$이므로 심프슨 근사 $S_n(f)$를 이용하면

$$\int_0^1 3x^2\,dx \approx \frac{1-0}{(3)(4)}\left[f(0)+4f\left(\frac{1}{4}\right)+2f\left(\frac{1}{2}\right)+4f\left(\frac{3}{4}\right)+f(1)\right] = 1$$

02 (1) $n=4,\ a=0,\ b=2$일 때 $h=\frac{1}{2}$이므로, 사다리꼴 근사 $T_n(f)$를 이용하면

$$\begin{aligned}\int_0^2 \sqrt{1+x^3}\,dx &\approx \frac{1}{2}\left[\frac{1}{2}f(0)+f\left(\frac{1}{2}\right)+f(1)+f\left(\frac{3}{2}\right)+\frac{1}{2}f(2)\right]\\ &\approx \frac{1}{2}(0.5+1.061+1.414+2.092+1.5) = 3.284\end{aligned}$$

(2) $n=4,\ a=0,\ b=2$일 때 $h=\frac{1}{2}$이므로, 심프슨 근사 $S_n(f)$를 이용하면

$$\begin{aligned}\int_0^2 \sqrt{1+x^3}\,dx &\approx \frac{h}{3}\left[f(0)+4f\left(\frac{1}{2}\right)+2f(1)+4f\left(\frac{3}{2}\right)+f(2)\right]\\ &\approx \frac{0.5}{3}(1+4.244+2.828+8.368+3) = 3.240\end{aligned}$$

연습문제 7.1

01 $D=\{(x,y)\mid x^2+y^2\le 9\}$, $R=\{z\mid 0\le z\le 3\}$

02 (1) $y=mx$이고 $m\ne 0$이면

$$f(x,y)=f(x,mx)=\frac{x(mx)^2}{x^2+(mx)^4}=\frac{m^2x}{1+m^4x^2}$$

이므로, $y=mx$를 따라 $(x,y)\to(0,0)$일 때 $f(x,y)\to 0$이 된다. 따라서 원점을 지나는 모든 직선을 따라 극한을 취한 값은 모두 0이 된다. 그러나 주어진 극한이 0이 아니다. 왜냐하면 $x=y^2$일 경우

$$f(x,y)=f(y^2,y)=\frac{y^4}{2y^4}=\frac{1}{2}$$

이므로, $x=y^2$를 따라 $(x,y)\to(0,0)$일 때 $f(x,y)\to\frac{1}{2}$이 되기 때문이다. 즉 다른 경로를 따라 다른 극한값을 취하므로 극한은 존재하지 않는다.

(2) 경로 $x=y=0$ (z축)을 따라 $(x,y,z)\to(0,0,0)$이면

$$\lim_{(x,y,z)\to(0,0,0)}\frac{x^2+y^2-z^2}{x^2+y^2+z^2}=\lim_{z\to 0}\left(-\frac{z^2}{z^2}\right)=-1$$

이고, 경로 $x=z=0$ (y축)을 따라 $(x,y,z)\to(0,0,0)$이면

$$\lim_{(x,y,z)\to(0,0,0)}\frac{x^2+y^2-z^2}{x^2+y^2+z^2}=\lim_{y\to 0}\frac{y^2}{y^2}=1$$

이 되기 때문이다. 즉 서로 다른 경로를 따라 $(0,0,0)$에 접근함에 따라 서로 다른 값에 접근하기 때문에 극한은 존재하지 않는다.

03 임의의 $\varepsilon>0$에 대해서 $\delta=\frac{\varepsilon}{3}$으로 놓으면, $0<\sqrt{x^2+y^2}<\delta$를 만족하는 모든 (x,y)에 대해서

$$\left|\frac{3x^2y}{x^2+y^2}-0\right|\le 3\sqrt{x^2+y^2}<3\delta=3\left(\frac{\varepsilon}{3}\right)<\varepsilon$$

이 성립한다. 따라서 $\displaystyle\lim_{(x,y)\to(0,0)}\frac{3x^2y}{x^2+y^2}=0$

04 $D=\{(x,y)\mid x^2+y^2>1\}$

연습문제 7.2

01 (1) $f_x(x, y) = 2y - 2xy$이므로, $f_x(1, 2) = 0$

(2) $f_x(x, y) = 24y - 12xy$이므로, $f_x(1, 2) = 24$

02 $f(x, y) = 6 - x^2 - y^2$으로 놓으면

$$f_x(x, y) = -2x,\ f_y(x, y) = -2y,\ f_x(1, 2) = -2,\ f_y(1, 2) = -4$$

이므로, 법선벡터는 $(-2, -4, -1)$이 된다. 따라서 접평면의 방정식은

$$z - 1 = -2(x-1) - 4(y-2),\ \text{즉 } 2x + 4y + z = 11$$

이고, 법선의 방정식은

$$x = 1 - 2t,\ y = 2 - 4t,\ z = 1 - t$$

03 $z = f(x, y) = x^2 y$라고 놓으면

$$dz = f_x(x, y)\,dx + f_y(x, y)\,dy = 2xy\,dx + x^2\,dy$$

이므로, $x = 5$, $y = 3$, $\Delta x = dx = 0.04$, $\Delta y = dy = -0.02$라 두면 $dz = 0.7$이 된다. 따라서 $f(5,3) = 75$이므로, $f(5.04, 2.98) \approx f(5,3) + 0.7 = 75.7$

04 $F(x, y) = x^3 + y^3 - 6xy = 0$이라 두고 $\dfrac{dy}{dx}$를 구하면

$$\frac{dy}{dx} = -\frac{F_x}{F_y} = -\frac{3x^2 - 6y}{3y^2 - 6x} = -\frac{x^2 - 2y}{y^2 - 2x}\ (\text{단, } y^2 - 2x \neq 0)$$

05 (1) $\dfrac{\partial z}{\partial x} = \dfrac{-6xz}{3x^2 + 6z^2 - 3y}$, $\dfrac{\partial z}{\partial y} = \dfrac{3z}{3x^2 + 6z^2 - 3y}$ (단, $3x^2 + 6z^2 - 3y \neq 0$)

(2) $\dfrac{\partial z}{\partial x} = -\dfrac{3x^2 + yz}{3z^2 + xy}$, $\dfrac{\partial z}{\partial y} = -\dfrac{3y^2 + xz}{3z^2 + xy}$ (단, $3z^2 + xy \neq 0$)

06 (1) $f_x(x, y) = 2xy$, $f_y(x, y) = x^2 - 12y^2$이고, $\mathbf{u} = \left(\dfrac{\sqrt{3}}{2}, \dfrac{1}{2}\right)$이 주어진 단위벡터이므로

$$D_{\mathbf{u}} f(2, 1) = f_x(2, 1)\left(\frac{\sqrt{3}}{2}\right) + f_y(2, 1)\left(\frac{1}{2}\right)$$
$$= 4\left(\frac{\sqrt{3}}{2}\right) - 8\left(\frac{1}{2}\right) = 2\sqrt{3} - 4 \approx -0.5$$

(2) $f_x(x, y) = 2x$, $f_y(x, y) = 2y$이고, $\mathbf{v}$와 같은 방향을 갖는 단위벡터는 $\mathbf{u} = \left(-\dfrac{3}{5}, \dfrac{4}{5}\right)$이므로

$$D_{\mathbf{u}} f(1, -1) = f_x(1, -1)\left(-\frac{3}{5}\right) + f_y(1, -1)\left(\frac{4}{5}\right) = -\frac{14}{5}$$

연습문제 7.3

01 $f_x = 4x - 2y$, $f_y = -3y^2 - 2x$이므로, $f_x = 4x - 2y = 0$, $f_y = -3y^2 - 2x = 0$으로부터 $x = 0$ 또는 $x = -\dfrac{1}{6}$을 얻는다. 이때 대응하는 y의 값이 각각 $y = 0$, $y = -\dfrac{1}{3}$이므로, 임계점은 $(0, 0)$ 또는 $\left(-\dfrac{1}{6}, -\dfrac{1}{3}\right)$

02 (1) $f_x(x, y) = 2x - 2$, $f_y(x, y) = 2y - 6$이므로, 임계점은 $(1, 3)$으로 주어진다. 이제 $f(x, y) = (x-1)^2 + (y-3)^2 - 5$로 변형하면 $(x-1)^2 \geq 0$이고 $(y-3)^2 \geq 0$이므로, x와 y의 모든 값에 대해 $f(x, y) \geq -5$가 성립한다. 따라서 $f(1, 3) = -5$가 $f(x, y)$의 극솟값이다. 이때 -5가 $f(x, y)$의 최솟값이 된다.

(2) $f_x(x, y) = 3x^2 + 6xy = 0$, $f_y(x, y) = -4y - 8y^3 + 3x^2 = 0$으로부터, 임계점 $(0, 0)$, $\left(-1, \dfrac{1}{2}\right)$, $(-2, 1)$을 얻는다. 한편

$$f_{xx}(x, y) = 6x + 6y,\ f_{xy}(x, y) = 6x,\ f_{yy}(x, y) = -4 - 24y^2$$
$$D(x, y) = (f_{xy})^2 - f_{xx}f_{yy} = (6x)^2 - (6x + 6y)(-4 - 24y^2)$$

이다. 따라서

(i) $D\left(-1, \dfrac{1}{2}\right) > 0$이므로, $f(x, y)$는 $\left(-1, \dfrac{1}{2}\right)$에서 안장점을 갖는다.

(ii) $D(-2, 1) < 0$, $f_{xx}(-2, 1) < 0$이므로, $f(x, y)$는 $(-2, 1)$에서 극댓값 $f(-2, 1) = 0$을 갖는다.

(iii) $D(0, 0) = 0$이므로, $(0, 0)$에서는 이계편도함수 판정법을 적용하여 극값을 구할 수 없다. 그러나 평면 $y = 0$에서 $f(x, y) = x^3$이므로, 이차평면에서 곡선 $z = x^3$은 $x = 0$에서 변곡점이다. 이 사실로부터 $(0, 0)$에서는 극값이 존재하지 않는다.

연습문제 8.1

01 $A = \displaystyle\iint_D dA = \int_{-3}^{2}\int_{y-3}^{y^2} dx\,dy = \int_{-3}^{2} [x]_{x=y-3}^{x=y^2}\,dy$

$= \displaystyle\int_{-3}^{2} [y^2 - (y-3)]\,dy = \frac{175}{6}$

02 (1) $D = [0, 2] \times [0, 2]$ 위와 곡면 $z = 16 - x^2 - 2y^2$ 아래 놓여 있는 도형이므로, 푸비니 정리를 이용하여

$$V = \iint_D (16 - x^2 - 2y^2)\, dA = \int_0^2 \int_0^2 (16 - x^2 - 2y^2)\, dx\, dy$$
$$= \int_0^2 \left[16x - \frac{x^3}{3} - 2y^2 x \right]_{x=0}^{x=2} dy$$
$$= \int_0^2 \left(\frac{88}{3} - 4y^2 \right) dy = \left[\frac{88}{3}y - \frac{4}{3}y^3 \right]_0^2 = 48$$

(2) $z = 0$로 놓고 곡면과 xy평면의 교선을 구하면 $x^2 + y^2 = 4$가 되므로, Ω는 원 $x^2 + y^2 = 4$로 둘러싸인 영역으로 주어진다. 따라서 도형의 대칭성에 의해 구하는 부피는

$$V = 4 \int_0^2 \int_0^{\sqrt{4-x^2}} (4 - x^2 - y^2)\, dy\, dx = 8\pi$$

03 극좌표로의 변환을 이용하면

$$\iint_D (x^2 + y^2 + 3)\, dA = \int_0^{2\pi} \int_0^2 (r^2 + 3)\, r\, dr\, d\theta$$
$$= \int_0^{2\pi} \left[\frac{r^4}{4} + \frac{3r^2}{2} \right]_{r=0}^{r=2} d\theta = 10 \int_0^{2\pi} d\theta = 20\pi$$

04 포물선 방정식에서 $z = 0$ 으로 놓으면 $x^2 + y^2 = 1$ 이므로, 극장방형 영역

$$D = \{ (r, \theta) \mid 0 \le r \le 1,\ 0 \le \theta \le 2\pi \}$$

를 갖는다. 따라서

$$V = \iint_D (1 - x^2 - y^2)\, dA = \int_0^{2\pi} \int_0^1 (1 - r^2)\, r\, dr\, d\theta$$
$$= \int_0^{2\pi} d\theta \int_0^1 (r - r^3)\, dr = 2\pi \left[\frac{r^2}{2} - \frac{r^4}{4} \right]_0^1 = \frac{\pi}{2}$$

05 $\Omega = \{ (x, y) \mid 0 \le x \le 1,\ 0 \le y \le x \}$이므로, 겉넓이 A는

$$A = \iint_\Omega \sqrt{(2x)^2 + (2)^2 + 1}\, dA = \int_0^1 \int_0^x \sqrt{4x^2 + 5}\, dy\, dx$$
$$= \int_0^1 x \sqrt{4x^2 + 5}\, dx = \frac{1}{12}(12 - 5\sqrt{5})$$

연습문제 8.2

01 yz평면의 삼각형 영역을 사면체의 바닥으로 생각하고, yz평면에 수직인 직선을 그리면 $x = 0$ (yz평면)으로부터 평면 $x = \frac{1}{2}(4 - y - z)$를 통과한다. 따라서 입체영역 E가

$$E=\left\{(x,\ y,\ z)\mid 0\le y\le 4,\ 0\le z\le 4-y,\ 0\le x\le \frac{1}{2}(4-y-z)\right\}$$

로 주어지므로

$$\iiint_E 6xy\,dV=\int_0^4\int_0^{4-y}\int_0^{\frac{1}{2}(4-y-z)} 6xy\,dx\,dz\,dy$$

$$=\int_0^4\int_0^{4-y}\left[3x^2y\right]_{x=0}^{\frac{1}{2}(4-y-z)}dz\,dy$$

$$=\int_0^4\int_0^{4-y}\frac{3(4-y-z)^2y}{4}\,dz\,dy$$

$$=\frac{3}{4}\int_0^4\int_0^{4-y}(4-y-z)^2y\,dz\,dy=\frac{64}{5}$$

02 (1) $E=\left\{(x,\ y,\ z)\mid 0\le x\le 1,\ \frac{x}{2}\le y\le 1-\frac{x}{2},\ 0\le z\le 2-x-2y\right\}$이고, E의 xy평면으로의 정사영 D는

$$D=\left\{(x,\ y)\mid 0\le x\le 1,\ \frac{x}{2}\le y\le 1-\frac{x}{2}\right\}$$

이므로

$$V(E)=\iiint_E dV=\int_0^1\int_{\frac{x}{2}}^{1-\frac{x}{2}}\int_0^{2-x-2y}dz\,dy\,dx$$

$$=\int_0^1\int_{\frac{x}{2}}^{1-\frac{x}{2}}(2-x-2y)\,dy\,dx=\frac{1}{3}$$

(2) $E=\{(x,\ y,\ z)\mid -2\le y\le 2,\ 0\le z\le 4-y^2,\ 0\le x\le 4-z\}$이고, E의 yz평면으로의 정사영 D는

$$D=\{(y,\ z)\mid -2\le y\le 2,\ 0\le z\le 4-y^2\}$$

이므로

$$V(E)=\iiint_E dV=\int_{-2}^2\int_0^{4-y^2}\int_0^{4-z}dx\,dz\,dy$$

$$=\int_{-2}^2\int_0^{4-y^2}(4-z)\,dz\,dy=\int_{-2}^2\left(4z-\frac{z^2}{2}\right)\Bigg|_{z=0}^{z=4-y^2}dy$$

$$=\int_{-2}^2\left[4(4-y^2)-\frac{1}{2}(4-y^2)^2\right]dy=\frac{128}{5}$$

03 $E=\left\{(x,\ y,\ z)\mid -3\le x\le 3,\ 0\le z\le 5,\ -\sqrt{9-x^2}\le y\le\sqrt{9-x^2}\right\}$이고, E의 xy평면으로의 정사영 D는

$$D = \left\{ (x, y) \mid -3 \le x \le 3,\ -\sqrt{9-x^2} \le y \le \sqrt{9-x^2} \right\}$$

이므로

$$\iiint_E e^{x^2+y^2}\, dV = \iint_D \left[\int_0^5 e^{x^2+y^2}\, dz \right] dA = 5 \iint_D e^{x^2+y^2}\, dA$$

가 된다. 극좌표 $x = r\cos\theta$, $y = r\sin\theta$로 변환하면, 각 $\theta \in [0, 2\pi]$에 대해서 r은 0에서부터 3까지 변하므로

$$\iiint_E e^{x^2+y^2}\, dV = 5\int_0^{2\pi} \int_0^3 e^{r^2}\, r\, dr\, d\theta = \frac{5}{2}\int_0^{2\pi} e^{r^2} \Big|_{r=0}^{r=3} d\theta = 5\pi(e^9 - 1)$$

04 구면좌표를 이용하여 변환하면 구면의 방정식은 $\rho = \cos\phi$가 되고, 원뿔면은 $\phi = \dfrac{\pi}{4}$가 된다. 따라서 닫힌영역 E가

$$E = \left\{ (\rho, \theta, \phi) \mid 0 \le \theta \le 2\pi,\ 0 \le \phi \le \frac{\pi}{4},\ 0 \le \rho \le \cos\phi \right\}$$

로 표현되므로

$$\begin{aligned} V(E) &= \iiint_E dV = \int_0^{2\pi} \int_0^{\frac{\pi}{4}} \int_0^{\cos\phi} \rho^2 \sin\phi\, d\rho\, d\phi\, d\theta \\ &= \int_0^{2\pi} d\theta \int_0^{\frac{\pi}{4}} \sin\phi \left[\frac{\rho^3}{3} \right]_{\rho=0}^{\rho=\cos\phi} d\phi \\ &= \frac{2\pi}{3} \int_0^{\frac{\pi}{4}} \sin\phi \cos^3\phi\, d\phi = \frac{2\pi}{3} \left[-\frac{\cos^4\phi}{4} \right]_0^{\frac{\pi}{4}} = \frac{\pi}{8} \end{aligned}$$

연습문제 8.3

01 $u = x + y$, $v = x - y$, 즉 변수변환

$$x = \frac{1}{2}(u+v),\ y = \frac{1}{2}(u-v)$$

는 사각형 $S = \{(u, v) \mid 0 \le u \le 1,\ 0 \le v \le 2\}$를 W로 사상한다. 이 변환의 야코비안이

$$\frac{\partial(x,\ y)}{\partial(u,\ v)} = \begin{vmatrix} \frac{\partial x}{\partial u} & \frac{\partial x}{\partial v} \\ \frac{\partial y}{\partial u} & \frac{\partial y}{\partial v} \end{vmatrix} = -\frac{1}{2}$$

이므로

$$\iint_W dA = \iint_S \frac{1}{2}\, dA = \frac{1}{2}\int_0^1 \int_0^1 du\, dv = \frac{1}{2}$$

02 극변환 $x = r\cos\theta,\ y = \sin\theta$에 의해

$$I = \iint_S \sqrt{r\cos\theta}\ r\, dr\, d\theta = 2\int_0^{\frac{\pi}{2}} \int_0^{\cos\theta} r^{\frac{3}{2}} \sqrt{\cos\theta}\ dr\, d\theta$$

$$= 2\int_0^{\frac{\pi}{2}} \left[\frac{2}{5} r^{\frac{5}{2}} (\cos\theta)^{\frac{1}{2}} \right]_0^{\cos\theta} d\theta = 2\int_0^{\frac{\pi}{2}} \frac{2}{5} \cos^3\theta\ d\theta$$

$$= \frac{4}{5}\int_0^{\frac{\pi}{2}} \cos^3\theta\ d\theta = \frac{4}{5}\cdot\frac{2}{3} = \frac{8}{15}$$

03 피적분함수는 Ω의 한 점 $(0,\ 0)$에서 불연속이지만

$$\Omega_n = \left\{ (x,\ y) \mid \frac{1}{n} \le x^2 + y^2 \le 1 \right\}$$

에서는 연속이고, $\Omega_n \to \Omega$ (단, $n \to \infty$)이다. 따라서

$$\iint_\Omega \frac{dx\, dy}{\sqrt{x^2+y^2}} = \int_0^{2\pi} \int_{\frac{1}{n}}^1 \frac{1}{r}\, r\, dr\, d\theta = 2\pi\left(1 - \frac{1}{n}\right)$$

이므로, $\displaystyle\iint_\Omega \frac{dx\, dy}{\sqrt{x^2+y^2}} = \lim_{n\to\infty} 2\pi\left(1 - \frac{1}{n}\right) = 2\pi$

연습문제 9.1

01 $\displaystyle\lim_{t\to 1} \mathbf{F}(t) = \cos\pi\,\mathbf{i} + 2\sin\pi\,\mathbf{j} + 4\,\mathbf{k} = -\mathbf{i} + 4\,\mathbf{k}$이고 $\displaystyle\lim_{t\to 1} \mathbf{G}(t) = \mathbf{i} + \mathbf{k}$이므로

$$\lim_{t\to 1} (\mathbf{F}\cdot\mathbf{G})(t) = (-\mathbf{i} + 4\,\mathbf{k})\cdot(\mathbf{i} + \mathbf{k}) = 3$$

$$\lim_{t\to 1} (\mathbf{F}\times\mathbf{G})(t) = (-\mathbf{i} + 4\,\mathbf{k})\times(\mathbf{i} + \mathbf{k}) = 5\,\mathbf{j}$$

02 나선의 벡터방정식이 $\mathbf{r}(t) = (2\cos t,\ \sin t,\ t)$이므로, $\mathbf{r}'(t) = (-2\sin t,\ \cos t,\ 1)$이다.

점 $\left(0,\ 1,\ \frac{\pi}{2}\right)$에 대응되는 매개변수의 값은 $t = \frac{\pi}{2}$이므로, 접선벡터는

$$\mathbf{r}'\left(\frac{\pi}{2}\right) = (-2,\ 0,\ 1)$$

이다. 이때 접선은 $\left(0,\ 1,\ \frac{\pi}{2}\right)$를 지나고 벡터 $(-2,\ 0,\ 1)$에 평행인 직선이므로, 매개변수 방정식은 $x = -2t,\ y = 1,\ z = \frac{\pi}{2} + t$

03 $\mathbf{f}'(t) = -\sin t\,\mathbf{i} + \cos t\,\mathbf{j} + \mathbf{k}$이므로

$$\| \mathbf{f}'(t) \| = \sqrt{(-\sin t)^2 + \cos^2 t + 1} = \sqrt{2}$$

가 된다. $(1,\ 0,\ 0)$에서 $(1,\ 0,\ \pi)$까지의 호의 길이는 $0 \le t \le \pi$의 매개변수에 의해 결정되므로

$$s = \int_0^{\pi} \| \mathbf{f}'(t) \|\, dt = \int_0^{\pi} \sqrt{2}\, dt = \sqrt{2}\,\pi$$

04 $\nabla(x^2 y + 2xz) = (2xy + 2z)\,\mathbf{i} + x^2\,\mathbf{j} + 2x\,\mathbf{k}$로부터 $(2,\ -2,\ 3)$에서 곡면 M에 수직인 벡터는 $-2\,\mathbf{i} + 4\,\mathbf{j} + 4\,\mathbf{k}$

05 $\nabla \times \mathbf{f} = (2x + 2z)\,\mathbf{i} - (x^2 + 2z)\,\mathbf{k}$이므로

$$\begin{aligned}
&\nabla \times (\nabla \times \mathbf{f}) \\
&= \left(\frac{\partial}{\partial x}\mathbf{i} + \frac{\partial}{\partial y}\mathbf{j} + \frac{\partial}{\partial z}\mathbf{k}\right) \times \{(2x + 2z)\,\mathbf{i} - (x^2 + 2z)\,\mathbf{k}\} \\
&= (2x + 2)\,\mathbf{j}
\end{aligned}$$

연습문제 9.2

01 벡터장 $\mathbf{f}$의 성분함수 P와 Q가 정의역 D에서 연속인 일계편도함수를 가질 때, D에서 $\mathbf{f} = \nabla f$, 즉

$$P = \frac{\partial f}{\partial x},\ Q = \frac{\partial f}{\partial y}$$

를 만족하는 미분가능한 함수 f가 존재한다고 가정하자. 그러면

$$\frac{\partial P}{\partial y} = \frac{\partial^2 f}{\partial y\,\partial x} = \frac{\partial^2 f}{\partial x\,\partial y} = \frac{\partial Q}{\partial y}$$

02 $P(x,\ y) = 10x^4 - 2xy^3,\ Q(x,\ y) = -3x^2y^2$이라 놓으면, $\frac{\partial P}{\partial y} = -6xy^2 = \frac{\partial Q}{\partial x}$이고

$$d(2x^5 - x^2y^3) = (10x^4 - 2xy^3)\,dx - 3x^2y^2\,dy$$

이므로

$$\int_{(0,0)}^{(1,1)} (10x^4 - 2xy^3)\,dx - 3x^2y^2\,dy$$
$$= \int_{(0,0)}^{(1,1)} d(2x^5 - x^2y^3) = (2x^5 - x^2y^3)\Big|_{(0,0)}^{(1,1)} = 1$$

03 $P(x,y) = xy,\ Q(x,y) = x - y$로 두면 $\partial Q/\partial x = 1,\ \partial P/\partial y = x$이므로

$$\oint_{\partial\Omega} xy\,dx + (x-y)\,dy = \int\int_{\Omega}\left(\frac{\partial Q}{\partial x} - \frac{\partial P}{\partial y}\right)dx\,dy$$
$$= \int_0^1\int_1^3 (1-x)\,dy\,dx$$
$$= \int_0^1 2(1-x)\,dx = 1$$

04 Ω가 단위원판이면, $C = \partial\Omega$이다. 한편 $\dfrac{\partial Q}{\partial x} - \dfrac{\partial P}{\partial y} = -3(x^2+y^2)$이므로, 극좌표 치환을 이용하여

$$\oint_C (x^3+y^3)\,dx + (2y^3 - x^3)\,dy$$
$$= -3\int\int_{\Omega}(x^2+y^2)\,dx\,dy = -3\int_0^{2\pi}\int_0^1 (r^2)r\,dr\,d\theta$$
$$= -3\int_0^{2\pi}\left\{\left[\frac{r^4}{4}\right]_0^1\right\}d\theta = -\frac{3}{4}\int_0^{2\pi}d\theta = -\frac{3\pi}{2}$$

찾아보기

▌ㅇ

▌ㅈ

▌기타

이공계 학생을 위한
미분적분학

지은이　이병무
펴낸이　조경희
펴낸곳　경문사
펴낸날　2017년 9월 1일 1판 1쇄
등　록　1979년 11월 9일 제 313-1979-23호
주　소　04057, 서울특별시 마포구 와우산로 174
전　화　(02)332-2004 팩스 (02)336-5193
이메일　kyungmoon@kyungmoon.com
facebook　facebook.com/kyungmoonsa

값 16,000원

ISBN 979-11-6073-059-3

★ 경문사 홈페이지에 오시면 즐거운 일이 생깁니다.
http://www.kyungmoon.com

한국과학기술출판협회 회원사